信息技术基础

主　编　叶　斌　黄洪桥　余　阳
副主编　李　珊　熊瑞英　朱　曼
　　　　韦兰萍　黄验然　龚　政

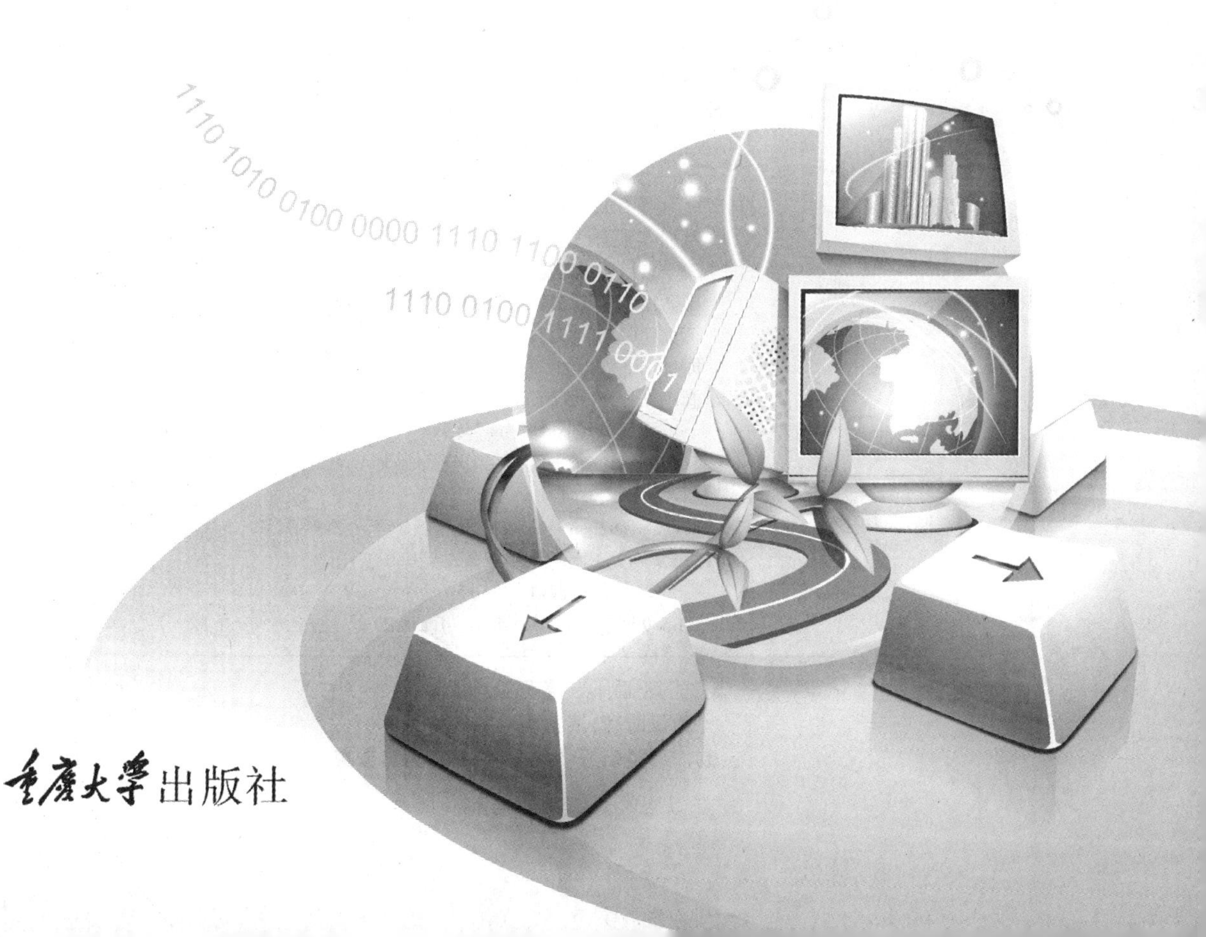

重庆大学出版社

内容提要

本书全面系统地介绍了信息技术相关的基础知识、信息技术应用及信息技术前沿等内容。全书分3部分共9章,分别为:信息与信息社会,计算机系统,多媒体技术基础,文字处理软件 Word 2016,表格处理软件 Excel 2016,演示文稿 PowerPoint 2016,网络技术与移动互联网,商务智能与大数据,物联网与云计算。

本书可作为高等院校非计算机本科专业学习信息技术的通用教材,也可以作为信息技术培训的参考书,还可为广大读者全面系统地获取信息技术相关知识提供帮助。

图书在版编目(CIP)数据

信息技术基础/叶斌,黄洪桥,余阳主编.--重庆:重庆大学出版社, 2017.7

ISBN 978-7-5689-0568-8

Ⅰ.①信… Ⅱ.①叶… ②黄… ③余… Ⅲ.①电子计算机—高等学校—教材 Ⅳ.①TP3

中国版本图书馆 CIP 数据核字(2017)第142506号

信息技术基础

主 编 叶 斌 黄洪桥 余 阳

副主编 李 珊 熊瑞英 朱 曼

韦兰萍 黄验然 龚 政

策划编辑:彭 宁

责任编辑:文 鹏 杨育彪 版式设计:彭 宁

责任校对:邬小梅 责任印制:赵 晟

*

重庆大学出版社出版发行

出版人:易树平

社址:重庆市沙坪坝区大学城西路21号

邮编:401331

电话:(023) 88617190 88617185(中小学)

传真:(023) 88617186 88617166

网址:http://www.cqup.com.cn

邮箱:fxk@cqup.com.cn (营销中心)

全国新华书店经销

重庆升光电力印务有限公司印刷

*

开本:787mm×1092mm 1/16 印张:15 字数:349千

2017年7月第1版 2017年7月第1次印刷

印数:1—3 500

ISBN 978-7-5689-0568-8 定价:38.00元

前言

信息技术日新月异，其广泛应用已经对人们日常的工作和生活产生巨大的影响，其知识更新速度之快也远超想象。为了适应经济快速发展和知识迅速更新对人才培养的要求，我们以信息技术相关基础知识为基石，把信息技术应用技能培养作为重点，并结合信息技术发展的前沿热点，再将多年来的教学实践经验融合，最终编写了本书。

本书分为信息技术基础知识、信息技术应用和信息技术前沿三大部分，每个部分均包含3个章节。第1章介绍了信息、数据等相关概念，帮助学生认知我们所处的信息社会以及信息安全等内容，由李珊编写。第2章介绍了计算机的发展简史及软硬件系统，由熊瑞英编写。第3章介绍了多媒体中的关键技术及相关软件，由余阳编写。第4~6章分别介绍了办公软件Office 2016中的三大套件Word、Excel和PowerPoint，分别由朱曼、韦兰萍和黄洪桥编写。第7章介绍了计算机网络技术以及互联网和移动互联网的发展历史，由叶斌编写。第8~9章主要针对当下信息技术发展的前沿热点，对商务智能、大数据、物联网和云计算等内容作了相关介绍，由黄验然和龚政编写。

本书可作为非计算机专业学生学习信息技术的通用教材，也可作为信息技术培训的参考书。作为教材使用时，可根据教学学时和专业需求对讲授内容进行选取。希望本书可以为广大读者全面系统地获取信息技术的相关知识提供帮助。

本书在编写和出版过程中得到了成都东软学院的大力支持和帮助，在此表示由衷的感谢！同时，对所引用参考文献的作者一并表示感谢。由于编者水平有限，时间仓促，本书的选材和叙述难免会有不足和疏漏，还望广大读者批评指正，不胜感激！

编　者

2017年3月

目录

第1部分　信息技术基础知识

第 1 部分　信息技术基础知识

第 1 章
信息与信息社会

【学习目标】

通过本章的学习应掌握如下内容:

- 数据和信息的含义
- 信息的表示、存储、传输与检索
- 信息社会的基本特征
- 信息安全技术及信息安全意识

伴随着计算机相关技术的迅猛发展,信息对整个社会的影响正在逐步扩大。信息的生产、处理、传播和存储方式均发生了重大改变,而且这种改变还在不断继续。信息以及相关的信息技术已经和我们的日常生活密不可分。通过对本章的学习,可以加深对信息、信息技术及信息社会的理解和认识,提高信息安全意识,更好地适应这个信息时代。

1.1 数据与信息

1.1.1 数据的概念与特征

数据是指对客观事件进行记录并可以鉴别的符号,是对客观事物的性质、状态以及相互关系等进行记载的物理符号或这些物理符号的组合。它是可识别的、抽象的符号。

数据不仅指狭义上的数字,还可以是具有一定意义的文字、字母、数字符号的组合,以及图形、图像、视频、音频等,也是客观事物的属性、数量、位置及其相互关系的抽象表示。例如,“0,1,2…”“阴、雨、下降、气温”“学生的档案记录、货物的运输情况”等都是数据。数据经过加工后就成为信息。

在计算机科学中,数据是指所有能输入到计算机并被计算机程序处理的符号的介质的总称,是用于输入电子计算机进行处理,具有一定意义的数字、字母、符号和模拟量等的通称。

现在计算机存储和处理的对象十分广泛，表示这些对象的数据也随之变得越来越复杂。

1.1.2 信息的概念与特征

信息是适合于以通信、存储、处理的形式来表示的知识或消息。一般来说，信息既是对各种事物变化和特征的反映，又是事物之间相互作用、相互联系的表征。人通过接收信息来认识事物，从这个意义上来说，信息是一种知识，是接收者原来不一定了解的知识。

1.1.3 数据与信息的关系

计算机科学中的信息通常被认为是能够用计算机处理的、有意义的内容或消息，它们以数据的形式出现，如数值、文字、语言、图形、图像等。数据是信息的载体。

数据与信息的区别是：数据处理之后产生的结果为信息，信息具有针对性、时效性。尽管这是两个不同的概念，但人们在许多场合把它们互换使用。信息有意义，而数据没有。例如：当测量一个人的体重时，假定这个人的体重是 60 kg，则写在记录本上的 60 kg 实际上是数据。

1.2 信息技术

信息技术(Information Technology 简称 IT)是指在信息科学的基本原理和方法的指导下扩展人类信息功能的技术。一般来说，信息技术是以电子计算机和现代通信为主要手段，实现信息的获取、加工、传递和利用等功能的技术总和。人的信息功能包括：感觉器官承担的信息获取功能，神经网络承担的信息传递功能，思维器官承担的信息认知功能和信息再生功能，效应器官承担的信息执行功能。

人们对信息技术的定义，因其使用的目的、范围、层次不同而有不同的表述：

①信息技术就是“获取、存储、传递、处理分析以及使信息标准化的技术”。

②信息技术包含“通信、计算机与计算机语言、计算机游戏、电子技术、光纤技术等”。

③现代信息技术“以计算机技术、微电子技术和通信技术为特征”。

④信息技术是指在计算机和通信技术支持下用以获取、加工、存储、变换、显示和传输文字、数值、图像以及声音信息，包括提供设备和提供信息服务两大方面的方法和设备的总称。

⑤信息技术是人类在生产斗争和社会实验中，认识自然和改造自然过程中所积累起来的获取信息、传递信息、存储信息、处理信息，以及使信息标准化的经验、知识、技能和体现这些经验、知识、技能的劳动资料的有目的的结合过程。

⑥信息技术是管理、开发和利用信息资源的有关方法、手段和操作程序的总称。

⑦信息技术是指能够扩展人类信息器官功能的一类技术的总称。

⑧信息技术指“应用在信息加工和处理中的科学、技术与工程的训练方法和管理技巧；上述方法和技巧的应用；计算机及其与人、机的相互作用，与人相应的社会、经济和文化等诸多事物”。

信息技术包括信息传递过程中的各个方面，即信息的产生、收集、交换、存储、传输、显示、识别、提取、控制、加工和利用等技术,是这些技术的总和。

信息技术的发展分为五个阶段,每次新技术的使用都引起了一次技术革命:第一次技术革命是语言的使用,语言是人类进行思想交流和信息传播不可或缺的工具;第二次技术革命是文字的出现和使用,文字使人类对信息的保持和传播取得重大突破,较大地超越了时间和地域的局限;第三次技术革命是印刷术的发明和使用,印刷术使书籍、报刊成为重要的信息储存和传播的媒体;第四次技术革命是电话、广播、电视的使用,它们使人类进入利用电磁波传播信息的时代;第五次技术革命是计算机与互联网的使用,这次信息技术革命始于20世纪60年代,其标志是电子计算机的普及应用及计算机与现代通信技术的有机结合。在第五次信息技术革命中,有如下几个里程碑:

①1844年5月24日,人类历史上第一份电报从美国国会大厦传送到40英里(1英里=1.609千米)外的巴尔的摩市。

②1876年3月10日,美国人贝尔用自制的电话同他的助手通了话。

③1895年俄国人波波夫和意大利人马可尼分别成功地进行了无线电通信实验。

④1925年英国人贝尔德首次播映电视画面。

⑤1969年互联网诞生。

1.2.1　信息表示

计算机中最基本的工作是进行大量的数值运算和数据处理。在日常生活中,我们较多地使用十进制数,而计算机是由电子元器件组成的,因此,计算机中的信息都得用电子元器件的状态来表示。而与这些状态相对应的数制,就是二进制,同时计算机内只能接受二进制。

计算机为什么要用二进制呢?首先,二进制只需0和1两个数字表示。物理上一个具有两种不同稳定状态且能相互转换的元器件是很容易找到的,如电位的高低、晶体管的导通和截止、磁化的正方向和反方向、脉冲的有或无、开关的闭合和断开等,都恰恰可以与0和1对应。而且这些物理元器件的状态稳定可靠,因而其抗干扰能力强。相比之下,计算机内如果采用十进制,则至少要求元器件有10种稳定的状态,在目前这几乎是不可能的事。其次,二进制运算规则简单,加法、乘法规则各4个,即

$$0+0=0 \quad 0+1=1 \quad 1+0=1 \quad 1+1=10$$

$$0\times0=0 \quad 0\times1=0 \quad 1\times0=0 \quad 1\times1=1$$

采用门电路,很容易就可实现上述的运算。再次,逻辑判断中的“真”和“假”,也恰好与二进制的0和1相对应。所以,计算机从其易得性、可靠性、可行性及逻辑性等各方面考虑,选择了二进制数字系统。采用二进制,可以把计算机内的所有信息都用两种不同的状态值通过组合来表示。

(1)**数制**

按进位的原则进行计数,称为进位计数制,简称数制。常用的数制有十进制、二进制、八进制和十六进制。无论哪一种,其计数和运算都有共同的规律和特点。几种常用数制的比较见表1.1。其中,数码表示数的符号;基表示数码的个数;权表示每一位所具有的值。

表 1.1　几种常用数制的比较

数　制	十进制	二进制	八进制	十六进制
数码	0~9	0~1	0~7	0~9,A~F
基	10	2	8	16
权	$10^0,10^1,10^2,\cdots$	$2^0,2^1,2^2,\cdots$	$8^0,8^1,8^2,\cdots$	$16^0,16^1,16^2,\cdots$
特点	逢十进一	逢二进一	逢八进一	逢十六进一

我们最熟悉、最常用的是十进制计数制,简称十进制。它是由 0~9 共 10 个数字组成,即基数为 10。十进制具有“逢十进一”的进位规律。任何一个十进制数都可以表示成按权展开式。例如,十进制数 95.31 可以写成

$$(95.31)_{10}=9\times10^1+5\times10^0+3\times10^{-1}+1\times10^{-2}$$

其中,10^1、10^0、10^{-1}、10^{-2}为该十进制数在十位、个位、十分位和百分位上的权。

二进制与十进制数相似,二进制中只有 0 和 1 两个数字,即基数为 2。二级制具有“逢二进一”的进位规律。在计算机内部,一切信息的存放、处理和传送都采用二进制的形式。任何一个二进制数也可以表示成按权展开式。例如,二进制数 1101.101 可写成

$$(1101.101)_2=1\times2^3+1\times2^2+0\times2^1+1\times2^0+1\times2^{-1}+0\times2^{-2}+1\times2^{-3}$$

八进制的基数为 8,使用 8 个数码即 0,1,2,3,4,5,6,7 表示数,低位向高位进位的规则是“逢八进一”。

十六进制的基数为 16,使用 16 个数码即 0,1,2,3,4,5,6,7,8,9,A,B,C,D,E,F 表示数。这里借用 A,B,C,D,E,F 作为数码,分别代表十进制中的 10,11,12,13,14,15。低位向高位进位的规则是“逢十六进一”。常用的几种进位制对同一个数值的表示见表 1.2。

表 1.2　不同进制之间数字形式对比

十进制	二进制	八进制	十六进制
0	0	0	0
1	1	1	1
2	10	2	2
3	11	3	3
4	100	4	4
5	101	5	5
6	110	6	6
7	111	7	7
8	1000	10	8
9	1001	11	9
10	1010	12	A

续表

十进制	二进制	八进制	十六进制
11	1011	13	B
12	1100	14	C
13	1101	15	D
14	1110	16	E
15	1111	17	F
16	10000	20	10

(2)数据的存储单位

位(bit)在计算机中最小的数据单位是二进制的一个数位。计算机中最直接、最基本的操作就是对二进制位的操作。我们把二级制数的每一位称为一个字位,或是一个 bit。bit 是计算机中最基本的存储单位。

字节(Byte)是一个 8 位的二进制数单元,也称为 Byte。字节是计算机中最小的存储单元。其他容量单位还有千字节(KB)、兆字节(MB)、千兆字节(GB)、太字节(TB)及皮字节(PB)。它们之间有下列换算关系:

1 B=8 bit　　　1 KB=2^{10} B=1 024 B

1 MB=2^{20} B=1 024 KB　　　1 GB=2^{30} B=1 024 MB

1 TB=2^{40} B=1 024 GB　　　1 PB=2^{50} B=1 024 TB

字是 CPU 通过数据总线一次存取、加工和传送的数据,一个字由若干个字节组成。而字长表示一个字中包括二进制数的位数。例如,一个字由两个字节组成,则该字字长为 16 位。字长是计算机功能的一个重要标志,字长越长表示功能越强。不同类型计算机的字长是不同的,较长的字长可以处理位数更多的信息。字长是由 CPU 决定的,如 80286 CPU 的字长为 16 位,即一个字长为两个字节。80386/80486 微型计算机字长为 32 位,目前主流 CPU 的字长是 64 位。

一台微型计算机,内存为 4 GB,光盘容量为 700 MB,硬盘容量为 2 TB,则它实际的存储字节数分别为:

内存容量=4×1 024×1 024×1 024 B=4 294 967 296 B

光盘容量=700×1 024×1 024 B=734 003 200 B

硬盘容量=2×1 024×1 024×1 024×1 024 B=2 199 023 255 552 B

(3)常用数制的相互转换

①二进制数转换为十进制数。将二进制数转换为十进制数,只要将二进制数用计数制通用形式表示出来,计算出结果,便得到相应的十进制数。

【例 1.1】　$(1101100.111)_2=1\times2^6+1\times2^5+1\times2^3+1\times2^2+1\times2^{-1}+1\times2^{-2}+1\times2^{-3}=64+32+8+4+0.5+0.25+0.125=(108.875)_{10}$

②八进制数转换为十进制数。八进制数以 8 位基数按权展开并相加可以得到十进制数。

【例 1.2】 $(652.34)_8=6\times8^2+5\times8^1+2\times8^0+3\times8^{-1}+4\times8^{-2}=384+40+2+0.375+0.0625=(426.4375)_{10}$

③十六进制数转换成十进制数。十六进制数则以 16 位基数按权展开并相加。

【例 1.3】 $(19BC.8)_{16}=1\times16^3+9\times16^2+B\times16^1+C\times16^0+8\times16^{-1}=4096+2304+176+12+0.5=(6588.5)_{10}$

④十进制数转换为 R 进制数。其中,整数部分的转换采用的是除 R 取余倒记法。

【例 1.4】 将$(59)_{10}$转换为二进制数。

除数	被除数	余数
2	59	余1
2	29	余1
2	14	余0
2	7	余1
2	3	余1
2	1	余1
	0	

结果为 $(59)_{10}=(111011)_2$

【例 1.5】 将$(159)_{10}$转换为八进制数。

除数	被除数	余数
8	159	余7
8	19	余3
8	2	余2
	0	

结果为 $(159)_{10}=(237)_8$

【例 1.6】 将$(459)_{10}$转换为 16 进制数。

除数	被除数	余数
16	459	余11
16	28	余12
16	1	余1
	0	

结果为 $(459)_{10}=(1CB)_{16}$

而小数部分的转换采用乘 R 取整法直到小数部分为 0,整数按顺序排列,称为“顺序法”。

【例 1.7】 将十进制数$(0.8125)_{10}$转换为相应的二进制数。

计算	取整
0.8125 × 2	
1.6250	1
0.6250 × 2 → 1.2500	1
0.2500 × 2 → 0.5000	0
0.5000 × 2 → 1.0000	1

结果为 $(0.8125)_{10}=(0.1101)_2$

【例 1.8】 将$(50.25)_{10}$转换为二进制数。

分析:对于这种既有整数又有小数部分的十进制数,可将其整数和小数分别转换成二进制数,然后再把两者连起来即可。

因为　$(50)_{10}=(110010)_2$,$(0.25)_{10}=(0.01)_2$

所以　$(50.25)_{10}=(110010.01)_2$

⑤R 进制数之间的相互转换。

a.八进制数转换为二进制数:八进制数转换为二进制数所使用的转换原则是“一位拆三位”,即把一位八进制数对应于三位二进制数,然后按顺序连接即可。

【例 1.9】　将$(64.5)_8$转换为二进制数。

6	4	.	5
↓	↓	↓	↓
110	100	.	100

结果为　$(64.5)_8=(110100.101)_2$

b.二进制数转换为八进制数:二进制数转换为八进制数可概括为“三位并一位”,即从小数点开始向左右两边以每三位为一组,不足三位时补 0,然后每组改成等值的一位八进制数即可。

【例 1.10】　将$(110111.11011)_2$转换为八进制数。

110	111	.	110	110
↓	↓	↓	↓	↓
6	7	.	6	6

结果为　$(110111.11011)_2=(67.66)_8$

c.十六进制数转换为二进制数:十六进制数转换为二进制数的转换原则是“一位拆四位”,即把 1 位十六进制数转换为对应的 4 位二进制数,然后按顺序连接即可。

【例 1.11】　将$(C41.BA7)_{16}$转换为二进制数。

C	4	1	.	B	A	7
↓	↓	↓	↓	↓	↓	↓
1100	0100	0001	.	1011	1010	0111

结果为　$(C41.BA7)_{16}=(110001000001.101110100111)_2$

d.二进制数转换为十六进制数:二进制数转换为十六进制数的转换原则是“四位并一位”,即从小数点开始向左右两边以每四位为一组,不足四位时补 0,然后每组改成等值的一位十六进制数即可。

【例 1.12】　将$(1111101100.00011010)_2$转换为十六进制数。

0011	1110	1100	.	0001	1010
↓	↓	↓	↓	↓	↓
3	E	C	.	1	A

结果为　$(1111101100.00011010)_2=(3EC.1A)_{16}$

1.2.2　信息存储

信息存储(Information Accumulation/ Information Storage)是将获得的或加工后的信息保存起来,以备将来使用。信息存储不是一个孤立的环节,它始终贯穿于信息处理工作的全过程。

信息存储需要依赖介质,而信息存储介质可以分为纸质存储和电子存储。不同的信息存储介质的作用会有所不同。常见信息存储介质的特点如下:

①纸。优点:存量大、体积小,便宜,永久保存性好,并有不易涂改性。存数字、文字和图像一样容易。缺点:传送信息慢,检索起来不方便。

②胶卷。优点:存储密度大,查询容易。缺点:阅读时必须通过接口设备,不方便,价格昂贵。

③计算机。优点:存取速度极快,存储的数据量大。

信息存储应当决定什么信息存在什么介质行比较合适。总的来说,凭证文件应当用纸介质存储;业务文件应当用纸或胶卷存储;而主文件,如企业中企业结构、人事方面的档案材料、设备或材料的库存账目,应当存于计算机磁盘,以便联机检索或查询。

将信息存储有诸多的优点:一是便于查询检索。将加工处理后的信息资源存储起来,形成信息资源库,就为用户从中检索所需信息提供了极大的方便。

二是便于管理。将信息资源集中存储到信息资源库中,就可以采用先进的数据库管理技术定期对其中的信息内容进行更新或删除,剔除其中已经失效老化的信息内容。

三是有利于信息共享。将信息资源集中存储到信息资源库中,为用户共享使用其中的信息内容提供了便利,人们还可以反复使用,提高信息资源的利用率。

信息资源存储还可以有效地延长信息资源的使用寿命,提高信息资源的使用效益。传统的信息资源存储技术主要是指纸张存储技术,现代信息资源存储技术主要包括缩微存储技术、声像存储技术、计算机存储技术及光盘存储技术,它们具有存储容量大、密度高、成本低、存取迅速等优点,所以获得了广泛应用。各种存储技术各有其优缺点,它们将并存相当长的一段时期,发挥各自的优势。

目前,信息存储相关的前沿技术有如下 3 个方面:

①存储虚拟化技术。随着计算机内信息量的不断增加,以往直连式的本地存储系统已无法满足业务数据的海量增长,搭建共享的存储架构,实现数据的统一存储、管理和应用已经成为一个行业的发展趋势,而虚拟存储技术正逐步成为共享存储管理的主流技术。存储虚拟化技术将不同接口协议的物理存储设备整合成一个虚拟存储池,根据需要为主机创建并提供等效于本地逻辑设备的虚拟存储卷。

使用虚拟存储技术可以实现存储管理的自动化与智能化。在虚拟存储环境下,所有的存储资源在逻辑上被映射为一个整体,对用户来说是单一视图的透明存储,科技网络中心系统管理员只需专注于管理存储空间本身,所有的存储管理操作,如系统升级、改变 RAID 级别、初始化逻辑卷、建立和分配虚拟磁盘、存储空间扩容等常用操作都比从前更加容易。

使用虚拟存储技术可以极大地提高存储使用率。以前困扰科技网络中心的最大问题就是物理存储设备的使用效率不高,以传统磁盘存储为例,一些主机的磁盘容量利用率不高。而一些主机空间却经常不足,致使客户不得不购买超过实际数据量较多的磁盘空间,从而造成存储空间资源的浪费。虚拟化存储技术解决了这种存储空间使用上的浪费,把系统中各个分散的存储空间整合起来,按需分配磁盘空间,客户几乎可以 100%地使用磁盘容量,从而极大地提高存储资源的利用率。

使用虚拟存储技术可以减少存储成本。由于历史的原因,科技网络中心不得不面对各种各样的异构环境,包括不同操作系统、不同硬件环境的主机,采用存储虚拟化技术,支持物理磁盘空间动态扩展,而无须新增磁盘阵列,从而降低了用户总体拥有成本,增加了用户的投资回报率。

②分级存储技术。分级存储管理(HSM)技术,就是系统根据数据的重要性、访问频次等指标分别存储在不同性能的存储设备上,采取不同的存储方式,实时监控数据的使用频率,并且自动地把长期闲置的数据块迁移到低性能的磁盘上,把活跃的数据块放在高性能的磁盘上。

③数据保护技术。数据保护系统是指建设本地备份系统,以及可靠的远程容灾系统。当灾难发生后,通过备份的数据完整、快速、简捷、可靠地恢复原有系统,以避免因灾难对业务系统的损害。数据保护系统的建设是一个循序渐进的过程。

1.2.3　信息传输

信息传输是从一端将命令或状态信息经信道传送到另一端,并被对方所接收,包括传送和接收。传输介质分有线和无线两种,有线为电话线或专用电缆,无线则是利用电台、微波及卫星技术等。信息传输过程中不能改变信息,信息本身也并不能被传送或接收。信息传输必须有载体,如数据、语言、信号等方式,且传送方面和接收方面对载体有共同解释。

信息传输包括时间上和空间上的传输。时间上的传输也可以理解为信息的存储,比如,先贤的思想通过书籍流传到了现在,它突破了时间的限制,从古代传送到现代。空间上的传输,即我们通常所说的信息传输,比如,我们用语言面对面交流、用电话或社交工具聊天、发送电子邮件等,它突破了空间的限制,从一个终端传送到另一个终端。

信息传输的性能指标主要有如下 3 个方面:

①有效性。有效性用频谱复用程度或频谱利用率来衡量。提高有效性的措施是,采用性能好的信源编码以压缩码率,采用频谱利用率高的调制减小传输带宽。

②可靠性。可靠性用信噪比和传输错误率来衡量。提高数字传输可靠性的措施是,采用高性能的信道编码以降低错误率。

③安全性。安全性用信息加密强度来衡量。提高安全性的措施是,采用高强度的密码与信息隐藏或伪装的方法。

1.2.4　信息检索

信息检索(Information Retrieval),又可以称为信息存储与检索、情报检索,是指将信息按一定的方式组织和存储起来,并根据信息用户的需要找出有关的信息的过程和技术。也就是说,包括"存"和"取"两个环节和内容。狭义的信息检索就是信息检索过程的后半部分,即从信息集合中找出所需要的信息的过程,也就是我们常说的信息查询(Information Search 或 Information Seek)。一般情况下,信息检索指的就是广义的信息检索。

信息检索的类型按检索对象划分,可以分为:文献检索、数据检索和事实检索。这三种信息检索类型的主要区别在于:数据检索和事实检索是要检索出包含在文献中的信息本身,而文献检索则检索出包含所需要信息的文献即可。按检索途径划分,可以分为直接检索和间接检索;按信息载体划分则可以分为文献信息检索和非文献信息检索。

信息检索的手段可以分为:手工检索、机械检索和计算机检索。在计算机检索中发展比较迅速的是"网络信息检索",也即网络信息搜索,是指互联网用户在网络终端,通过特定的网络搜索工具或是通过浏览的方式,查找并获取信息的行为。

信息检索的主要环节有3个:

①信息内容分析与编码,产生信息记录及检索标志。

②组织存储,将全部记录信息按文件、数据库等形式组成有序的信息集合。

③用户提问处理和检索输出。

关键部分是信息提问与信息集合的匹配和选择,即对给定提问与集合中的记录进行相似性比较,根据一定的匹配标准选出有关信息。由一定的设备和信息集合构成的服务设施称为信息检索系统,如穿孔卡片系统、联机检索系统、光盘检索系统、多媒体检索系统等。信息检索最初应用于图书馆和科技信息机构,后来逐渐扩大到其他领域,并与各种管理信息系统结合在一起。与信息检索有关的理论、技术和服务构成了一个相对独立的知识领域,是信息学的一个重要分支,并与计算机应用技术相互交叉。

信息检索的方法包括如下3种:

①普通法。普通法是利用书目、文摘、索引等检索工具进行文献资料查找的方法。运用这种方法的关键在于熟悉各种检索工具的性质、特点和查找过程,从不同角度查找。普通法又可分为顺检法和倒检法。顺检法是从过去到现在按时间顺序检索,费用多、效率低;倒检法是按逆时间顺序从近期向远期检索,它强调近期资料,重视当前的信息,主动性强,效果较好。

②追溯法。追溯法是利用已有文献所附的参考文献不断追踪查找的方法,在没有检索工具或检索工具不全时,此法可获得针对性很强的资料,查准率较高,查全率较差。

③分段法。分段法是追溯法和普通法的综合,它将两种方法分期、分段交替使用,直至查到所需资料为止。

1.2.5 管理信息系统

管理信息系统(Management Information System,简称MIS)是一个以人为主导,利用计算机硬件、软件、网络通信设备以及其他办公设备,进行信息的收集、传输、加工、储存、更新、拓展和维护的系统。管理信息系统能实测企业的各种运行情况;利用过去的数据预测未来;从企业全局出发辅助企业进行决策;利用信息控制企业的行为;帮助企业实现其规划目标等。

管理信息系统是一门新兴的科学,其主要任务是最大限度地利用现代计算机及网络通信技术加强企业信息管理,通过对企业拥有的人力、物力、财力、设备、技术等资源的调查了解,建立正确的数据,加工处理并编制成各种信息资料并及时提供给管理人员,以便进行正确的决策,不断提高企业的管理水平和经济效益。目前,企业的计算机网络已成为企业进行技术改造及提高企业管理水平的重要手段。

随着我国与世界信息高速公路的接轨,企业通过计算机网络获得信息必将为企业带来巨大的经济效益和社会效益,企业的办公及管理都将朝着高效、快速、无纸化的方向发展。MIS系统通常用于系统决策,例如,可以利用MIS系统找出目前迫切需要解决的问题,并将信息及时反馈给上层管理人员,使他们了解当前工作发展的进展或不足。换句话说,MIS系统的最终目的是使管理人员及时了解公司现状,把握将来的发展路径。

(1)管理信息系统的特性

管理信息系统由信息的采集、信息的传递、信息的储存、信息的加工、信息的维护和信息的使用 6 个方面组成。完善的管理信息系统具有以下 4 个标准:确定的信息需求,信息的可采集与可加工,可以通过程序为管理人员提供信息,可以对信息进行管理。具有统一规划的数据库是管理信息系统成熟的重要标志,它象征着管理信息系统是软件工程的产物。

管理信息系统是一个交叉性综合性学科,组成部分有:计算机学科(网络通信、数据库、计算机语言等)、数学(统计学、运筹学、线性规划等)、管理学、仿真等多学科。

(2)管理信息系统的作用

①管理信息是重要的资源。对企业来说,人、物资、能源、资金、信息是 5 大重要资源。人、物资、能源、资金这些都是可见的有形资源,而信息是一种无形的资源。以前人们比较看重有形的资源,进入信息社会和知识经济时代以后,信息资源就显得日益重要。因为信息资源决定了如何更有效地利用物资资源。信息资源是人类与自然的斗争中得出的知识结晶,掌握了信息资源,就可以更好地利用有形资源,使有形资源发挥更好的效益。

②管理信息是决策的基础。决策是通过对客观情况、对客观外部情况、对企业外部情况、对企业内部情况的了解才能做出正确的判断和决策。所以,决策和信息有着非常密切的联系。过去凭经验或者拍脑袋的决策方法经常会造成决策的失误,越来越明确信息是决策性基础。

③管理信息是实施管理控制的依据。在管理控制中,以信息来控制整个的生产过程、服务过程的运作,也靠信息的反馈来不断地修正已有的计划,依靠信息来实施管理控制。有很多事情不能很好地控制,其根源是没有很好地掌握全面的信息。

④管理信息是联系组织内外的纽带。企业跟外界的联系、企业内部各职能部门之间的联系也是通过信息互相沟通的。因此要沟通各部门的联系,使整个企业能够协调地工作就要依靠信息。所以,它是组织内外沟通的一个纽带,没有信息就不可能很好地沟通内外的联系和步调一致地协同工作。

(3)管理信息系统的基本功能

1)数据处理功能

数据处理功能是管理信息系统各个功能中最基础的功能,其他的功能都是建立在数据处理基础之上的。

2)计划功能

根据现存条件和约束条件,提供各职能部门的计划。如生产计划、财务计划、采购计划等。并按照不同的管理层次提供相应的计划报告。

3)控制功能

根据各职能部门提供的数据,对计划执行情况进行监督、检查、比较执行与计划的差异、分析差异及产生差异的原因,辅助管理人员及时加以控制。

4)预测功能

运用现代数学方法、统计方法或模拟方法,根据现有数据预测未来。

5)辅助决策功能

采用相应的数学模型,从大量数据中推导出有关问题的最优解和满意解,辅助管理人员进行决策，以期合理利用资源，获取较大的经济效益。

(4)管理信息系统的分类

1)基于组织职能进行划分

管理信息系统按组织职能可以划分为办公系统、决策系统、生产系统和信息系统。

2)基于信息处理层次进行划分

管理信息系统基于信息处理层次进行划分为面向数量的执行系统，面向价值的核算系统、报告监控系统、分析信息系统、规划决策系统，自底向上形成信息金字塔。

3)基于历史发展进行划分

第一代管理信息系统是由手工操作，使用工具是文件柜、笔记本等。第二代管理信息系统增加了机械辅助办公设备，如打字机、收款机、自动记账机等。第三代管理信息系统是使用计算机、传真、电话、打印机等电子设备。

4)基于规模进行划分

随着电信技术和计算机技术的飞速发展，现代管理信息系统从地域上划分已逐渐由局域范围走向广域范围。

(5)管理信息系统的结构

管理信息系统可以划分为横向综合结构和纵向综合结构。横向综合结构指同一管理层次各种职能部门的综合，如劳资、人事部门。纵向综合结构指具有某种职能的各管理层的业务组织在一起，如上下级的对口部门。

(6)管理信息系统的开发方式

管理信息系统的开发方式有自行开发、委托开发、联合开发、购买现成软件包进行二次开发几种形式。一般来说根据企业的技术力量、资源及外部环境而定。目前使用的开发方法主要有以下两种：

1)瀑布模型(生命周期方法学)

结构分析、结构设计、结构程序设计(简称SA-SD-SP方法)用瀑布模型来模拟。各阶段的工作自顶向下从抽象到具体顺序进行。瀑布模型意味着在生命周期各阶段间存在着严格的顺序且相互依存。瀑布模型是早期管理信息系统设计的主要手段。

2)快速原型法(面向对象方法)

快速原型法也称为面向对象方法是近年来针对“SA-SD-SP”的缺陷提出的设计新途径，是适应当前计算机技术的进步及对软件需求的极大增长而出现的，是一种快速、灵活、交互式的软件开发方法学。其核心是用交互的、快速建立起来的原型取代了形式的、僵硬的(不易修改的)大快的规格说明，用户通过在计算机上实际运行和试用原型而向开发者提供真实的反馈意见。快速原型法的实现基础之一是可视化的第四代语言的出现。

两种方法的结合，使用面向对象方法开发管理信息系统时，工作重点在生命周期中的分析阶段。分析阶段得到的各种对象模型也适用于设计阶段和实现阶段。实践证明，两种方法的结合是一种切实可行的有效方法。

(7)管理信息系统的开发过程

1)规划阶段

系统规划阶段的任务是：在对原系统进行初步调查的基础上提出开发新系统的要求，根据需要和可能，给出新系统的总体方案，并对这些方案进行可行性分析，产生系统开发计划和可行性研究报告两份文档。

2）分析阶段

系统分析阶段的任务是根据系统开发计划所确定的范围，对现行系统进行详细调查，描述现行系统的业务流程，指出现行系统的局限性和不足之处，确定新系统的基本目标和逻辑模型，这个阶段又称为逻辑设计阶段。

系统分析阶段的工作成果体现在“系统分析说明书”中，这是系统建设的必备文件。它是提交给用户的文档，也是下一阶段的工作依据，因此，系统分析说明书要通俗易懂，用户通过它可以了解新系统的功能，判断是否所需的系统。系统分析说明书一旦评审通过，就是系统设计的依据，也是系统最终验收的依据。

3）设计阶段

系统分析阶段回答了新系统“做什么”的问题，而系统设计阶段的任务就是回答“怎么做”的问题，即根据系统分析说明书中规定的功能要求，考虑实际条件，具体设计实现逻辑模型的技术方案，也即设计新系统的物理模型。所以这个阶段又称为物理设计阶段。它又分为总体设计和详细设计两个阶段，产生的技术文档是“系统设计说明书”。

4）实施阶段

系统实施阶段的任务包括计算机等硬件设备的购置、安装和调试，应用程序的编制和调试，人员培训，数据文件转换，系统调试与转换等。系统实施是按实施计划分阶段完成的，每个阶段应写出“实施进度报告”，系统测试之后写出“系统测试报告”。

5）维护与评价

系统投入运行后，需要经常进行维护，记录系统运行情况，根据一定的程序对系统进行必要的修改，评价系统的工作质量和经济效益。

1.3　信息社会

1.3.1　信息社会的产生与发展

信息社会也称信息化社会，是脱离工业化社会以后，信息将起主要作用的社会。“信息化”的概念在 20 世纪 60 年代初提出。一般认为，信息化是指信息技术和信息产业在经济和社会发展中的作用日益加强，并发挥主导作用的动态发展过程。它以信息产业在国民经济中的比重、信息技术在传统产业中的应用程度和信息基础设施建设水平为主要标志。

从内容上看，信息化可分为信息的生产、应用和保障 3 大方面。信息生产，即信息产业化，要求发展一系列信息技术及产业，涉及信息和数据的采集、处理、存储技术，包括通信设备、计算机、软件和消费类电子产品制造等领域。信息应用，即产业和社会领域的信息化，主要表现在利用信息技术改造和提升农业、制造业、服务业等传统产业，大大提高各种物质和能量资源的利用效率，促使产业结构的调整、转换和升级，促进人类生活方式、社会体系和社会文化发生深刻变革。信息保障是指保证信息传输的基础设施和安全机制,使人类能够可持续地提升获取信息的能力,包括基础设施建设、信息安全保障机制、信息科技创新体系、信息传播途径和信息能力教育等。

在农业社会和工业社会中,物质和能源是主要资源,所从事的是大规模的物质生产。而在信息社会中,信息成为比物质和能源更为重要的资源,以开发和利用信息资源为目的信息经济活动迅速扩大,逐渐取代工业生产活动而成为国民经济活动的主要内容。

信息经济在国民经济中占据主导地位,并构成社会信息化的物质基础。以计算机、微电子和通信技术为主的信息技术革命是社会信息化的动力源泉。

由于信息技术在资料生产、科研教育、医疗保健、企业和政府管理以及家庭中的广泛应用,从而对经济和社会发展产生了巨大而深刻的影响,从根本上改变了人们的生活方式、行为方式和价值观念。

1.3.2 信息社会的主要特征

在 20 世纪 80 年代,关于"信息社会"的较为流行的说法是"3C"社会(通信化、计算机化和自动控制化),"3A"社会(工厂自动化、办公室自动化、家庭自动化)和"4A"社会("3A"加农业自动化)。到了 20 世纪 90 年代,关于信息社会的说法又加上多媒体技术和信息高速公路网络的普遍采用等条件。具体而言,有如下 3 方面的特征:

一是经济领域的特征,具体表现在以下 4 个方面:

①劳动力结构出现根本性的变化,从事信息职业的人数与其他部门职业的人数相比已占绝对优势。

②在国民经济总产值中,信息经济所创产值与其他经济部门所创产值相比已占绝对优势。

③能源消耗少,污染得以控制。

④知识成为社会发展的巨大资源。

二是社会、文化、生活方面的特征,体现在以下 4 个方面:

①社会生活的计算机化、自动化。

②拥有覆盖面极广的远程快速通信网络系统以及各类远程存取快捷、方便的数据中心。

③生活模式、文化模式的多样化、个性化的加强。

④可供个人自由支配的时间和活动的空间都有较大幅度的增加。

三是社会观念上的特征,有以下两个方面:

①尊重知识的价值观念成为社会风尚。

②社会中人具有更积极地创造未来的意识倾向。

1.3.3 信息素养

信息素养(Information Literacy)的本质是全球信息化需要人们具备的一种基本能力。信息素养这一概念是信息产业协会主席保罗·泽考斯基于 1974 年在美国提出的。简单的定义来自 1989 年美国图书馆学会(American Library Association,ALA),它包括:能够判断什么时候需要信息,并且懂得如何去获取信息,如何去评价和有效利用所需的信息。

信息素养是一种基本能力:信息素养是一种对信息社会的适应能力。美国教育技术 CEO 论坛 2001 年第 4 季度报告提出 21 世纪的能力素质,包括基本学习技能(指读、写、算)、信息素养、创新思维能力、人际交往与合作精神、实践能力。信息素养是其中一个方面,它涉及信息的意识、信息的能力和信息的应用。

信息素养是一种综合能力:信息素养涉及各方面的知识,是一个特殊的、涵盖面很宽的能力,它包含人文的、技术的、经济的、法律的诸多因素,和许多学科有着紧密的联系。信息技术支持信息素养,通晓信息技术强调对技术的理解、认识和使用技能。而信息素养的重点是内容、传播、分析,包括信息检索以及评价,涉及更宽的方面。它是一种了解、搜集、评估和利用信息的知识结构,既需要通过熟练的信息技术,也需要通过完善的调查方法、鉴别和推理来完成。信息素养是一种信息能力,信息技术是它的一种工具。

信息素养包含了技术和人文两个层面的意义:从技术层面来讲,信息素养反映的是人们利用信息的意识和能力;从人文层面来讲,信息素养也反映了人们面对信息的心理状态,或说面对信息的修养。具体而言,信息素养应包含以下 5 个方面的内容:

①热爱生活,有获取新信息的意愿,能够主动地从生活实践中不断地查找、探究新信息。

②具有基本的科学和文化常识,能够较为自如地对获得的信息进行辨别和分析,正确地加以评估。

③可灵活地支配信息,较好地掌握选择信息、拒绝信息的技能。

④能够有效地利用信息,表达个人的思想和观念,并乐意与他人分享不同的见解或资讯。

⑤无论面对何种情境,能够充满自信地运用各类信息解决问题,有较强的创新意识和进取精神。

美国提出的"信息素养"概念则包括 3 个层面:文化层面(知识方面);信息意识(意识方面);信息技能(技术方面)。经过一段时期之后,正式定义为:"要成为一个有信息素养的人,他必须能够确定何时需要信息,并已具有检索、评价和有效使用所需信息的能力。"

而在《信息素养全美论坛的终结报告》中,再次对信息素养的概念作了详尽表述:"一个有信息素养的人,他能够认识到精确和完整的信息是作出合理决策的基础;能够确定信息需求,形成基于信息需求的问题,确定潜在的信息源,制订成功的检索方案,以包括基于计算机的和其他的信息源获取信息,评价信息、组织信息用于实际的应用,将新信息与原有的知识体系进行融合以及在批判思考和问题解决的过程中使用信息。"

1.4　信息安全

信息安全(Information Security)是指为数据处理系统而采取的技术的和管理的安全保护,保护计算机硬件、软件、数据不因偶然的或恶意的原因而遭到破坏、更改、显露。这里面既包含了层面的概念,其中计算机硬件可以看成物理层面,软件可以看成运行层面,再就是数据层面;又包含了属性的概念,其中破坏涉及的是可用性,更改涉及的是完整性,显露涉及的是机密性。

1.4.1 信息安全问题

信息安全主要涉及如下几个方面的安全问题：

①硬件安全。即网络硬件和存储媒体的安全。要保护这些硬件设施不受损害，能够正常工作。

②软件安全。即计算机及其网络中各种软件不被篡改或破坏，不被非法操作或误操作，功能不会失效，不被非法复制。

③运行服务安全。即网络中的各个信息系统能够正常运行并能正常地通过网络交流信息。通过对网络系统中的各种设备运行状况的监测，发现不安全因素能及时报警并采取措施改变不安全状态，保障网络系统正常运行。

④数据安全。即网络中存在及流通数据的安全。要保护网络中的数据不被篡改、非法增删、复制、解密、显示、使用等。它是保障网络安全最根本的目的。

1.4.2 信息安全技术

为了保障信息的机密性、完整性、可用性和可控性，必须采用相关的技术手段。这些技术手段是信息安全体系中直观的部分，任何一方面薄弱都会产生巨大的危险。因此，应该合理部署、互相联动，使其成为一个有机的整体。具体的技术介绍如下：

(1)加解密技术

在传输过程或存储过程中进行信息数据的加解密，典型的加密体制可采用对称加密和非对称加密。

(2)VPN 技术

VPN 即虚拟专用网，通过一个公用网(通常是因特网)建立一个临时的、安全的连接，是一条穿过混乱的公用网络的安全、稳定的隧道。通常 VPN 是对企业内部网的扩展，可以帮助远程用户、公司分支机构、商业伙伴及供应商同公司的内部网建立可信的安全连接，并保证数据的安全传输。

(3)防火墙技术

防火墙在某种意义上可以说是一种访问控制产品。它在内部网络与不安全的外部网络之间设置障碍，防止外界对内部资源的非法访问，以及内部对外部的不安全访问。

(4)入侵检测技术

入侵检测技术 IDS 是防火墙的合理补充，帮助系统防御网络攻击，扩展了系统管理员的安全管理能力，提高了信息安全基础结构的完整性。入侵检测技术从计算机网络系统中的若干关键点收集信息，并进行分析，检查网络中是否有违反安全策略的行为和遭到袭击的迹象。

(5)安全审计技术

安全审计技术包含日志审计和行为审计。日志审计协助管理员在受到攻击后察看网络日志，从而评估网络配置的合理性和安全策略的有效性，追溯、分析安全攻击轨迹，并能为实时防御提供手段。通过对员工或用户的网络行为审计，可确认行为的规范性，确保管理的安全。

1.4.3　信息安全意识

只有建立完善的安全管理制度。将信息安全管理自始至终贯彻落实于信息系统管理的方方面面,企业信息安全才能真正得以实现。具体技术包括以下几方面:

(1)开展信息安全教育,提高安全意识

员工信息安全意识的高低是一个企业信息安全体系是否能够最终成功实施的决定性因素。据不完全统计,信息安全的威胁除了外部的(占20%),主要还是内部的(占80%)。在企业中,可以采用多种形式对员工开展信息安全教育,例如:①可以通过培训、宣传等形式,采用适当的奖惩措施,强化技术人员对信息安全的重视,提升使用人员的安全观念。②有针对性地开展安全意识宣传教育,同时对在安全方面存在问题的用户进行提醒并督促改进,逐渐提高用户的安全意识。

(2)建立完善的组织管理体系

完整的企业信息系统安全管理体系首先要建立完善的组织体系,即建立由行政领导、IT技术主管、信息安全主管、系统用户代表和安全顾问等组成的安全决策机构,完成制订并发布信息安全管理规范和建立信息安全管理组织等工作,从管理层面和执行层面上统一协调项目实施进程。克服实施过程中人为因素的干扰,保障信息安全措施的落实以及信息安全体系自身的不断完善。

(3)及时备份重要数据

在实际的运行环境中,数据备份与恢复是十分重要的。即使从预防、防护、加密、检测等方面加强了安全措施,但也无法保证系统不会出现安全故障,应该对重要数据进行备份,以保障数据的完整性。企业最好采用统一的备份系统和备份软件,将所有需要备份的数据按照备份策略进行增量和完全备份。要有专人负责和专人检查,保障数据备份的严格进行及可靠性、完整性,并定期安排数据恢复测试,检验其可用性,及时调整数据备份和恢复策略。目前,虚拟存储技术已日趋成熟,可在异地安装一套存储设备进行异地备份,不具备该条件的,则必须保证备份介质异地存放,所有的备份介质必须有专人保管。

第2章 计算机系统

【学习目标】

通过本章的学习应掌握如下内容：

- 计算机的发展历程及前景
- 计算机硬件系统和软件系统
- 计算机系统的主要性能指标
- 计算机应用领域

计算机是20世纪人类最伟大的科技发明之一，它的出现标志着人类文明进入一个崭新的历史阶段。现如今，计算机的应用已经渗透到社会的各个领域，日益改变着传统的工作、学习和生活方式，推动着社会的发展。在信息化社会中，掌握计算机的基础知识和操作技能是我们应该具备的基本素质。本章将介绍计算机的发展、硬件系统、软件系统及应用领域。

2.1 计算机发展简史

计算机的产生和发展经历了漫长的历史过程，是人类文明发展的一个缩影，也是人类集体智慧的结晶。

2.1.1 计算与计算工具

计算(Calculation)来自古希腊语，意为碎石，是一种计算用的小石头。现在指核算数目，根据已知量算出未知量。计算工具是指从事计算所使用的器具或辅助计算的器具。

自古以来，人类就在不断地发明和改进计算工具，从古老的“结绳记事”，到算盘、计算尺、差分机，直到1946年第一台电子计算机诞生，计算工具经历了从简单到复杂、从低级到高级、从手动到自动的发展过程，而且还在不断发展。回顾计算工具的发展历史，人类在计算领域经历了手工计算工具、机械式计算工具、机电式计算机和电子计算机四个漫长的发展阶段，并在各个历史时期发明和创造了多种计算工具。

（1）**手工计算工具**

1）指算

远古时代，人类没有文字。为了记载发生过的事件，使用最方便、最自然、最熟悉的十个手指来进行比较和量度，从而形成了“数”的概念和“十进制”计数法。

2）算筹

最原始的人造计算工具是算筹，我国古代劳动人民最先创造和使用了这种简单的计算工具。在春秋战国时期，算筹使用的已经非常普遍了。根据史书的记载，算筹是一根根同样长短和粗细的小棍子，一般长为 13～14 cm，径粗 0.2～0.3 cm，多用竹子制成，也有用木头、兽骨、象牙、金属等材料制成的，如图 2.1 所示。算筹采用十进制记数法，有纵式和横式两种摆法，这两种摆法都可以表示 1、2、3、4、5、6、7、8、9 九个数字，数字 0 用空位表示，如 2.2 所示。算筹的记数方法为：个位用纵式，十位用横式，百位用纵式，千位用横式……，这样从右到左，纵横相间，就可以表示任意大的自然数了。

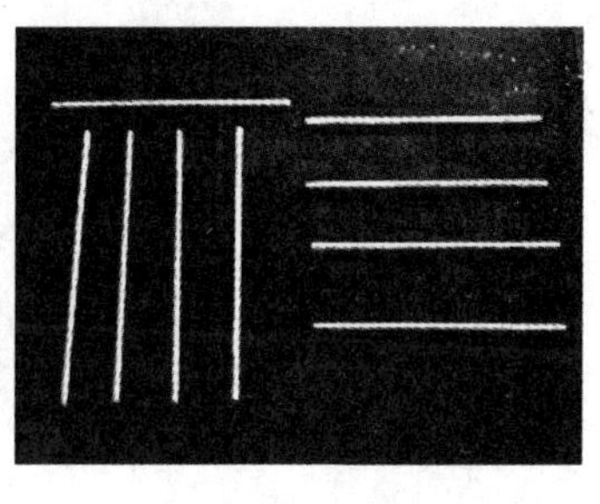

图 2.1　算筹

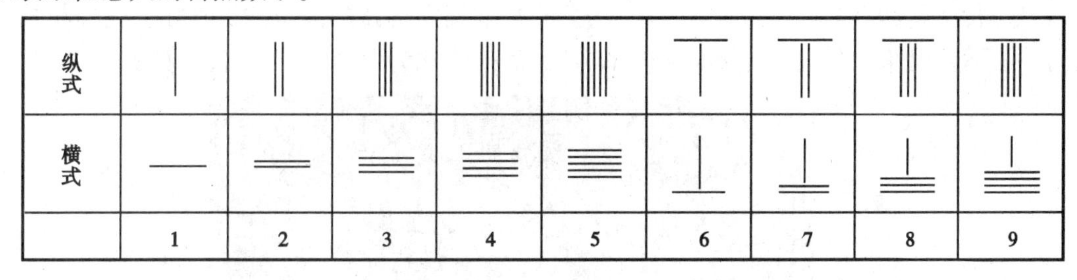

图 2.2　算筹的摆法

图 2.3　算盘

3）算盘

计算工具发展史上的第一次重大改革是算盘，也是我国古代劳动人民首先创造和使用的。算盘由算筹演变而来，和算筹并存竞争了一个时期，在元代后期取代了算筹。算盘以排列成串的算珠作为计算工具，矩形木框内排列一串串等数目的算珠称为档，如图 2.3 所示。算盘采用十进制记数法并有一整套计算口诀，例如“三下五去二”“四下五去一”等，这是最早的体系化算法。算盘能够进行基本的算术运算，是公认的最早使用的计算工具。

（2）**机械式计算工具**

1）帕斯卡加法器

17 世纪，欧洲出现了利用齿轮技术的计算工具。1642 年，法国数学家帕斯卡（Blaise Pascal）发明了帕斯卡加法器，这是人类历史上第一台机械式计算工具，其原理对后来的计算工具产生了持久的影响。帕斯卡加法器是由齿轮组成，以发条为动力，通过转动齿轮来实现加减运算，用连杆实现进位的计算装置，如图 2.4 所示。帕斯卡从加法器的成功中得出结论：人的某些思维过程与机械过程没有差别,因此可以设想用机械来模拟人的思维活动。

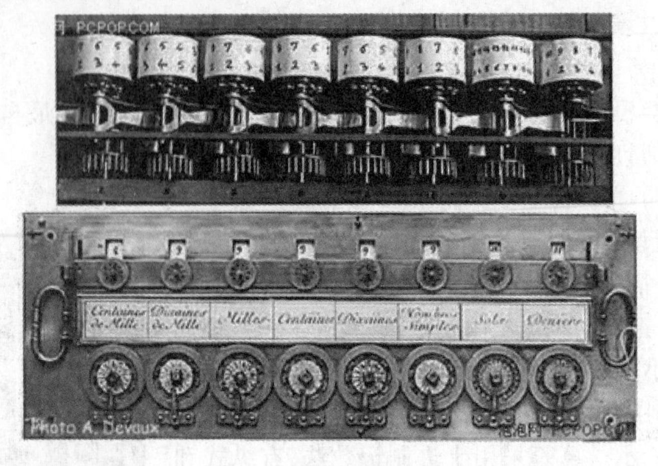

图 2.4 帕斯卡加法器

2)莱布尼茨四则运算器

德国数学家莱布尼茨(G .W .Leibnitz)发现了帕斯卡一篇关于“帕斯卡加法器”的论文,激发了他强烈的发明欲望,决心把这种机器的功能扩大为乘除运算。1673 年,莱布尼茨研制了一台能进行四则运算的机械式计算器,称为莱布尼兹四则运算器,如图 2.5 所示。这台机器在进行乘法运算时采用进位-加(shift-add)的方法,后来演化为二进制,被现代计算机采用。

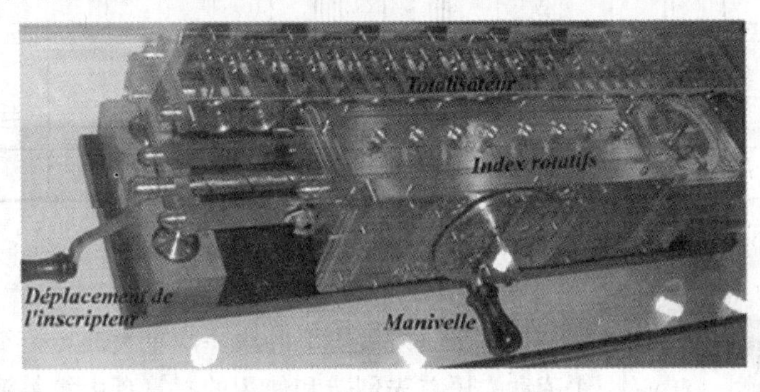

图 2.5 莱布尼茨四则运算器

3)巴贝奇差分机与分析机

1822 年,巴贝奇开始研制差分机,专门用于航海和天文计算,在英国政府的支持下,差分机历时 10 年研制成功,这是最早采用寄存器来存储数据的计算工具,体现了早期程序设计思想的萌芽,使计算工具从手动机械跃入自动机械的新时代。

1832 年,巴贝奇开始进行分析机的研究。在分析机的设计中,巴贝奇采用了 3 个具有现代意义的装置:

存储装置:采用齿轮式装置的寄存器保存数据,既能存储运算数据,又能存储运算结果。

运算装置:从寄存器取出数据进行加、减、乘、除运算,并且乘法是以累次加法来实现,还能根据运算结果的状态改变计算的进程,用现代术语来说,就是条件转移。

控制装置:使用指令自动控制操作顺序、选择所需处理的数据以及输出结果。

巴贝奇的分析机是可编程计算机的设计蓝图,实际上,我们今天使用的每一台计算机都遵循着巴贝奇的基本设计方案。但是其先进的设计思想超越了当时的客观现实,由于当时的机械加工技术还达不到所要求的精度,使得这部以齿轮为元件、以蒸汽为动力的分析机一直到巴贝奇去世也没有完成。

1991 年,为纪念巴贝奇 200 周年诞辰,伦敦科学博物馆按照巴贝奇的设计制作了完整差分机,如图 2.6 所示,它包含 4 000 多个零件,总质量为 2.5 t。

图 2.6　巴贝奇差分机

(3)**机电式计算机**

1)Mark 计算机

1936 年,美国哈佛大学应用数学教授霍华德艾肯(Howard Aiken)在读过巴贝奇和爱达的笔记后,发现了巴贝奇的设计,并被巴贝奇的远见卓识所震惊。艾肯提出用机电的方法,而不是纯机械的方法来实现巴贝奇的分析机。在 IBM 公司的资助下,1944 年研制成功了机电式计算机 Mark-Ⅰ。Mark-Ⅰ长 15.5 m,高 2.4 m,由 75 万个零部件组成,使用了大量的继电器作为开关元件,存储容量为 72 个 23 位十进制数,采用了穿孔纸带进行程序控制。它的计算速度很慢,执行一次加法操作需要 0.3 s,并且噪声很大。尽管它的可靠性不高,仍然在哈佛大学使用了 15 年。Mark-Ⅰ只是部分使用了继电器,1947 年研制成功的计算机 Mark-Ⅱ全部使用继电器。

2)Z 系列计算机

1938 年,德国工程师朱斯(K.Zuse)研制出 Z-1 计算机,这是第一台采用二进制的计算机。在接下来的 4 年中,朱斯先后研制出采用继电器的计算机 Z-2、Z-3、Z-4。Z-3 是世界上第一台真正的通用程序控制计算机,不仅全部采用继电器,同时采用了浮点记数法、二进制运算、带存储地址的指令形式等。这些设计思想虽然在朱斯之前已经提出过,但朱斯第一次将这些设计思想具体实现。在一次空袭中,朱斯的住宅和包括 Z-3 在内的计算机统统被炸毁。德国战败后,朱斯流亡到瑞士一个偏僻的乡村,转向计算机软件理论的研究。

机电式计算机的典型部件是普通的继电器，继电器的开关速度是1/100 s，使得机电式计算机的运算速度受到限制。20世纪30年代已经具备了制造电子计算机的技术能力，机电式计算机从一开始就注定要很快被电子计算机替代。

（4）**电子计算机**

电子计算机（Computer）俗称电脑，是一种用于高速计算的工具。它的功能除了用于计算以外，已经渗透到人类社会的各个领域，使人类历史迈入了一个崭新的时代——计算机时代。

20世纪初电子管的出现，为计算机的改革开辟了新的道路。1946年，美国宾夕法尼亚大学研制了第一台电子计算机，名为"电子数字积分仪与计算机"，简称ENIAC（Electronic Numerical Integrator and Computer）。

2.1.2 计算机的诞生

（1）**图灵机**（Turing Machine，TM）

阿兰·图灵（Alan Turing，1912—1954），是现代计算机思想的创始人，被誉为"计算机科学之父"和"人工智能之父"，如图2.7所示。

1936年，图灵在他具有划时代意义的论文《论可计算数及其在判定问题中的应用》中，论述了一种理想的通用计算机，被后人称为图灵机。图灵机是一种使用布尔函数（"真""假"两种逻辑值和"与""或""非"三种逻辑运算）为基础进行数学推理过程的一种通用机器。

1950年，图灵发表了另一篇著名论文《计算机器与智能》，论文指出如果一个人在不知情的条件下，通过一种特殊的方式和一台机器进行问答，如果在相当长时间内，他分辨不出与他交流的对象是人还是机器，那么这台机器就可以认为是能思维的。这一论断称为图灵测试，它奠定了人工智能的理论基础。

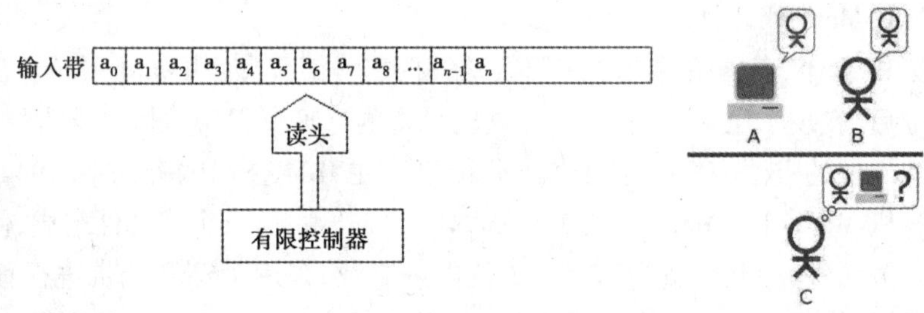

图2.7　图灵、图灵机模型及图灵测试

（2）**ENIAC计算机**

美国宾夕法尼亚大学物理学教授约翰·莫克利和他的研究生普雷斯帕·埃克特受军械部的委托，为计算弹道和射击表启动了研制ENIAC的计划，1946年2月，成功研制出了人类历史上第一台电子数字计算机——ENIAC（Electronic Numerical Integrator and Computer—电子数字积分仪与计算机），如图2.8所示。

ENIAC是一个庞然大物，共使用了18 000多个电子管、1 500多个继电器、10 000多个电容和7 000多个电阻，占地170 m^2，重达30 t。ENIAC的最大特点就是采用电子器件代替机械齿轮或电动机械来执行算术运算、逻辑运算和存储信息，因此，同以往的计算机相比，ENIAC

最突出的优点就是高速度。ENIAC 每秒能完成 5 000 次加法,300 多次乘法,比当时最快的计算工具快 1 000 多倍。ENIAC 是世界上第一台能真正运转的大型电子计算机,ENIAC 的出现标志着电子计算机(简称计算机)时代的到来。

图 2.8　ENIAC 计算机

(3)EDVAC **计算机**

美籍匈牙利著名数学家约翰·冯·诺依曼(图 2.9)曾是 ENIAC 的顾问,他在研究 ENIAC 计算机的基础上,针对 ENIAC 的不足之处,并根据图灵提出的存储程序式计算机的思想,于 1945 年 3 月提出了"存储程序控制"思想,就是设计一个包括存储部件和处理部件的机器,程序存储在存储部件中,处理部件按照存储的程序有序地执行。按照这种思想,1952 年,一个全新的存储程序式,被认为是现代计算机原理模型的通用计算机——EDVAC(Electronic Discrete Variable Computer—电子离散变量自动计算机)设计完成,如图 2.10 所示。

EDVAC 方案的提出和研制成功,标志着现代计算机体系的形成。因此,约翰·冯·诺依曼被称为"计算机之父"。

图 2.9　约翰·冯·诺依曼

图 2.10　EDVAC 计算机

2.1.3 计算机的发展

从第一台计算机问世至今,计算机的发展异常迅速,电子元件的更新是其发展的重要标志之一。计算机的基本元器件经历了电子管、晶体管、集成电路、大规模和超大规模集成电路4个发展阶段。

第一代(1946—1958年):电子管计算机。其主要标志是基本元器件采用电子管。内存储器采用磁鼓;外存储器采用磁鼓或磁带;体系结构以运算器为中心;运算速度为几千次每秒;软件方面主要采用机器语言编写程序,但只能通过按钮进行操作;应用方面以科学计算为主。这一时期的计算机速度慢、体积大、耗电多、可靠性差、价格昂贵,如图2.11、图2.12所示。

图2.11　电子管

图2.12　电子管计算机

第二代(1959—1964年):晶体管计算机。其主要标志是基本元器件采用晶体管。内存储器采用磁芯存储器;外存储器采用磁盘;体系结构是以存储器为中心,从而使计算机的运算速度大大提高,为几万次每秒到几十万次每秒;软件方面有很大进展,用管理程序替代手工操作,出现了FORTRAN、COBOL等高级语言。这一时期的计算机运算速度大幅度提高,质量、体积也显著减小,功耗降低,增强了可靠性,因而大大改善了性价比,如图2.13、图2.14所示。

图2.13　晶体管图

图2.14　晶体管计算机

第三代(1965—1970年):集成电路计算机。其主要标志是基本元器件采用集成电路。集成电路是通过半导体集成技术将许多逻辑元件集中做在一块只有几平方毫米的硅片上。内存储器除采用磁芯外,还出现了半导体存储器;外存储器为磁盘;运算速度为几千万次每秒;软件技术进一步成熟,出现了操作系统、编译系统等系统软件,并出现了BASIC等高级语言程序。这一时期的计算机体积小,功耗、价格进一步降低,而速度及可靠性则有更大的提高,如图 2.15、图 2.16 所示。

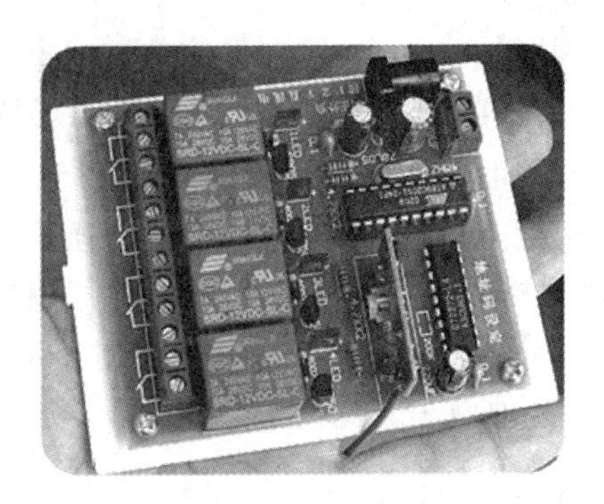

图 2.15 集成电路

图 2.16 集成电路计算机

第四代(1965—1970 年):大规模和超大规模集成电路计算机。其主要标志是基本元器件采用大规模和超大规模集成电路。实现了电路器件的高度集成化。内存储器采用半导体集成电路;外存储器为磁盘、光盘;运算速度为几亿次每秒;软件系统不断完善,应用软件更为普及。这一时期的计算机无论是体积、质量、耗电量、运算速度和可靠性等诸多方面,都达到了一个新的水平,如图 2.17,图 2.18 所示。

图 2.17 大规模集成电路

图 2.18 大规模集成电路计算机

为了描述信息技术进步的速度,英特尔(Intel)创始人之一戈登·摩尔(Gordon Moore)提出了摩尔定律。其内容为:当价格不变时,集成电路上可容纳的晶体管数目,约每隔 18 个月到 24 个月便会增加一倍,性能也将提升一倍。换言之,每一美元所能买到的计算机性能,将每隔 18 个月翻两倍以上。

2.1.4 计算机的前景

目前,以超大规模集成电路为基础,未来的计算机正朝着巨型化、微型化、智能化、网络化等方向发展。

(1)巨型化

巨型化不是指计算机的体积大,而是指计算机的运算速度更快、存储容量更大、功能更强,主要应用于科学计算、基因测试、互联网智能搜索等领域。巨型化计算机的运算速度通常在每秒一亿次以上,存储容量超过百万兆字节。

巨型计算机的发展集中体现了计算机科学技术的发展水平,推动了计算机系统结构、硬件和软件的理论和技术、计算数学以及计算机应用等多个科学分支的发展。

研制巨型计算机的技术水平是衡量一个国家科学技术和工业发展水平的重要标志。因此,工业发达国家都十分重视巨型计算机的研制。1983 年 12 月 22 日,中国第一台每秒钟运算达 1 亿次以上的计算机——“银河”在长沙研制成功。此后,银河-Ⅱ、银河-Ⅲ先后于 1994 年、1997 年问世,运算速度分别为每秒 10 亿次和 130 亿次。2000 年,银河-Ⅳ的运算速度达到了每秒 1 万亿次。2015 年 11 月,全球超级计算机 500 强榜单在美国公布,“天河二号”超级计算机以每秒 33.86 千万亿次连续第六度称雄,如图 2.19 所示。2016 年 6 月 20 日,新一期全球超级计算机 500 强榜单公布,使用中国自主芯片制造的“神威 · 太湖之光”取代“天河二号”登上榜首。

图 2.19　天河二号超级计算机

(2)**微型化**

微型化是指进一步提高基本元器件的集成度。利用超大规模的集成电路研制体积越来越小,性能更加优良,价格更加低廉的微型计算机。

为了迎合这种需求,市面上先后出现了台式计算机、笔记本电脑、掌上电脑等,如图 2.20 所示,这些都是向微型化方向发展的结果。

图 2.20　计算机的微型化发展

(3)**智能化**

智能化是指计算机具有类似于人的感觉和思维能力,如感知、交流、学习、推理、判断等。智能化的领域很多,其中最具有代表性的是专家系统和机器人。

1997 年 5 月,IBM 公司的“深蓝”计算机在正常时限的比赛中首次战胜了国际象棋冠军加里·卡斯帕罗夫,在人与计算机之间挑战赛的历史上可以说是历史性的一天,如图 2.21 所示。深蓝是并行计算的计算机系统,基于 RS/6000SP,另加上 480 颗特别制造的 VLSI 象棋芯片。下棋程式以 C 语言写成,运行 AIX 操作系统。1997 年版本的深蓝运算速度为每秒 2 亿步棋,是其 1996 年版本的 2 倍。1997 年的深蓝可搜寻及估计随后的 12 步棋,而一名人类象棋好手大约可估计随后的 10 步棋。

卡斯帕罗夫

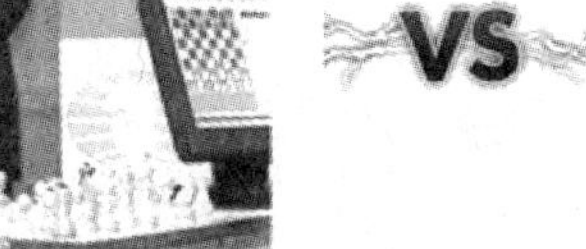

“深蓝”计算机

图 2.21　卡斯帕罗夫和“深蓝”计算机

(4)**网络化**

计算机网络是计算机技术与通信技术结合的产物,是信息技术应用的核心。网络技术已成为 21 世纪人们生存与发展所必须具备的基本技能,如网上新闻、网上购物、电子邮件、网络社区等。

2.2　计算机硬件系统

一个完整的计算机系统由硬件系统和软件系统两部分构成。其中硬件系统结构遵循冯·诺依曼型计算机的基本思想。

2.2.1　计算机硬件概述

硬件系统是指实际的物理设备,主要包括控制器、运算器、存储器、输入设备和输出设备 5 大部分,如图 2.22 所示。

随着大规模集成电路技术的发展,将控制器和运算器集成在一块微处理器芯片上,称为中央处理器(Central Processing Unit,简称 CPU)。存储器分为内存储器和外存储器,CPU 和内存储器又统称为主机,外存储器、输入设备和输出设备统称为外部设备。

因此,计算机硬件系统由 CPU、内存储器、外部设备和连接各个部件以实现数据传送的接口和总线组成,如图 2.23 所示。

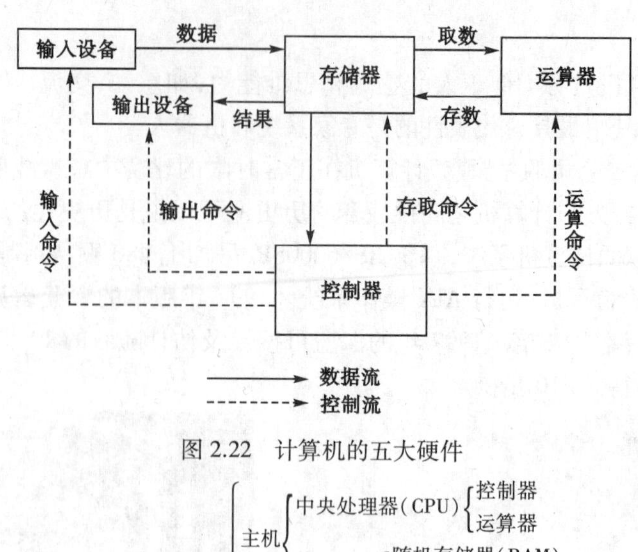

图 2.22　计算机的五大硬件

- 计算机硬件系统
  - 主机
    - 中央处理器(CPU)
      - 控制器
      - 运算器
    - 内存储器
      - 随机存储器(RAM)
      - 只读存储器(ROM)
  - 外围设备
    - 输入设备
    - 输出设备
    - 外存储器
      - 硬盘
      - 光盘
      - 移动存储器
  - 输入/输出接口
  - 总线

图 2.23　计算机硬件系统的组成

2.2.2　中央处理器

中央处理器是一块超大规模集成电路,是一台计算机的运算核心和控制核心。中央处理器主要包括控制器(Control Unit)和运算器(Arithmetic Logic Unit)。随着集成电路的发展,其内部又增添了高速缓冲寄存器。

一台计算机运行速度的快慢,CPU 的配置起着决定性的作用。CPU 严格按照规定的脉冲频率工作,工作频率越高,CPU 工作速度越快,性能也就越强。现在主流的 CPU 工作频率在 3.0 GHz 以上。

在 CPU 技术和市场上,intel 公司一直是技术领头人,目前 intel 公司的 CPU 产品有:酷睿(Core)系列、奔腾(Pentium)系列、凌动(Atom)系列等,如图 2.24 所示。其他 CPU 设计与生产厂商主要有 AMD 公司、IBM 公司等。

图 2.24　intel 的酷睿(Core)i7CPU

（1）**控制器**

控制器是计算机的指挥中心，它就像人的大脑，它根据用户程序中的指令控制机器的各部分，使其协调一致地工作。控制器的主要任务就是发出控制信号，指挥计算机各功能部件按照程序执行的要求有条不紊地工作。

（2）**运算器**

运算器（Arithmetic Logic Unit）是计算机中执行各种算术运算和逻辑运算的部件，即完成对各种数据的加工处理，包括进行加、减、乘、除等算术运算和与、或、非、异或等逻辑运算。运算时，控制器控制运算器从存储器中取出数据，进行算术运算或逻辑运算，并把处理后的结果送回到存储器。

2.2.3 存储器

存储器是专门用来存放程序和数据的部件。存储器按用途和所处位置的不同，分为内存储器和外存储器。

（1）**内存储器**

内存储器又称为主存储器，简称内存或主存。主要用来存放计算机工作时用到的程序和数据以及计算后得到的结果。相对于外存而言，内存的容量较小。为了更灵活地表达和处理信息，计算机通常以字节（byte）为基本单位，用大写字母 B 表示。存储容量的计量单位还有 KB（千字节）、MB（兆字节）、GB（吉字节）、TB（太字节）和 PB（皮字节）等。

计算机中的信息用二进制表示，位（bit）是计算机中表示信息的最小的数据单位，用小写字母 b 表示。位是二进制的一个数位，每个 0 或 1 就是一个位。位是存储器存储信息的最小单位，字节（Byte）是计算机中表示信息的基本数据单位。1 个字节由 8 个二进制位组成。它们之间的换算关系如下：

1 B = 8 b

1 KB = 2^{10} B = 1 024 B

1 MB = 2^{10} kB = 1 024 kB = 1 024×1 024 B

1 GB = 2^{10} MB = 1 024 MB = 1 024×1 024×1 024 B

1 TB = 2^{10} GB = 1 024 GB = 1 024×1 024×1 024×1 024 B

1 PB = 2^{10} TB = 1 024 TB = 1 024×1 024×1 024×1 024×1 024 B

因为计算机采用的是二进制，所以转换单位是 2 的 10 次幂。

内存按读/写方式分为随机存储器（Random Access Memory，RAM）和只读存储器（Read-Only Memory，ROM）两类。

1）随机存储器

随机存储器，允许用户随时进行读/写数据，只要断电或者关机，数据将会丢失。RAM 与 CPU 直接交换数据，当计算机工作时，只有将要执行的程序和数据调入 RAM 中，才能被 CPU 执行。根据工作原理的不同，RAM 分为动态随机存储器（Dynamic Random Access Memory，简称 DRAM）和静态随机存储器（Static Random Access Memory，简称 SRAM）。

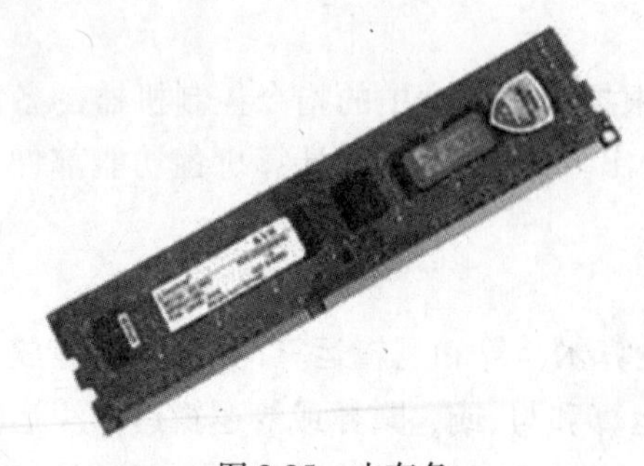

图 2.25　内存条

动态随机存储器是最普通的 RAM，由一个电子管与一个电容器组成一个位存储单元，DRAM 将每个内存位作为一个电荷保存在位存储单元中，用电容的充放电来做储存动作，但因电容本身有漏电问题，因此必须每几微秒就要刷新一次，否则数据会丢失。因为成本比较便宜，通常都用作计算机内的主存储器，即内存条，如图 2.25 所示。

静态随机存储器不需要刷新电路即能保存它内部存储的数据。因为没有电容器，所以无须不断充电即可正常运作，它可以比一般的动态随机处理内存处理速度更快更稳定，往往用来做高速缓冲存储器。

随着计算机技术的飞速发展，CPU 主频越来越高，对内存速度的要求越来越高。但是内存的速度始终达不到 CPU 的速度，它们在速度上存在严重的不匹配。为了协调两者之间的速度差异，于是引入了高速缓冲存储器。高速缓冲存储器又称为 Cache。

2）只读存储器

只读存储器只允许用户读取数据，不能写入数据，它的内容是由芯片厂商在生产过程中写入，并且断电后数据不会丢失。ROM 常用于存放系统核心程序和服务程序。比如，在主板上的 ROM 里面固化了一个基本输入/输出系统 S（Basic Input Output System，简称 BIOS）。其作用是为计算机提供最底层的、最直接的硬件设置和控制。

（2）外存储器

外存储器又称为辅助存储器，简称外存或者辅存。用于存放需要长期保存的程序和数据。它不属于计算机主机的组成部分，属于外围设备。计算机工作时，将所需要的程序和数据从外存调入内存，再由 CPU 处理。外存存取数据的速度比内存慢，但存储容量一般都比内存大得多，断电后数据不会丢失。目前，计算机系统常用的外存有磁盘存储器、光盘存储器和移动存储器。

1）磁盘存储器

磁盘存储器分为硬磁盘存储器和软磁盘存储器，软磁盘存储器已经被淘汰。硬磁盘存储器简称硬盘，它的信息存储依赖磁性原理，是利用磁介质存储数据的机电式产品，是计算机系统中广泛使用的外存储器，如图 2.26 所示。硬盘常用于存放操作系统、程序和数据，是内存的扩充。硬盘的容量大，一般为几百 GB，甚至更大，性价比高，相对于 CPU、内存等设备，数据处理速度要慢很多。

硬盘是由若干个盘片组成的圆柱体，每一个盘片都有两个盘面，每个面都有一个读写磁头，磁盘在格式化时被划分成许多同心圆，这些同心圆轨迹称为磁道（Track）。磁道从外向内从 0 开始顺序编号。若干张盘片的同一磁道上在纵方向上所形成的一个个的柱面。磁盘上的每个磁道被等分为若干个弧段，这些弧段便是磁盘的扇区，操作系统以扇区（Sector）形式将信息存储在硬盘上，每个扇区能存储 512 B 的数据，如图 2.27 所示。所以，硬盘是按磁头、柱面和扇区来组织存储信息的。硬盘的存储容量可按以下公式来计算：

硬盘容量＝磁头数（盘面数）×柱面数×扇区数×512 B

图2.26 硬盘实物

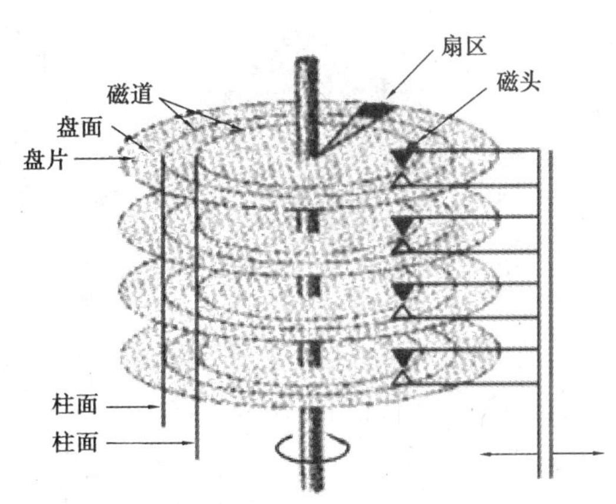

图2.27 硬盘的扇区、磁道、柱面和磁头

2)光盘存储器

光盘存储器简称光盘,是利用光学方式读/写信息的外部存储设备,使用激光在硬塑料片上烧出凹痕来记录数据。可以存放各种文字、声音、图形、图像和视频等多媒体信息。光盘驱动器和光盘一起构成了光存储器,光盘用于存储数据,光驱用于读取数据,如图2.28、图2.29所示。光盘便于携带,存储容量较大,一张CD光盘可以存放大约650 MB的数据。

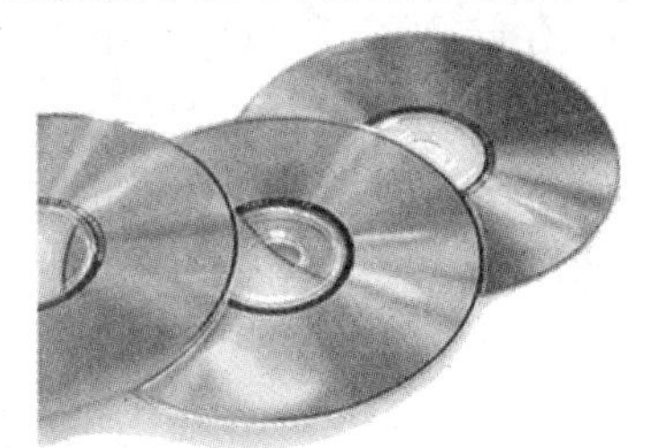

图2.28 光盘

图2.29 光驱

光盘根据是否可擦写,分为只读光盘(如CD-ROM,DVD-ROM),一次性写入光盘和可擦写光盘3类。只读光盘上的数据是在光盘出厂时就记录存储在上面的,用户只能读取,不能修改;一次性写入光盘只允许刻录机写入一次,用户可多次读取;可擦光盘允许刻录机多次写入,用户也可多次读取。

3)移动存储器

随着通用串行总线(Universal Serial Bus,简称USB)的出现并逐渐盛行,借助USB接口,移动存储器作为随身携带的存储设备被人们广泛使用。移动存储器主要有移动硬盘、U盘和各种闪存,如图2.30所示。

移动硬盘(Mobile Hard disk),顾名思义,是以硬盘为存储介质,计算机之间交换大容量数据,强调便携性的存储产品。移动硬盘多采用USB、IEEE1394等传输速度较快的接口,可以较高的速度与系统进行数据传输。它有着体积小、质量小、携带方便等优点,同时具有极强的抗震性。

U盘,全称USB闪盘,英文名“USB flash disk”。它是一种使用USB接口的无需物理驱动器的微型高容量移动存储产品,通过USB接口与计算机连接,实现即插即用。U盘的称呼最早来源于朗科科技生产的一种新型存储设备,名曰“优盘”,使用USB接口进行连接。U盘连

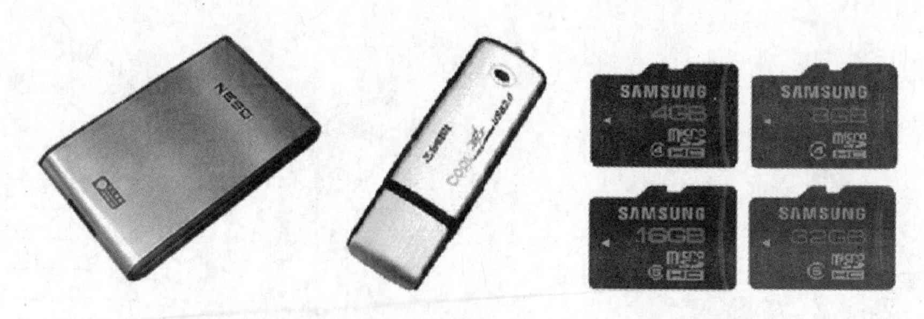

图 2.30　移动存储器

接到计算机的 USB 接口后,U 盘的资料可与计算机交换。而之后生产的类似技术的设备由于朗科已进行专利注册,而不能再称之为“优盘”,而改称谐音的“U 盘”。后来,U 盘的称呼因为其简单易记而因而广为人知,是移动存储设备之一。现在市面上出现了许多支持多种端口的 U 盘,即三通 U 盘(USB 计算机端口、iOS 苹果接口、安卓接口)。闪存的容量从 1 G 到 2 G, 4 G,8 G,16 G,32 G,甚至更大。

闪存(Flash Memory)是一种长寿命的在断电情况下仍能保持所存储的数据信息的存储器,数据删除不是以单个的字节为单位而是以固定的区块为单位,区块大小一般为 256 kB 到 20 MB。闪存卡(Flash Card)是利用闪存(Flash Memory)技术达到存储电子信息的存储器,一般应用在数码相机、掌上电脑、MP3 等小型数码产品中作为存储介质,所以样子小巧,犹如一张卡片,所以称之为闪存卡。根据不同的生产厂商和不同的应用,闪存卡大概有 Smart Media (SM 卡)、Compact Flash(CF 卡)、Multi-Media Card(MMC 卡)、Secure Digital(SD 卡)、Memory Stick(记忆棒)、XD-Picture Card(XD 卡)和微硬盘(MICRODRIVE)。这些闪存卡虽然外观、规格不同,但是技术原理都是相同的。

2.2.4　输入与输出设备

计算机的输入、输出设备是计算机的外部设备之一,由于通常作为单独的设备配置在主机之外,又称为计算机外围设备或 I/O 设备。它们是计算机与人和其他机器之间进行交流的设备。

(1)输入设备

输入设备(Input Device)是向计算机输入数据和信息的设备。是计算机与用户或其他设备通信的桥梁。输入设备是用户和计算机系统之间进行信息交换的主要装置之一,用于把原始数据和处理这些数的程序输入到计算机中。计算机能够接收各种各样的数据,既可以是数值型的数据,也可以是各种非数值型的数据,如图形、图像、声音等都可以通过不同类型的输入设备输入到计算机中,进行存储、处理和输出。常见的计算机输入设备有键盘、鼠标、光笔、扫描仪、摄像头、数码照相机、数字化仪、语音输入装置等,如图 2.31 所示。其中,键盘和鼠标是两种最基本的输入设备。

1)键盘

键盘(KeyBoard)是最常用也是最主要的输入设备,通过键盘可以将英文字母、数字、标点符号等输入到计算机中,从而向计算机发出命令、输入数据等。按照功能的不同,把键盘划分为主键区、功能键区、数字小键盘区、编辑区,如图 2.32 所示。

图 2.31　常见的输入设备

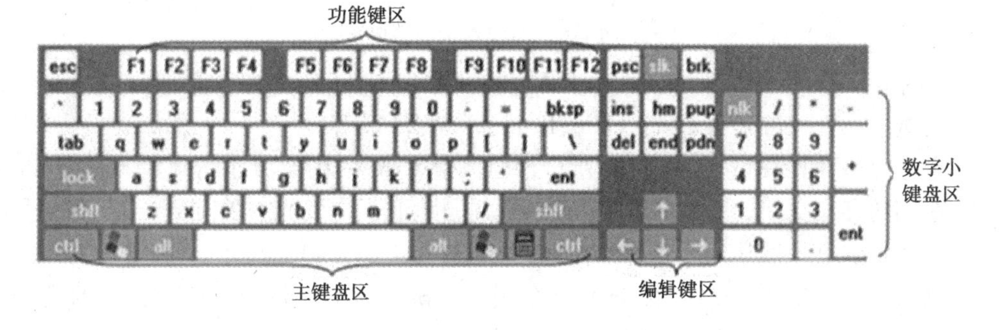

图 2.32　键盘分区图

2) 鼠标

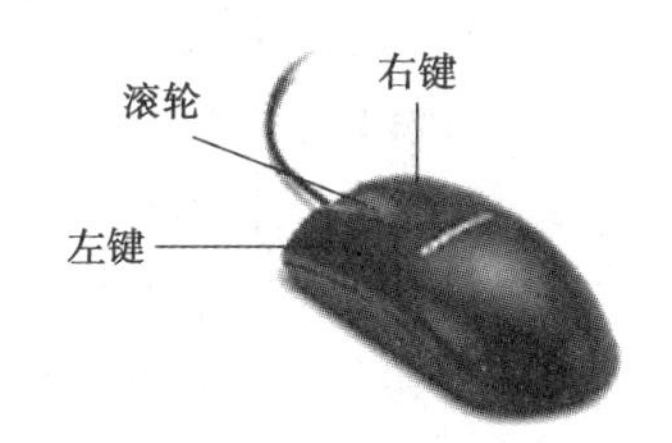

图 2.33　鼠标结构图

鼠标(Mouse)是计算机的一种输入设备,它可以对当前屏幕上的游标进行定位,并通过按键和滚轮装置对游标所经过位置的屏幕元素进行操作,因形似老鼠而得名“鼠标”。鼠标按其工作原理的不同分为机械鼠标和光电鼠标,当前,人们绝大部分使用的都是光电鼠标。操作时,通过鼠标的左键、右键和滚轮进行,如图 2.33 所示。

(2)**输出设备**

输出设备(Output Device)是计算机硬件系统的终端设备,用于将计算机内部的数据传递出来,即把各种计算结果数据或信息以数字、字符、图像、声音等形式表现出来。常见的输出设备有显示器、打印机、绘图仪、影像输出系统、语音输出系统等。其中,显示器和打印机是两种最基本的输出设备,如图 2.34 所示。

1) 显示器

显示器(Display)又称监视器,是最常用也是最主要的输出设备。它既可以显示键盘输入的命令或数据,也可以显示计算机数据处理的结果。显示器按工作原理分为阴极射线管显示

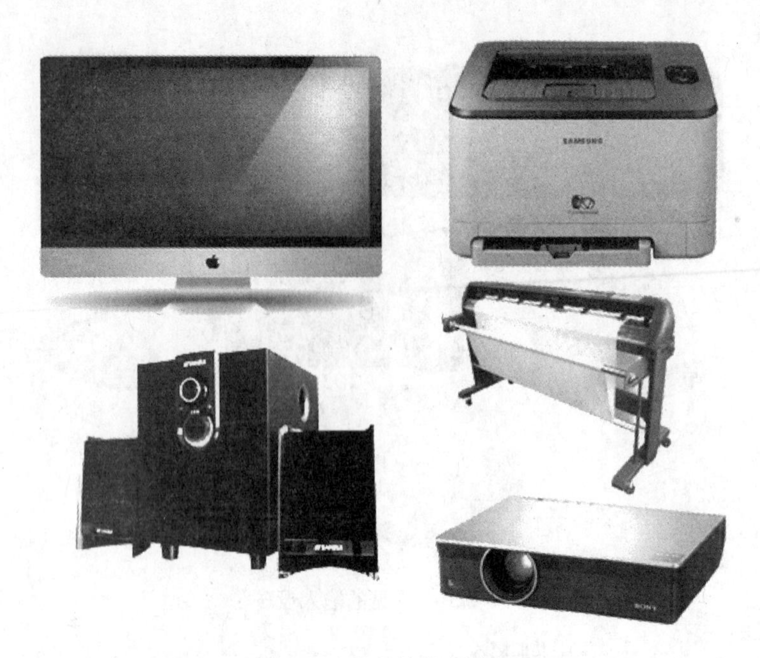

图 2.34　常见的输出设备

器(Cathode Ray Tube,简称 CRT)和液晶显示器(Liquid Crystal Display,简称 LCD),按显示器屏幕对角线的长度又可分为 15 in、17 in、19 in、21 in、23 in 等。

通常情况下,图像的分辨率越高,所包含的像素就越多,图像就越清晰。同时,它也会增加文件占用的存储空间。所谓分辨率,是指屏幕上横向、纵向发光点的点数,一个发光点称为一个像素。目前显示器常见的分辨率有 800×600、1 024×768 和 1 280×1 024 等。每种尺寸的显示器都对应一个最佳分辨率,15 in LCD 的最佳分辨率为 1 024×768,17～19 in 的最佳分辨率通常为 1 280×1 024,更大尺寸拥有更大的最佳分辨率。

2)打印机

打印机(Printer)是将计算机的处理结果打印在纸张上的输出设备。人们常把显示器的输出称为软拷贝,把打印机的输出称为硬拷贝。按工作原理,可以分为击打式打印机和非击打式印字机。其中击打式又分为字模式打印机和点阵式打印机。非击打式又分为喷墨打印机、激光打印机、热敏打印机和静电打印机。当前,喷墨印字机和激光印字机应用得最为广泛。

2.2.5　主要性能指标

计算机功能的强弱或性能的好坏,不是由某项指标决定的,而是由它的系统结构、指令系统、硬件组成、软件配置等多方面的因素综合决定的。对于大多数普通用户来说,可以从以下几个指标来大体评价计算机的性能。

(1)主频

主频即时钟频率,是指计算机的 CPU 在单位时间内发出的脉冲数目。它在很大程度上决定了计算机的运行速度。主频的单位是兆赫兹(MHz),随着计算机技术的发展,CPU 的主频都在 1 GHz(或 1 000 MHz)。如英特尔(Intel)酷睿四核 i5-6500 的主频是 3.2 GHz(或

3 200 MHz)，英特尔(Intel)酷睿双核 i3-6300 的主频是 3.8 GHz(或 3 800 MHz)。

(2)**字长**

字长是指 CPU 一次能处理的二进制数据的位数。在其他指标相同的情况下，字长越大计算机处理数据的速度就越快。同时，字长标志着精度，字长越长，计算的精度越高，指令的直接寻址能力也越强。

一个字节等于 8 个二进制位，一般机器的字长都是字节的 1、2、4、8 倍，目前微型计算机的机器字长有 8 位、16 位、32 位、64 位，最新推出的高档微处理器的字长已达 64 位。

(3)**内存容量**

内存是 CPU 可以直接访问的存储器，要执行的程序和数据需要调入内存才能被 CPU 处理。内存容量是指一个内存储器所能存储的全部信息量。内存储器容量的大小反映了计算机即时存储信息的能力。内存容量的基本单位是字节，还可用 KB(千字节)、MB(兆字节)、GB(吉字节)、TB(太字节)和 PB(皮字节)来衡量。目前，大多内存的容量为 2 GB、4 GB、8 GB 或者 16 GB 等。

(4)**运算速度**

运算速度是衡量计算机性能的一项重要指标。通常所说的计算机运算速度是指计算机每秒钟能执行的指令条数，一般用单位“百万条指令/秒”(Million Instruction Per Second，简称 MIPS)来衡量述。影响计算机运算速度的主要因素是中央处理器的主频和存储器的存取周期。一般说来，主频越高，运算速度就越快；存取周期越短，运算速度就越快。

(5)**兼容性**

所谓兼容性(compatibility)是指一台设备、一个程序或一个适配器在功能上能容纳或替代以前版本或型号的能力，它也意味着两个计算机系统之间存在着一定程度的通用性，这个性能指标往往与系列机联系在一起。

除了以上 5 个性能指标外，还有 RASIS 特性，即可靠性(reliability)、可用性(availability)、可维护性(serviceability)、完整性(integrality)和安全性(security)等。

总之，计算机性能指标和性能评价是比较复杂和细致的工作。各项指标之间也不是彼此孤立的，在实际应用时，应该把它们综合起来考虑，而且还要遵循“性能价格比”的原则。

2.3　计算机软件系统

计算机系统除了硬件系统还包括软件系统。

2.3.1　计算机软件概述

只有硬件而没有软件的计算机称为“裸机”，它是无法工作的。只有配备一定的软件，才能发挥其功能。软件是用户与硬件之间的接口界面，用户对计算机的使用不是直接对硬件进行操作，而是通过应用软件对计算机进行操作，而应用软件也不能直接对硬件进行操作，而是通过系统软件对硬件进行操作的，如图 2.35 所示。用户主要是通过软件与计算机进行交流。

为了方便用户，使计算机系统具有较高的总体效用，在设计计算机系统时，必须通盘考虑软件与硬件的结合，以及用户的要求和软件的要求。

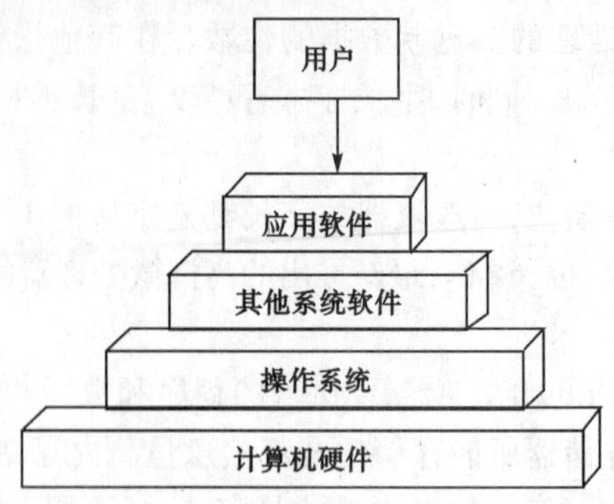

图 2.35　用户、软件和硬件的关系

计算机软件（Software，也称软件）是指计算机系统中的程序及其文档，程序是计算任务的处理对象和处理规则的描述；文档是为了便于了解程序所需的阐明性资料。程序必须装入机器内部才能工作，文档一般是给人看的，不一定装入机器。

计算机软件按用途分为系统软件和应用软件两大类，如图 2.36 所示。

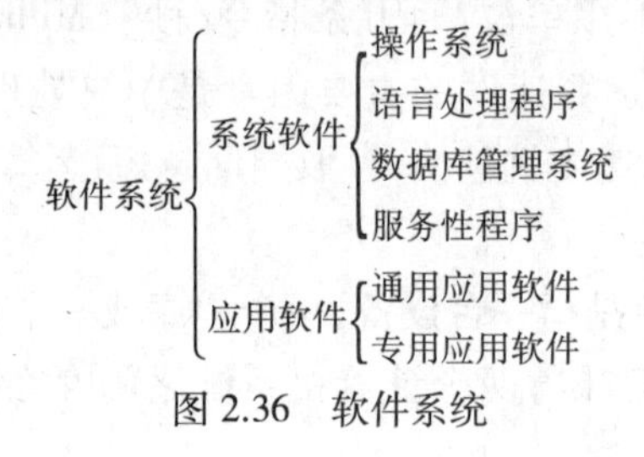

图 2.36　软件系统

2.3.2　系统软件

系统软件是指操作、管理、控制和维护计算机的各种资源，以及扩大计算机功能和方便用户使用计算机的各种程序的集合。系统软件包括操作系统、语言处理程序、数据库管理系统和各种服务性程序四类。

（1）操作系统

操作系统（Operating System，简称 OS）是管理和控制计算机硬件与软件资源的计算机程序，是直接运行在“裸机”上的最基本的系统软件，任何其他软件都必须在操作系统的支持下才能运行。

操作系统由一系列具有控制和管理功能的模块组成，使计算机能够自动、协调、高效地工作。概括起来，操作系统具有三大功能：一是资源管理，计算机系统的资源可分为设备资源和信息资源两大类，设备资源指的是组成计算机的硬件设备，如中央处理器、主存储器、磁盘存储器、打印机、磁带存储器、显示器、键盘输入设备和鼠标等，信息资源指的是存放于计算机内的各种数据，如文件、程序库、知识库、系统软件和应用软件等；二是组织协调计算机的运行，以增强系统的处理能力；三是提供人机接口，为用户提供方便。

操作系统从早期的单用户单任务、字符界面的 DOS 操作系统，发展到多用户多任务、图形化界面的 Windows 操作系统,Unix 操作系统,Linux 操作系统等。其中 Windows 操作系统是当前在计算机中最常用的操作系统,主要特点是图形化的人机交互界面、丰富的管理工具和应用程序、多任务操作、与 Internet 的完美结合、即插即用硬件管理等;Unix 操作系统是当前的三大主流操作系统之一,也是银行计算机中最常用的操作系统,具有字符和图形化两种操作界面;Linux 操作系统是一个开发源代码、类 Unix 的操作系统,它除了继承 Unix 操作系统的特点和优点外,还进行了许多改进,从而成为一个真正的多用户、多任务的通用操作系统,绝大多数的超级计算机均采用 Linux 操作系统。另外,随着智能手机的发展,Android 和 iOS 已经成为目前最流行的两大手机操作系统。

(2)语言处理程序

计算机语言又称为程序设计语言,是人机交流信息的一种特定语言。计算机语言分为三大类:机器语言、汇编语言和高级语言。

1)机器语言

机器语言是用二进制代码表示的计算机能直接识别和执行的一种机器指令的集合。它是计算机的设计者通过计算机的硬件结构赋予计算机的操作功能。使用机器语言编写程序,工作量大,难记忆,容易出错,调试修改麻烦,但是能直接执行所以执行速度快。不同型号的计算机其机器语言是不相通的,所以机器语言不具有通用性和可移植性。

2)汇编语言

汇编语言是采用人们容易记忆的助记符代替机器语言中的二进制代码,如 MOV 表示传送指令,ADD 表示加法指令等。因此,汇编语言又称为符号语言。用汇编语言编写的程序比起用机器语言编写的程序具有易于理解、易检查和修改的特点,但是机器语言和汇编语言都是面向计算机的低级语言,可移植性差。

3)高级语言

高级语言是人们为了克服低级语言的不足而设计的程序设计语言。它是以人类的日常语言为基础的一种编程语言,使用人们易于接受的文字来表示(例如汉字、不规则英文或其他外语),从而使程序员编写程序更容易,亦有较高的可读性,以方便对计算机认知较浅的人也可以大概明白其内容。这种语言与具体的机器无关,所以具有通用性和可移植性。

高级语言分为面向过程和面向对象两类。面向过程的高级语言有 Fortran, Pascal, Cobol, C 等。面向对象的高级语言有 C++, Java, C#,Delphi, VB 等。

语言处理程序是为用户设计的编程服务软件,其作用是将汇编语言源程序或者高级语言源程序翻译成计算机能识别的目标程序。共有 3 种:汇编程序、编译程序和解释程序。用汇编语言编写的程序称为汇编语言源程序。用汇编语言编写的程序,计算机不能直接运行,需要用汇编程序把它翻译成机器语言后才能执行,这一过程称为汇编。计算机并不能直接地接受和执行用高级语言编写的源程序,源程序在输入计算机时,通过"翻译程序"翻译成机器语言形式的目标程序,计算机才能识别和执行。这种"翻译"有两种方式,即编译方式和解释方式,这两种方式采用的翻译程序分别是编译程序和解释程序。

(3)数据库管理系统

数据库管理系统(Database Management System,简称 DBMS)是一种操纵和管理数据库的大型软件,用于建立、使用和维护数据库。它对数据库进行统一的管理和控制,以保证数据库的安全性和完整性。常见的数据库管理系统有 ACCESS, SQL Server, MySQL, ORACLE 等。

(4)服务性程序

服务性程序也称为系统辅助处理程序,包括协助用户进行软件开发或硬件维护的软件,主要有编辑程序、调试程序、装备和连接程序、调试程序。比如:Edit,Debug 等。

2.3.3 应用软件

应用软件是为满足用户不同领域、不同问题的应用需求而编制开发的软件。应用软件必须有操作系统的支持才能正常运行。按照应用软件的开发方式和适用范围,应用软件可再分为通用应用软件和专用应用软件两大类。

(1)通用应用软件

生活在现代社会,不论是学习还是工作,不论从事何种职业、处于什么岗位,人们都需要阅读、书写、通信、娱乐和查找信息,有时可能还要作讲演、发消息等。所有的这些活动都有相应的软件使我们能更方便、更有效地进行。由于这些软件几乎人人都需要使用,所以把它们称为通用应用软件。

通用应用软件分若干类。例如办公自动化软件、多媒体应用软件、网络应用软件、安全防护软件、系统工具软件和娱乐休闲软件等。这些软件易学易用,多数用户几乎不经培训就能使用。在普及计算机应用的进程中,它们起到了很大的作用。

1)办公自动化软件

办公自动化(Office Automation,简称 OA)是将办公和计算机网络功能结合起来的一种新型的办公方式,是当前新技术革命中一个技术应用领域,属于信息化社会的产物。就国内计算机用户来讲,目前用得最多的办公软件当属微软公司 Office 套件中的 Word,Excel,PowerPoint,Outlook 等部分及金山的 WPS。

2)多媒体应用软件

多媒体应用软件主要是一些创作工具或多媒体编辑工具,包括绘图软件、图像处理软件、动画制作软件、声音编辑软件以及视频软件。这些软件,概括来说,分别属于多媒体播放软件和多媒体制作软件。

常用的多媒体播放软件有 Windows 操作系统本身自带的 Windows Media Player、苹果公司的 QuickTime Player 等。此外还有 Real Player、暴风影音、QQ 影音等。

图像处理软件有 Photoshop, Corel Draw 等;动画制作软件有 Animator Pro、3D Studio MAX 和 Cool 3D 等;音频处理软件有 Real Jukebox、Goldwave 和 Cool Edit Pro 等;视频处理软件有 Premiere Pro 和 Video Studio 等;多媒体创作软件有 Authorware 等。

3)网络应用软件

网络应用软件是指能够为网络用户提供各种服务的软件,它用于提供或获取网络上的共享资源。比如 QQ、MSN、PPS、迅雷、IE 浏览器等。

4)安全防护软件

安全防护软件是指为了安全使用计算机而开发的软件,主要包括杀毒软件和防火墙软件。比如卡巴斯基、360 杀毒软件、360 防火墙软件等。

5）系统工具软件

系统工具软件负责系统优化、系统管理等。比如文件压缩与解压缩软件 WinRAR、数据恢复软件 Final Data 等。

6）娱乐休闲软件

如各种游戏软件和上面提到的视频软件、音频软件、网络应用软件等。

（2）**专用应用软件**

专用应用软件是按照不同领域用户的特定应用需求而专门设计开发的软件。如超市的销售管理和市场预测系统、汽车制造厂的集成制造系统、大学教务管理系统、医院挂号计费系统、酒店客房管理系统等。这类软件专用性强，设计和开发成本相对较高，只有相应机构的用户需要才购买，因此价格比通用应用软件贵得多。

2.4　计算机应用领域

进入 20 世纪 90 年代以来，计算机技术作为科技重要的先导技术得到了飞跃发展，超级并行计算机技术、高速网络技术、多媒体技术、人工智能技术等相互渗透，改变了人们使用计算机的方式，从而使计算机几乎渗透到人类生产和生活的各个领域，对工业和农业都有极其重要的影响。计算机的应用范围归纳起来主要有以下 6 个方面。

（1）**科学计算**

科学计算亦称数值计算，是指用计算机完成科学研究和工程技术中所提出的数学问题。计算机作为一种计算工具，科学计算是它最早的应用领域，也是计算机最重要的应用之一。

在科学技术和工程设计中存在着大量的各类数字计算，如求解几百乃至上千阶的线性方程组、大型矩阵运算等。这些问题广泛出现在导弹实验、卫星发射、灾情预测等领域，其特点是数据量大、计算工作复杂。在数学、物理、化学、天文等众多学科的科学研究中，经常遇到许多数学问题，这些问题用传统的计算工具是难以完成的，有时人工计算需要几个月、几年，而且不能保证计算准确，使用计算机则只需要几天、几小时甚至几分钟就可以精确地解决。所以，计算机是发展现代尖端科学技术必不可少的重要工具。

（2）**数据处理**

数据处理也称信息处理，是指对各种信息进行收集、分类、整理、加工、存储等一系列活动的总称。所谓信息是指可被人类感受的声音、图像、文字、符号、语言等。数据处理的特点是要处理的原始数据量大，而运算比较简单，有大量的逻辑与判断运算。据统计，目前在计算机应用中，数据处理所占的比重最大。其应用领域十分广泛，如人口统计、办公自动化、邮政业务、机票订购、情报检索、图书管理、医疗诊断、企事业计算机辅助管理与决策等。

数据处理从简单到复杂可以划分为 3 个发展阶段，它们是：

1）电子数据处理（Electronic Data Processing，简称 EDP）

它是以文件系统为手段，实现一个部门内的单项管理。

2)管理信息系统(Management Information System,简称 MIS)

它是以数据库技术为工具,实现一个部门的全面管理,以提高工作效率。

3)决策支持系统(Decision Support System,简称 DSS)

它是以数据库、模型库和方法库为基础,帮助管理决策者提高决策水平,改善运营策略的正确性与有效性。

(3)计算机辅助技术

计算机辅助技术包括 CAD,CAM 和 CAI 等。

1)计算机辅助设计(Computer Aided Design,简称 CAD)

计算机辅助设计是指利用计算机系统辅助设计人员进行工程或产品的设计,以实现最佳设计效果的一种技术。CAD 技术已广泛应用于建筑工程设计、服装设计、机械制造设计、船舶设计等行业。例如,在电子计算机的设计过程中,利用 CAD 技术进行体系结构模拟、逻辑模拟、插件划分、自动布线等。又如,在建筑设计过程中,可以利用 CAD 技术进行力学计算、结构计算、绘制建筑图纸等。使用 CAD 技术可以提高设计质量,缩短设计周期,提高设计自动化水平。

2)计算机辅助制造(Computer Aided Manufacturing,简称 CAM)

计算机辅助制造是指利用计算机通过各种数值控制生产设备,完成产品的加工、装配、检测、包装等生产过程的技术。例如,在产品的制造过程中,用计算机控制机器的运行,处理生产过程中所需的数据,控制和处理材料的流动以及对产品进行检测等。使用 CAM 技术可以提高产品质量,降低成本,缩短生产周期,提高生产率和改善劳动条件。

将 CAD 和 CAM 技术集成,实现设计生产自动化,这种技术被称为计算机集成制造系统(CIMS)。它的实现将真正做到无人化工厂(或车间)。

3)计算机辅助教学(Computer Aided Instruction,简称 CAI)

计算机辅助教学是指在计算机辅助下进行的各种教学活动,以对话方式与学生讨论教学内容、安排教学进程、进行教学训练的方法与技术。CAI 为学生提供一个良好的个性化学习环境。综合应用多媒体、超文本、人工智能、网络通信和知识库等计算机技术,克服了传统教学情境方式上单一、片面的缺点。它的使用能有效地缩短学习时间、提高教学质量和教学效率,实现最优化的教学目标。它在现代教育技术中起着相当重要的作用。

除了上述计算机辅助技术外,还有其他的辅助功能,如计算机辅助出版、计算机辅助管理、辅助绘制和辅助排版等。

(4)过程控制

过程控制是指用计算机及时采集检测数据,按最佳值迅速对控制对象进行自动控制或采用自动调节。利用计算机进行过程控制,不仅大大提高了控制的自动化水平,而且大大提高了控制的及时性和准确性。过程控制的特点是及时收集并检测数据,按最佳值调节控制对象。在电力、机械制造、化工、冶金、交通等部门采用过程控制,可以提高劳动生产效率、产品质量、自动化水平和控制精确度,减少生产成本,减轻劳动强度。在军事上,可使用计算机实时控制导弹根据目标的移动情况修正飞行姿态,以准确击中目标。

(5)人工智能

人工智能是指用计算机模拟人类的智能活动,如判断、理解、学习、图像识别、问题求解等。它涉及计算机科学、信息论、仿生学、神经学和心理学等诸多学科。在人工智能中,最具代表性、应用最成功的两个领域是专家系统和机器人。计算机专家系统是一个具有大量专门知识的计算机程序系统。它总结了某个领域的专家知识并将其构建了知识库。根据这些知识,系统可以对输入的原始数据进行推理,作出判断和决策,以回答用户的咨询,这是人工智能的一个成功例子。机器人是人工智能技术的另一个重要应用。目前,世界上有许多机器人工作在各种恶劣环境,如高温、高辐射、剧毒等环境中。机器人的应用前景非常广阔。现在有很多国家正在研制新型机器人。

(6) **网络应用**

计算机技术与现代通信技术的结合构成了计算机网络。网络应用不仅解决了一个单位、一个地区、一个国家中计算机与计算机之间的通信,各种软、硬件资源的共享,也大大促进了国际间的文字、图像、视频和声音等各类数据的传输与处理。网络应用在人们的日常生活中尤为重要,比如收发电子邮件、上传下载文件、Web 网页浏览服务、网络游戏、网上银行、网上购物、网上订票、视频会议等。

第 3 章 多媒体技术基础

【学习目标】

通过本章的学习应掌握如下内容：

- 多媒体及其元素
- 多媒体关键技术及其发展历程
- 多媒体技术及应用的发展趋势
- 多媒体信息处理工具及其简单应用

20 世纪 80 年代以来飞速发展的多媒体技术，首先改变了计算机基于字符的处理方式，语音、图像、视频数据的获取、存储、处理和传输技术的发展拓展了计算机的应用方式和领域；其次，多媒体、通信、网络等技术的融合与发展打破了时空和环境的限制，带有多媒体内涵的各种产品（不仅仅是多媒体计算机）已贴近生活，走进家庭，极大地影响了社会和人们的工作以及日常的生活方式。“多媒体技术”当然也成为推动现代社会进步的关键技术，是进入信息社会的重要标志之一。毫无疑问，“多媒体”为计算机在 21 世纪的应用注入了新的活力，开拓了诱人的应用前景。

3.1 多媒体概述

3.1.1 多媒体与多媒体技术

“多媒体”一词译自英文“Multimedia”，而该词又是由 multiple 和 media 复合而成的。媒体（medium）原有两重含义：一是指存储信息的实体，如磁盘、光盘、磁带、半导体存储器等，中文译作媒质；二是指传递信息的载体，如数字、文字、声音、图形等，中文译作媒介。

多媒体技术从不同的角度看有着不同的定义。比如有人定义“多媒体计算机是一组硬件和软件设备；结合了各种视觉和听觉媒体，能够产生令人印象深刻的视听效果。在视觉媒体上,包括图形、动画、图像和文字等媒体;在听觉媒体上,则包括语言、立体声响和音乐等媒体。用户可以从多媒体计算机同时接触到各种各样的媒体来源”。还有人定义多媒体是“传统的计算媒体——文字、图形、图像以及逻辑分析方法等与视频、音频以及为了知识创建和表达的交互式应用的结合体”。概括起来就是:多媒体技术,即是计算机交互式综合处理多媒体信息——文本、图形、图像和声音,使多种信息建立逻辑连接,集成为一个系统并具有交互性。简言之,多媒体技术就是具有集成性、实时性和交互性的计算机综合处理声音、文字和图像信息的技术。多媒体在中国也有自己的定义,一般认为多媒体技术指的就是能对多种载体(媒介)上的信息和多种存储体(媒介)上的信息进行处理的技术。

根据国际通信联盟远程通信标准化组 ITU-T(原国际电报电话委员会 CCITT)的定义,媒体有以下5种:

(1)**感觉媒体**(Perception Medium)

感觉媒体是直接作用于人的感官,使人能直接产生感觉的一类媒体,如视觉、听觉、味觉、触觉和嗅觉等。

(2)**表示媒体**(Representation Medium)

表示媒体是为加工、处理和传输感觉媒体而人为构造出来的一种媒体,是信息的存在和表示形式,如声音、图像、视频和动画等。

(3)**显示媒体**(Presentation Medium)

显示媒体是媒体传输中的电信号与媒体之间转换所使用的一类媒体,分为输入显示媒体,如键盘、鼠标、扫描仪、数码相机和摄像机等;输出显示媒体,如显示器、扬声器、投影仪和打印机等。

(4)**存储媒体**(Storage Medium)

存储媒体是存储数据的物理设备,如磁盘、光盘等。

(5)**传输媒体**(Transmission Medium)

传输媒体是传输数据的物理设备,是数据通信的信息载体,如双绞线、同轴电缆、光纤等。

媒体的核心是表示媒体,也即信息的存在形式和表示形式。因此,媒体可理解为人与人、或人与外部世界之间进行信息沟通及交流传递的载体(中介物),其表现形式为文字、图形、图像、动画、声音和视频等,并直接作用于人们的感观。单一的媒体也称单媒体(Monomedia),两个及两个以上媒体的综合就称为多媒体(Multimedia)。从字面上看,多媒体是由单媒体复合而成,意味着“多媒介”或“多方法”。一种通俗的、直观的解释是:将文本、声音、视频、图形、图像、动画等多种不同形式的信息表达方式的有机综合称为“多媒体”。

但是,必须注意,在科学技术领域使用的“多媒体”术语同人们直观的生活体验有着深层次的区别。它不仅仅是指信息木身,更主要的是指处理和应用它的一系列技术、一整套系统。

科技新词“多媒体”,应该涵盖两方面的意义:多媒体意味着在信息的发信方和收信方之间的“多媒介”;多媒体意味着实现信息的储存、传递、再现或者感知的“多手段”。

多媒体的提出,不仅仅是人们有了把多种信息媒体统一处理的需要和愿望,更重要的是其发展技术条件的成熟,是人类已经拥有其科学技术和产业发展能力的标志之一。在1992年7月的 Computer Graphics 国际会议上,SGI 总裁 Jim Clark 在其题为《Tele Computer》的报告中十分明白地指出:“多媒体意味着将音频、视频、图形和计算机技术集成到一个数字环境中,它可以拓展许多能利用这种组合技术的新的应用。”

归纳起来,多媒体是将两个或两个以上的媒体“有机”地组合在一起,其相关技术就是多媒体技术。多媒体技术是综合处理图像、文字、声音、视频等多种媒体数据,使它们集成为一个系统并具有交互性的信息处理技术。

多媒体技术有以下几个特点,其中综合性(集成性)和交互性是其主要特点。

(1)**综合性(集成性)**

多媒体技术的综合性体现在能够对信息进行多通道统一获取、存储、组织与合成,将原来独立的电话、电报、传真、广播、电视、音像等技术与计算机融合为一体。因而,所谓集成性,除了声音、文字、图像、视频等媒体信息的集成,另外还包括传输、存储和显示媒体设备的集成。

(2)**交互性**

多媒体交互性是多媒体应用有别于传统信息交流媒体的主要特点之一。多媒体技术能够实现人对信息的主动选择和控制,人机可以对话,即人们可以利用多媒体系统,自由地选择、加工、处理和利用图像、文字、声音、数据等多种信息,而传统信息交流媒体只能单向地、被动地传播信息 。一句话,交互性向用户提供更加有效地控制和使用信息的手段和方法。

(3)**多样性**

多媒体多样性指的是信息载体的多样性,体现在信息采集或生成、传输、存储、处理和显示的过程中,要涉及多种感知媒体、表示媒体、传输媒体、存储媒体或显示媒体,或者多个信源或信宿的交互作用。信息载体的多样性使计算机所能处理的信息空间范围扩展和放大,这是计算机变得更加人性化所必需的条件。

(4)**非线性**

多媒体技术的非线性特点将改变人们传统循序性的读写模式。多媒体技术借助超文本链接(Hypertext Link)的方法,把内容以一种更灵活、更具变化的方式呈现给读者,用户可以按照自己的目的和认知特征重新组织信息,增加、删除或修改节点,重新建立链接。

(5)**实时性**

多媒体实时性是指在多媒体系统中,多种媒体之间无论在时间上还是空间上都存在着紧密的联系,是具有同步性和协调性的群体。多媒体系统提供同步和实时处理的能力,当用户给出操作命令时,相应的多媒体信息都能够得到实时控制。实时多媒体分布系统是把计算机的交互性、通信的分布性和电视的真实性有机地结合在一起。

(6)**协同性**

每一种媒体都有其自身规律,各种媒体之间必须有机地配合才能协调一致。多种媒体之间的协调以及时间、空间和内容方面的协调是多媒体的关键技术之一。不难看出,多媒体技术的发展,改变了人们对计算机的原有概念。多媒体技术既是一种高技术,又具有强烈的渗透性,可以扩展到各个应用领域,用“无孔不入”并不过分。从硬件上讲,它包括现有的计算机、通信、广播和图像、视频等方面的设备,从软件上看,包括信息处理、储存、检索、文娱、教育、通信、播放、出版、医疗、金融、交通、军事、公安等方面的软件。这些领域原先是分开的服务领域,但通过多媒体技术的发展和应用,它们正在互相渗透,互相联合,并逐渐统一起来。

因此，多媒体技术不仅集现有的技术于一身，而且也改变了人们的生活方式。

3.1.2　媒体元素

多媒体应用的根本是以自然习惯的方式，有效地接收计算机世界的信息，信息通过媒体展现。多媒体元素就是指多媒体应用中可以显示给用户的媒体组成。目前，多媒体大多只利用了人的视觉和听觉，即使在"虚拟现实"中也只用到触觉，而味觉、嗅觉尚未集成进来。媒体元素一般包括文本、图形、图像、声音、动画和视频等。

(1)文本

文本就是习惯使用的文字集合，是人和计算机交互作用的主要形式，而且不仅仅在计算机领域，传统上，人们通过书本、报纸、信函等进行交流。文本作为计算机文字处理的基础，也是多媒体应用的基础。在人机交互中，文本主要有两种形式：非格式化文本和格式化文本。

(2)图像

有的资料将图像定义为："凡是能为人类视觉系统所感知的信息形式或人们心中的有形想象"。在媒体展现时，无论是传统的文字，还是图形、视频，最终都是以图像的形式出现，更确切地讲是以"像素点"的形式展现。与像素点对应的数字图像称位图(bitmap)图像(简称位图)，这是数字图像的一种基本格式。

除了位图外，还有许多其他格式的图像(包括压缩格式)，实际上不同的设备都有自己默认的图像格式，各种格式的图像可以转换。常见的图像格式有BMP、DIB、TIF、GIF及JPEG等。

(3)图形

图形也称矢量图(vector graphic)，它们是由诸如直线、曲线、圆或曲面等几何图形(称为图形)形成的从点、线、面到三维空间的黑白或彩色几何图形。这些几何图形可以被删除、增加、移动、修改、倾斜或延伸，还有像灰度、颜色、填充图案或透明度等属性。

图形可以通过图形编辑器产生，也可以由程序生成。图形文件的常用格式有DXF、PIF、SLD、DRW、PHIGS、GKS及IGS等。

(4)音频

音频有时也泛称声音，除语音、音乐外，还包括各种音响效果。数字化后，计算机中保存声音文件的格式有多种，常用的有两种：波形音频文件(WAV)、数字音频文件(MIDI)。

(5)动态图像(动画和视频)

如果像放映电影一样，利用人眼的视觉惰性，在时间轴上，每隔一段时间，就在屏幕上展现一幅有上下关联性的图像、图形，就形成了动态图像，任何动态图像都是由多幅连续的、顺序的图像序列构成，序列中的每幅图像称为"帧"。如果每一帧图像都是由人工或计算机生成的图形时，该动态图像就称为二维动画；若每帧图像为计算机产生的具有真实感的图像，则称为三维真实感动画，二者统称动画；而当每一帧图像为实时获取的自然景物图像时，就称为动态影像视频，简称动态视频或视频。现在，包括模式识别在内的先进技术允许把捕捉的视频和动画结合在一起，形成了运动图像。

为了保证获得较好的运动感觉，帧速(每秒钟播放的帧数)应该大约为15帧/s或16帧/s。

帧速在 10~16 帧/s 时,会感到画面在抖动。相对应,电影采用的帧速是 24 帧/s,NTSC 制式电视的帧速是 30 帧/s,PAL 制式的帧速是 25 帧/s。运动图像每秒钟的数据量是帧速乘以单帧数据量。若一幅图像的数据量为 1 MB,帧速为 25 帧/s,则 1 s 的数据量为 25 MB 。可以看出存放运动图像(特别是视频)的数据量是很大的,必须进行压缩。研究好的压缩算法是多媒体应用的关键之一,一方面压缩比(压缩前的数据量和压缩后的数据量之比)要高;另一方面也要考虑压缩和解压缩的实时性及压缩后图像的质量。

3.1.3 多媒体技术的产生与发展

多媒体技术出现于 20 世纪 80 年代中后期,在此之前,一般计算机只能处理数字和文本信息。而人-机交互也只有通过键盘输入字符作为计算机命令,然后通过显示器和打印机等外设输出,整个过程都是字符界面,对于计算机的操作用户来说显得十分呆板与枯燥。1984 年,美国的 Apple 公司为了改善人-机界面,在推出的 Macintosh 机上引入了 BitMap 位映射的概念对图进行处理,并使用了窗口(Windows)和图形符号(Icon)改善用户接口,并最早使用 GUI(图形用户界面)和鼠标操作取代 CUI(字符用户界面)键盘操作。通过这些改进,计算机的图形界面代替了原来的字符界面,以鼠标单击桌面图形的方式代替了原来字符命令的输入。这一切都大大改善了人-机交互界面,推进了计算机的进一步发展,也使计算机对媒体的使用有了一个飞跃。

在多媒体技术出现后的短短 20 年里,多媒体技术由最初的只能对文字、图形等简单媒体形式进行处理,逐步地把声音、动画、视频等多种媒体形式都引入计算机中进行综合处理,逐步形成了现今蓬勃发展的多媒体计算机技术。在此期间,几个著名的公司开发的多媒体计算机系统对多媒体技术的发展起到了重大的推动作用。

美国 Commodore 公司在 1985 年率先推出世界上第一个多媒体计算机系统 Amiga,后经不断完善,在 1989 年,Commodore 公司展示了 Amiga 系统的一个完整多媒体计算机系列。为了提高计算机处理文本、音频及视频信息的速度,Commodore 公司在 Amiga 系统中采用了 3 个很有特色的专用芯片:Agnus(8370)、Paula(8364)及 Denise(8362)。Philips/Sony 公司于 1986 年 4 月联合推出交互式紧凑光盘系统(Compact Disc Interactive),同时还公布了 CD-ROM 文件格式,这就是后来 ISO(国际标准化组织)认可的标准。该系统把高质量的声音、文字、图形、图像以数字化的形式存放在容量为 650 MB 的只读光盘上。

另一个值得一提的是 Intel 和 IBM 公司的 DVI 系统。数字视频交互(Digital Video Interactive,DVI)技术是美国无线电公司(RCA)于 1983 年开始研究的,1987 年在第二次微软公司召开的 CD-ROM 光盘会议上首次公布了利用只读光盘播放视频图像和声音的 DVI 技术,后来美国 GE 公司从 RCA 公司购买了 DVI 技术。

3.1.4 多媒体计算机系统组成

多媒体计算机的系统由多媒体计算机硬件和多媒体计算机软件系统组成。

(1)多媒体计算机硬件系统

硬件系统是由计算机的基本部件和多媒体通信传输设备组成。多媒体计算机基本硬件系统虽然和普通计算机硬件系统一样，但是多媒体计算机对硬件性能提出更加严格的要求。

多媒体设备最基本的有声卡（Audio Card）、音箱、CD-ROM 等。其他还包括视频捕获卡、摄像机、照相机、扫描仪、打印机等。

（2）**多媒体计算机软件系统**

多媒体计算机软件系统包含支持多媒体应用的操作系统、多媒体的应用软件和多媒体的创作编辑软件。多媒体计算机操作系统，如 Windows 系列操作系统不仅实现了对多媒体信息处理的控制和管理，而且为多媒体计算机操作系统的不断更新和应用提供了技术上的服务。多媒体应用软件就是各多媒体软件产品，如多媒体教学光盘、多媒体互动游戏和多媒体教科书。多媒体的创作编辑软件就是不同形式的多媒体制作工具软件。如录音和编辑软件、视频采集和编辑软件、动画制作软件、图像处理软件等。

多媒体计算机系统是在基本计算机系统的基础上对软硬件的功能进行扩展，其层次结构也是由底层的硬件系统和其上的各层软件系统组成的，如图 3.1 所示。

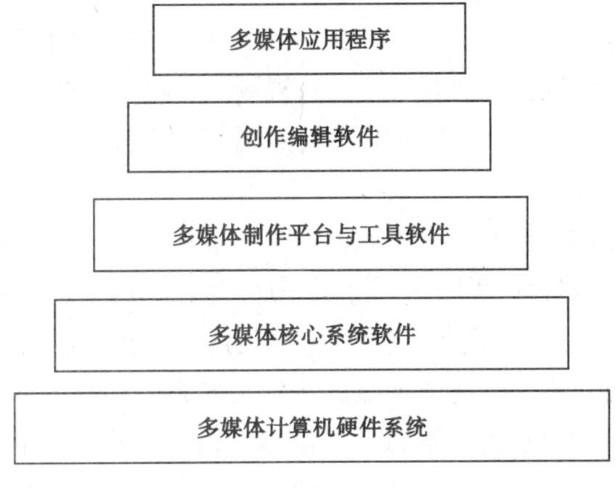

图 3.1　多媒体的层次结构

3.1.5　多媒体的应用领域

多媒体的问世是科技进步推动的结果，如果没有计算机处理能力、大容量的存储技术、网络及压结算法等方面的显著进步，就不可能有今天的多媒体领域。科技的推动及随后市场强烈的需求，使多媒体技术为计算机应用开辟了广阔的前景，基本覆盖了主要工业领域，其应用不仅涉及计算机原有的各应用领域，还涉及通信、出版、传播、商业广告及购物、文化娱乐、教育、家用消费等领域或行业。历史经验说明：凡是能进入家庭的产品或面向大众的产品都有巨大的市场潜力。市场的培育进一步推动了多媒体技术与产品的发展，开创了多媒体技术发展和多媒体应用的新时代。综合起来，多媒体已成功地在下列领域中得到了广泛的应用。

（1）**多媒体在现代教育中的作用**

教师利用多媒体进行计算机辅助教学，为教育提供了一种新的途径，使师生的关系发生了变化，以教师为中心的教学变成了以学生为中心的教学。进入 20 世纪 90 年代，多媒体、光盘、网络技术的融合，改变了信息的存储、传输和使用方式。多媒体作为一种新型的教育形式和教学手段将给传统教育带来极大的冲击和影响。

(2)多媒体在商业中的应用

多媒体在商业中的应用起源很早,目前的应用范围随着多媒体技术和其他技术的有效融合已从商业广告、宣传展示等进一步进入了商品直销领域和服务领域。

(3)多媒体在通信中的应用

多媒体技术的应用离不开通信技术和网络技术的支持。在通信领域中融合多媒体技术,其应用的范围越来越广,涉及面越来越宽。即使是前述的多媒体在教育、商业中的应用也离不开通信及网络技术的支持,随着Internet的普及和相关技术的进一步发展,可以说多媒体技术、通信技术和网络技术在21世纪将作为信息时代的重要技术和应用支柱。

(4)多媒体在家庭中的应用

像电视机、录像机、音响等设备进入家庭一样,综合利用有线电视CATV网的VDO点播电视系统(人们常说的"机顶盒")是一种最近发展起来的家庭娱乐的多媒体通信系统,它由VDO视频服务中心和许多VDO用户组成,其最主要的功能就是对接收的经过MPEG-2压缩的视频、音频数码流进行解码运算,然后还原成电视机可以接收的音频和视频信号;另一功能就是将用户需要点播的指令发送给视频服务中心,视频服务中心实际上是一个由高速计算机控制的庞大的多媒体数据库,它在检测到用户的点播指令后立即将用户需要的内容发送给用户。

(5)多媒体在医疗中的应用

多媒体通信网络的建立为远程医疗开辟了一片广阔的应用天地,处在现代医疗中心的医生可以通过多媒体通信网为远方的病人提供医疗服务。通过多媒体终端,医生不仅可以面对病人进行观察和询问,同时还可以通过远端的医疗传感器或仪表对病人进行多项病理检查,检查的结果立即传送到中心,给医生诊断提供依据。远程医疗主要有下列服务:医疗专家会诊;远程询问与诊断;检查数据和图表分析;给出远程治病处方和健康与医疗保健咨询等。

(6)多媒体在军事中的应用

多媒体通信技术的发展使其广泛应用于军事,特别是战场和军事的指挥、控制、通信、计算机和情报等C4I系统,C4I就是上述4个方面和信息情报的缩写。在实际的C4I系统中,多媒体可作为各功能模块间的接口,该系统可以真实记录作战指挥的全过程,可以控制和分析战场的发展态势,可以进行数字加密以达到保密通信等。C4I系统的多媒体实现为国防现代化提供了强有力的、可靠的、迅速的、灵活有效的手段。

(7)多媒体在电子出版物中的应用

随着计算机技术、多媒体技术的发展,电子出版物越来越普及,大量的图书资料已存放在光盘上,通过多媒体终端进行阅读,图书馆的多媒体阅览室已相当普及。可以将电子出版物分成两类:一是网络型电子出版物,包括联网信息检索、电子报刊、电子广告、WWW信息等;二是单机型电子出版物,指存放在光盘上的电子形式的出版物。

3.2　多媒体中的关键技术

3.2.1　音频处理技术

声音是通过一定介质(空气、水等)传播的一种连续的波,称为声波。它是一个随着时间连续变化的模拟信号。一个声波由3个物理量:振幅、频率和周期来描述。振幅表示声波的音量,即通常所说的声音的大小。声音波形一般以一定的时间间隔重复出现,这个时间间隔称为声音信号的周期。频率表示每秒钟的周期数。

人耳可以听到的声波的频率为20~18 000 Hz,人说话的信号频率通常为300~3 kHz,把在这种频率范围的信号称为语音信号。以前对声音信号进行存储和传输使用的都是模拟信号,它在时间和幅度上都是连续的。但是如果要在计算机中对声音信号进行处理的话,就必须使用数字信号,也就是要把模拟信号变成数字信号。所谓数字化实际上就是将连续的信号变成离散的信号。声音信号的数字化通常要经过采样、量化和编码3个过程。

采样(Sampling)是每隔一定的时间测量一次声音信号的幅值,把时间连续的模拟信号转换为时间离散、幅度连续的采样信号。每秒钟采集声波样本的次数称为采样频率。采样频率越高,则经过离散数字化的声波就越接近于其原始的波形,声音的保真度就越高,同时,信息量也就越大。量化(Quantization)是将采样得到的数值限定在几个有限的数值中,即将采样信号转换为时间离散、幅度也离散的数字信号。最后进行编码(Coding),即将量化后的信号转换成一个二进制码组输出。

数字音频文件也和其他文件一样,存储时也可以有不同的格式。即使数据相同,根据不同的软硬件环境需要,可以存储成不同的文件格式。常见的数字音频文件格式有以下几种:WAV 格式、MIDI 格式、MP3 格式、RA 格式、CD-DA 格式。

(1)WAV 格式文件

WAV 格式文件是声音文件最基本的格式,文件扩展名为".WAV",是 Windows 所使用的标准数字音频格式,称为波形文件。Windows 系统和一般的音频卡都支持这种格式文件的生成、编辑和播放。这种波形文件是由 IBM 和微软公司于1991年8月联合开发的,是一种交换多媒体资源而开发的资源交换文件格式。

WAV 文件格式来源于对声音模拟波形的采样。它是把声音的各种变化信息(频率、振幅、相位等)逐一转成0和1的电信号记录下来,其记录的信息量相当大。其具体大小又与记录的声音质量高低有关。在适当的软硬件条件及计算机控制下,使用 WAV 格式能够重现各种声音。WAV 文件格式支持存储各种采样频率和样本精度的声音数据,易于生成和编辑;它的主要缺点是原始声音数据量太大,不适合长时间的记录。在保证一定音质的前提下压缩比不够,因此也不适合在网络上播放。

(2)MIDI 格式文件

MIDI(Musical Instrument Digital Interface,乐器数字接口)文件是由世界上主要电子乐器

制造厂商建立起来的通信标准,是乐器和电子设备之间声音信息交换的一套规范。文件扩展名为.MID。

MIDI 格式文件的记录方法与 WAV 完全不同。它并不对音乐进行采样,而是将每个音符记录为一个数字。人们在声卡中事先将各种频率、音色的信号固化下来,根据需要在声卡中调用。一首 MIDI 乐曲的播放过程就是按乐谱指令去调出一个个音来。因此,MIDI 的文件和 WAV 文件相比要小得多。例如,一首半小时的立体音乐,MIDI 音乐只有 200 KB 左右,而波形文件则差不多 300 MB。MIDI 格式的主要限制是它缺乏重现真实自然声音的能力,因此不能用在需要语音的场合。

(3)MP3 **格式**

MP3 是采用 MPEG3 标准对 WAVE 音频文件进行压缩而成的,它是目前最为流行的多媒体格式之一。MP3 具有文件小、音质佳的特点。MP3 具有较高的压缩比(12:1),即采用 MP3 压缩,数据可以缩小到 1/12,音质却没有损失。在同样的音质条件下,MP3 需要的数据量最小;同样的数据量条件下,MP3 音质最好。MP3 对音频信号采用的是有损压缩方式,虽然它是一种有损压缩方式,但它以极小的失真度换来较高的压缩比。

(4)RA **格式**

RA(Real Audio)是 Real networks 推出的一种音乐压缩格式,它的压缩比比较大(大于 MP3),可以达到96:1,音质也较好。因此,这种格式在网上比较流行。另外,这种文件还有一个非常大的优点就是可以采用流媒体的方式实现网上实时播放,即边下载边播放。

(5)CD-DA **格式**

CD-DA(Compact Disk-Digital Audio)是标准激光盘文件,专门用来记录和存储音乐,扩展名是.cda。这种格式的文件数据量大,但是音质好。CD 唱盘也是利用数字技术(采样技术)制作的,符合 MPC2 标准的 CD-ROM 驱动器不仅可以读取 CD-ROM 盘的信息,还能播放数字 CD 唱盘。它是利用激光将 0 和 1 数字位转换成微小的信息凹凸坑制作在光盘上,通过 CD-ROM 驱动器特殊芯片读出其内容,再经过 D/A 转换,把它变成模拟信号输出播放。

3.2.2 图像处理技术

颜色实质上就是一种光波。而通常情况下,我们可以用 3 个特征来区别不同的颜色:色相、饱和度和亮度,如图 3.2 所示。

色相是指色彩的相貌或种类,色相的区别是由光波的波长决定的。通常我们所说的红、橙、黄、绿、青、蓝、紫等颜色就是色相。色相按照红、橙、黄、绿、青、蓝、紫的顺序排列。色相是连续变化的,当混合相邻颜色时,可以获得在这两种颜色之间连续变化的色调。计算机采用数字化处理图像,可以非常精确地表现出连续变化的色相。饱和度指的是颜色偏离灰色、接近纯光谱色的程度。色谱中红、橙、黄、绿、青、蓝、紫的饱和度最高(100%),而黑、白、灰的饱和度最低(0%)。纯光谱色和白光混合产生的颜色中,纯光谱色所占的百分比就是该颜色的饱和度。亮度指色彩的明暗程度。例如,黑白图像就只有亮度的区别,而无饱和度和色相的区别。

要实现图像数字化,就要把图像每一个像素的颜色信息转换为数字化的二进制数值,这

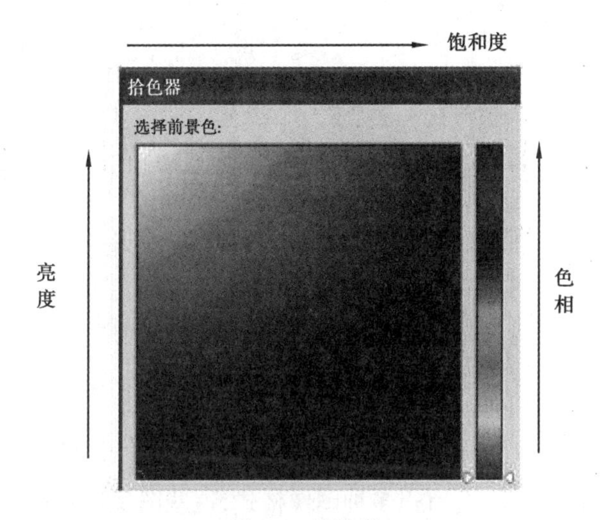

图 3.2　拾色器

就必须提到色彩模式的概念。下面常见的色彩模式有：

①RGB 色彩模式:这种模式是采用红、绿、蓝 3 种基色来匹配所有颜色的模式。通过记录红、绿、蓝 3 种颜色不同程度的强度值表示各种颜色。3 种颜色都分别用 8 位二进制数表示。例如:(255,255,255)表示白色,(0,0,0)表示黑色。显示器、电视、扫描仪等光源成像设备通常使用这种颜色模式。

②CMYK 色彩模式:这种颜色模式是采用红、绿、蓝的补色青(cyan)、品红(magenta)、黄(yellow)为原色构成的 CMYK 颜色系统。印刷、打印等油墨成像设备通常使用这种颜色模式。由于在印刷、打印中等量的三基色得不到纯黑色,因此,通常加入一种真正的黑色,用 K 表示,于是就构成了 CMYK 色彩模式。

③Lab 色彩模式:这种颜色模式是在国际照明委员会制定的颜色亮度国际标准模型的基础上建立的,是与设备无关的色彩模式。现在已成为世界各国正式采纳、作为国际通用的颜色标准。Lab 色彩模式由一个亮度通道和两个色度通道组成。除了以上介绍的 3 种外,另外还有 HSB,Grayscale,YUV 等色彩模式。

在计算机中,图像主要分为两大类:位图和矢量图。位图是由一个矩阵来描述的,矩阵的元素就是像素。通过对图像中每一个像素的计算和存储,就可以完成图像的数字化。位图一般数据量比较大,比较善于重现颜色的细微层次,但不适合用来缩放。而矢量图由称为矢量的数学对象定义的线条和色块组成。矢量图主要用于工程图、卡通漫画等。矢量图和分辨率无关,也就意味着将它们放大到任意尺寸或用任意分辨率打印都不会降低图像的品质。

图像数字化就是将连续图像离散化,包括采样和量化两个过程。以一幅灰度图为例,采样就是把一幅图像分割成 $m \times n$ 个网格,如图 3.3 所示。每一个网格的信息用一定的亮度值来表示。这样,就把连续图像在空间上进行离散。对图像进行采样之后,每个网格就用一个确定的亮度值表示。对图像进行数字化的第二个步骤就是对亮度变化的连续区间转化为有限特定值的过程,即样点亮度的离散化,也就是量化过程。如果要对一幅彩色图像进行数字化,那么各点的数值除了要表示亮度以外,还要反映出色彩的变化。当然,颜色信息也需要进行量化。经过采样和量化,就可以得到图像的数字化结果,就可以在计算机中对它们进行进一步的编辑和处理。

图 3.3　灰度图示例

在数字图像的处理过程中，会有很多种图像格式，这些图像格式都分别有自己的优缺点，不同格式的图片都具有特殊的存储格式和对图像处理的方法。因此，在不同的环境下正确地选择适当的文件格式是相当重要的。下面，就对一些常见的图像文件格式进行介绍。

（1）BMP **格式**

BMP 格式是 Windows 标准文件格式，扩展名是.BMP 或.bmp。在 Windows 环境下运行的所有图像处理软件都支持 BMP 格式。此种文件格式可以将屏幕内容真实地存储在文件中，为了避免解压缩时浪费时间，所以 BMP 格式文件几乎不压缩，因此，占用的磁盘空间比较大。Windows 3.0 以后的 BMP 图像文件与显示设备无关，因此也把 BMP 图像文件称为设备无关位图（Device-Independent bitmap，DIB）格式。目前 BMP 格式是一种通用的图像存储格式，但因其文件比较大，所以不适合在网络上使用。

（2）JPG **格式**

JPG 格式是利用 JPEG 标准进行图像数据压缩的图片格式，扩展名是.jpg。JPG 格式是经过有损压缩得到的，会产生某种程度的失真；但这种失真是用肉眼无法察觉的，因此对图像质量影响并不大。

JPG 格式文件的优点是文件非常小，可以提供 2∶1～40∶1的压缩比，它是目前 Internet 上的主流文件格式。

（3）GIF **格式**

GIF 格式是 Graphics Interchange Format（图形交换格式）的缩写，也是一种压缩图像文件格式，扩展名是.gif。这种文件格式使用 LZW 压缩方法，压缩比比较高，文件长度较小，因此在网络中被广泛使用。

GIF 格式是 2D 动画软件 Animator 早期支持的文件格式，它支持动画和透明。目前常见的 GIF 版本有 1987 年 5 月的“87a”和 1989 年 7 月的“89a”两种。

（4）TIFF **格式**

TIFF 是“Tag Image File Format”的缩写。TIFF 格式是由 Aldus 公司与微软公司共同开发设计的图像文件格式。它是一种包容性十分强大的图像文件格式，其主要优点是适合于广泛的应用程序，以及它与计算机的结构、操作系统和图形硬件无关。

TIFF 格式的图像格式复杂、存储信息多，因此在印刷方面也被经常使用。另外，3ds max

中的大量贴图也是这种格式。

(5)PSD **格式**

使用过图像处理软件 Photoshop 的用户对于这种图像格式绝对不会陌生,PSD 格式是 Adobe 公司的图像处理软件 Photoshop 的标准文件格式,它包含了可以在 Photoshop 中用的所有属性,比如层、通道、路径以及图像的颜色模式等信息,可以在下次打开文件时,修改上一次对图像的各种处理。

PSD 格式由于保存了较多的层和通道等信息,因此图像文件较大,而且对图像的处理越复杂,最终得到的文件就越大。PSD 格式仅用在 Photoshop 中,其他的图像处理软件一般很少支持此格式。

(6)PCX **格式**

PCX 格式是著名的绘图软件 Paintbrush 所使用的自定义文件格式。它是一种在 MS-DOS 环境下十分常见的图像文件格式,现在这种格式使用已经不多。

(7)PNG **格式**

PNG(Portable Network Graphic,可移植的网络图像)格式是为了适应网络文件传输而设计的一种图像文件格式。PNG 格式结合了 GIF 格式和 JPEG 格式的优点,存储形式非常丰富。PNG 格式的主要特点是:压缩效率通常比 GIF 格式高,提供 Alpha 通道控制图像的透明度,支持 Gamma 校正机制等。著名的 Macromedia 公司的 Fireworks 的默认格式就是 PNG 格式。

3.2.3　视频处理技术

视频是图像数据的一种,若干有联系的图像数据连续播放便形成了视频。视频指的是图像信号的频率覆盖范围,一般在零到几个兆赫之间。传统的视频信号称为“模拟视频信号”,图像和声音信息由连续的电子波形表示,如录像带中的信号。模拟信号是一种事情发生时的实际表示,是实际的真实图像。而在计算机上通过视频采集设备捕捉下来的录像机、电视等视频源的数字化信息称为数字视频信息。

视频内容从摄像机或者录像带上转到计算机上的过程称为数字化过程,或者称为采集。视频信息数字化的目的是为了将模拟视频信号经模数转换和彩色空间变换转换成数字计算机可以显示和处理的数字信号。视频采集实际上是把模拟视频转换成一连串的计算机位图。然后再配以同步的声音,把这些位图在屏幕上以一定速度连续显示的过程。采集后的视频文件需要经过编辑加工后才可在多媒体软件中使用。

数字视频在计算机中可以有不同的存储格式,不同格式的视频文件占用磁盘的空间是不一样的,其播放的效果也有一定的差别。在实际应用时应根据需要,采用适当的文件格式进行存储。下面介绍几种常见的视频文件格式。

(1)AVI **格式**

AVI 是音频视频交错(Audio Video Interleaved)的英文缩写,是由 Microsoft 公司开发的一种数字音频和视频文件格式。原先仅用于微软的视窗视频操作环境(Microsoft Video For Windows,简称 VFW),目前已被 Windows、OS/2 等大多数操作系统广泛支持。AVI 格式实际上包括视频捕获和视频编辑、播放功能,但是目前的许多软件中只包含视频播放功能。AVI 格式允许视频和音频同步播放,但 AVI 文件格式不具有兼容性。不同压缩标准生成的 AVI 文件,必须使用相应的解压缩算法才能播放。

(2)MPEG 格式

MPEG 是压缩视频的基本格式。通常文件的扩展名为.mpg。MPEG 文件格式通常用于视频的压缩,其压缩比最高可以达到 200∶1。它的压缩和解压缩的速度也非常快,其中,解压缩的速度几乎可以达到实时的效果。除了这些优点以外,MPEG 格式文件在计算机上有统一的标准格式,兼容性也相当好。

(3)QuickTime 格式

QuickTime 是 Apple 公司开发的一种音频和视频文件格式,用于保存音频和视频信息文件,其扩展名是.MOV。QuickTime 文件格式定义了存储数字媒体内容的标准方法,使用这种文件格式不仅可以存储单个的媒体内容,而且能保存对该媒体作品的完整描述。新版的 MOV 格式可以作为一种流媒体文件格式。利用 QuickTime 4 播放器,能够很轻松地通过 Internet 观赏到以较高视频/音频质量传输的电影、电视和实况转播的体育赛事节目。并且,QuickTime 还具有跨平台、存储空间要求小等技术特点,事实上它目前已成为目前数字媒体软件技术领域的工业标准。

(4)RM 格式

RM 格式即 Real Media,是由 Real Networks 公司开发的一种流式文件格式。这种格式一开始就定位在流式视频应用方面,可以说是流式视频技术的创始者。可根据网络数据传输速率的不同制定不同的压缩比率,实现在低速率的广域网上进行影像数据的实时传送和播放。RM 格式可以拥有很高的压缩比,但画面质量却损失不大。由于它的压缩比比较大,并且支持多种格式播放,因此它已成为最流行的跨平台的客户机/服务器结构流媒体应用格式。

(5)ASF 格式

ASF(Advanced Streaming Format)格式是微软公司开发的一种可直接在网上观看视频节目的视频文件压缩格式,扩展名为.ASF 或.WMV。视频部分采用先进的 MPEG-4 压缩算法,其压缩率和画面质量都不错。这种格式的主要优点包括本地或网络回放、可扩充的媒体类型、文件下载以及扩展性等。Windows 操作系统可以很好地支持这种流式视频文件,它可以在 Windows Media Player 中直接播放。

3.2.4 数据压缩技术

多媒体计算机不仅要处理文本、数字信息,更重要的是它要具有综合处理声音、图像、图片、动画、视频等数据信息的能力。而这些信息数据量都是非常大的,这就给数据的存储和传输带来了很大的困难。因此,多媒体数据压缩技术便成了多媒体计算机的一项关键技术。

一幅 A4 大小的图片,若以中等分辨率(300 dot/in)进行采样,每个像素用 24 位二进制位存储彩色信号,则该幅图片的数据量约为 25 MB。一片 650 MB 的 CD-ROM,可以存放 26 幅图片。双通道立体声激光唱盘,采样频率选为 44.1 kHz,若用 16 位采样精度,则每秒信息量为 176 KB。650 MB 的 CD-ROM 可存大约 1 小时的音乐。对于数字电视图像,以.SIF 格式、NTSC 制为例,4∶4∶4采样,每帧数据量为 253 KB,30 帧/s,数据量为 7.59 MB,一片 CD-ROM 可以存放大约85秒的数据。这些数据可以看出数字化信息的数据量是非常庞大的,这么大的数据量,仅仅考虑存储就有很大的困难。更何况现在的网络时代,我们需要的是对这些多媒体信息进行传输;对于这么大的信息量,如果不进行数据压缩几乎是不可能实现的。因此,数据压缩技术便成了推动多媒体技术继续发展的必要且关键的技术,通过数据压缩可以大大降低数量;与之相对应的就是大大减轻了对存储、传输介质的要求,提高了传输速率,同时使计算机能够实时处理音频、视频信息,使人们之间的实时交流得以实现。

数据压缩之所以能够实现,是因为这些多媒体数据都存在着冗余信息。数据是信息的载体,人们真正感兴趣的是数据所携带的信息,而不是数据本身。数据压缩技术就是研究如何利用数据的冗余性来减少数据量的方法。图像、视频、音频数据中的冗余类型有如下几种:

(1)空间冗余

空间冗余是静态图像存在的最主要的一种数据冗余。例如,在一幅静态图像中有一块颜色均匀的区域,那么这些像素的数据是完全一样或十分接近的,但是原始图像中基于离散像素采样来表示物体颜色的方式是逐点进行描述的,这样就产生了空间冗余。我们就可以利用这种冗余来对静态图像数据进行压缩,从而达到减少数据量的目的。

(2)时间冗余

时间冗余是语音或序列图像中常见的冗余。序列图像实际上就是一组连续画面,一幅画面称为一帧。那么相邻的帧之间通常十分类似,所以后一帧的数据与前一帧的数据有许多共同的地方,这种共同性就称为时间冗余。在音频信息中,在相当长的时间段内,语音信号表现出很强的周期性,因而存在着很大的数据冗余,这些都给数据压缩提供了可能性。

(3)结构冗余

在有些图像中存在明显的纹理结构,比如条形图案、印花图案等,在结构上存在着很大的重复性,这种冗余称为结构冗余。在进行数据压缩的过程中,就可以利用这种结构冗余减少数据量。

(4)知识冗余

有许多图像或文字数据的理解与某些知识有相当大的关系。比如一些结构化的图像(如人脸等),这类规律性的结构可由先验知识和背景知识得到,这就是知识冗余。我们可以根据已有的知识,对这些图像中所包含的物体构造其基本模型,并创建对应各种特征的图像库,那么图像的存储就只需要保存一些特征参数,从而可以大大减少数据量。

(5)视觉和听觉冗余

由于人类的视觉系统受生理特性的限制,对图像的注意是非均匀的和非线性的,也就是说人眼并不是对图像的任何变化都能感觉到。而在记录原始的图像数据时,通常假定视觉系统是线性的和均匀的,就对一些人眼不能察觉的数据也进行了记录,这显然是不必要的,这样就产生了视觉冗余。我们在进行数据压缩时,就可以利用那些人眼察觉不到的变化来减少数据量。听觉冗余是指人耳对不同频率的声音的敏感性是不同的,不能察觉所有频率的变化。因此,对有些频率的声音不必特别注意,从而存在着听觉冗余。

分类的标准不同,数据压缩的种类也不同。根据压缩后有无质量的损失来分,数据压缩可分为无损压缩和有损压缩两种。无损压缩是指数据经过压缩,没有任何损失或失真,在对压缩过的数据进行解压缩后，可以完全恢复压缩前的信息。因此，"无损压缩"是一种可逆压缩。其原理是在压缩时去除或减少冗余。一般来说，无损压缩的压缩比例较低，一般用于文本、数据的压缩。和无损压缩相对应的就是有损压缩。有损压缩是指经过压缩后不能将原来的文件信息完全保留，其解码数据与原始数据有一定的误差的压缩，显然，这是一种不可逆压缩方式。有损压缩对于原来的数据信息来说有一定失真，但是，这部分损失掉的信息是不易被人耳或人眼觉察到的。因此，并不影响信息的表达，是可用的。有损编码主要应用于图像、声音、动态视频等数据的压缩。

3.3 常用多媒体信息处理工具

目前，处理音频、图像、动画、视频等多媒体处理工具非常多，下面就对一些常用的多媒体信息处理工具软件以及多媒体著作工具进行简单介绍。

3.3.1 格式转换工具 Format Factory

我们日常中使用到的音频或视频文件通常都拥有不同的格式类型，而不同的硬件设备也同时有着一些不同的格式文件，如果要想这些不同的格式类型的文件能在硬件设备上进行播放的话，只有将这些文件进行转换才可以进行播放，格式工厂（Format Factory）是一套由国人开发的，并免费使用任意传播的多媒体格式转换软件。

格式工厂在安装完毕后，双击桌面图标即可启动软件，软件在启动完毕后即可显示软件界面，格式工厂界面非常简单，如图 3.4 所示。

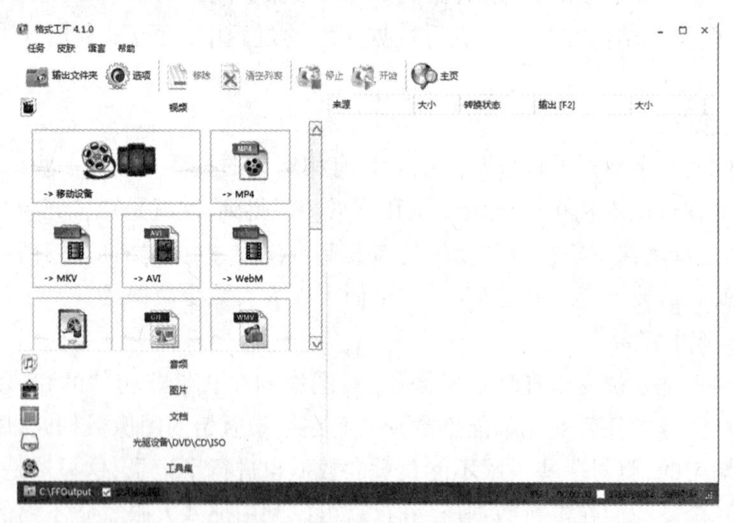

图 3.4　格式工厂主界面

如果要对其进行视频格式转换的话，单击软件左侧功能目标列表视频按钮即可，如要把一个.FLV 的视频转换为.MPG 格式。可单击视频下的"->MPG"按钮，系统将弹出如图 3.5 所示的窗口，在该窗口中可通过"输出配置"按钮进行进一步详细配置，可通过"添加文件"按钮添加要转换的视频文件,在添加完文件后单击“确定”按钮返回主界面,如图 3.6 所示。

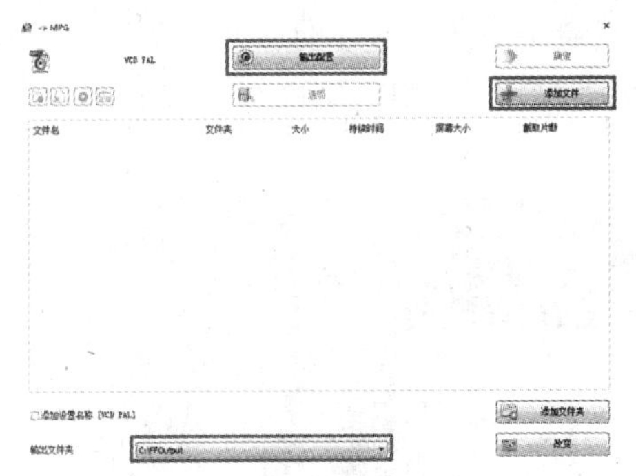

图 3.5　详细配置窗口

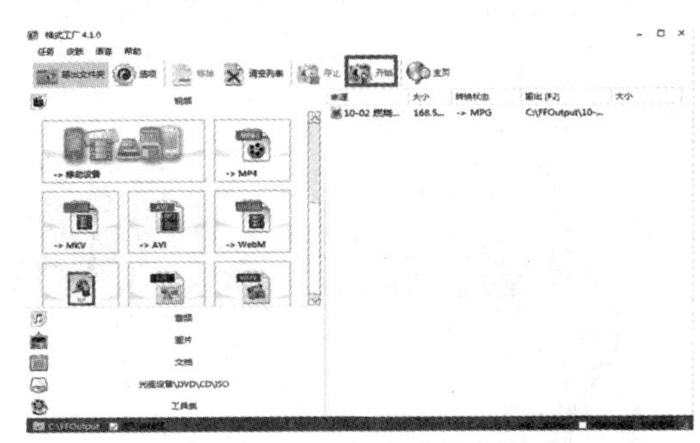

图 3.6　配置完成后的主窗口

单击“开始”按钮,系统开始进行转换,等待一定时间后,转换即可完成。该软件还提供了音频转换,转换方法同视频转换方法相同,更有趣的是该软件还提供图像格式转换,其中格式有 PNG,GIF,JPG 等多种格式,如图 3.7 所示。

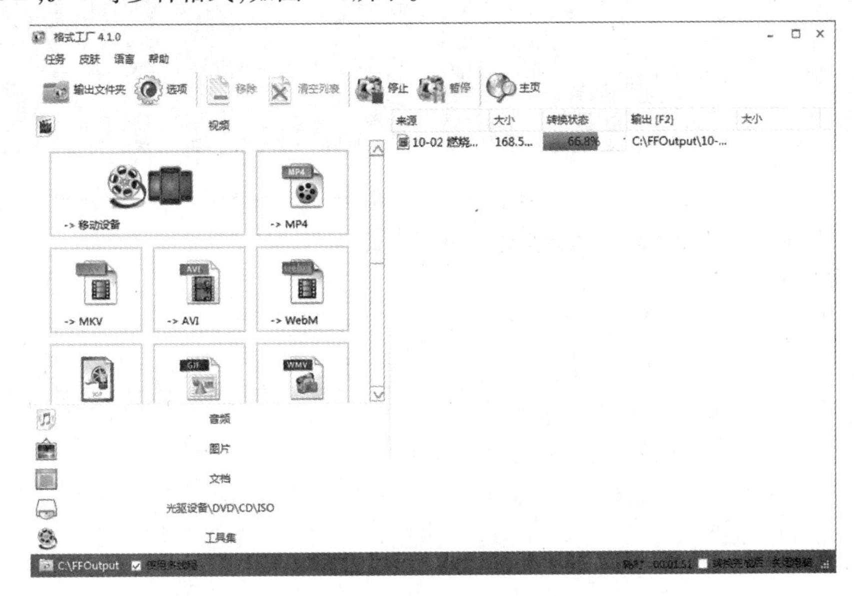

图 3.7　转换中的主窗口

我们只需要选择要转换的格式类型即可,软件即会自动跳出提示窗口提示用户进行操作,操作方式与视频转换相同。总体来说这款格式转换软件还是非常实用的,有了这款格式转换软件我们就可以任意对想要的视频或音频格式类型进行转换。

3.3.2　图形图像编辑工具 Photoshop

在众多的图像处理工具软件中,目前应用最为广泛的要数 Photoshop 了。Photoshop 是 Adobe 公司推出了图像处理软件,目前推出的 Photoshop CS6 是它的最新版本,与以前的版本相比,它的功能更强大、操作更简单。Photoshop 主要用于位图的编辑与处理。

与其他 Windows 应用程序非常类似,Photoshop 的主界面主要由标题栏、菜单栏、工具栏、工具箱、控制面板、图像窗口、状态栏等组成,如图 3.8 所示。其中,菜单栏、工具栏的使用和其他应用软件十分类似。Photoshop CS 的工具箱中提供了 50 多种工具,在图像处理过程中,很多操作都可以用工具箱中的工具直接进行。选取工具箱中的工具也十分简单,只要用鼠标单击要选的工具按钮即可。控制面板是 Photoshop 的特色之处,利用控制面板可以完成各种图像处理操作和工具参数设置。

图 3.8　Photoshop 的主界面

在使用 Photoshop 时,需要了解如下一些重要概念:

(1)**图层**(Layer)

几乎所有在 Photoshop 中处理的图像都少不了使用图层。使用图层,可以很方便地对图像进行编辑。图层就好像一张透明的画布,上层画布上的图像可以挡住下一层的图像,而上层中没有图像的区域就可以看成是透明的区域,透过透明的区域,就可以看到该层下面的图像。一个图像可以看成是很多个这样的透明画布叠加而成,而每一层都是相互独立的,如果对其中某一层画布上的内容进行修改,也不会影响到其他层的内容。如果在图像处理的过程中要添加、删除以及隐藏图层等操作,可以使用图层控制面板,能够非常方便地完成有关的图层操作。

(2)**路径**(Path)

路径是指用户绘制出来的由一系列点连接起来的线段或曲线。用户可以对已绘制的路径填充颜色、描边等,从而产生出一些特殊的处理效果。路径实际上是矢量线条,这也体现了 Photoshop 功能的强大,它不仅擅长对位图的操作,同时也能对一些矢量图进行处理。

(3)**滤镜**(Filter)

滤镜主要用来完成图像的各种特殊效果处理。Photoshop 本身提供了近百种滤镜,利用这些滤镜,只用执行一个简单的菜单命令,并对其进行适当的设置,就会在瞬间产生许多奇特的处理效果。Photoshop 中提供的滤镜都放在滤镜菜单下,需要用时直接选择即可。除了 Photoshop 内置的常用滤镜以外,还允许安装其他一些外挂滤镜,外挂滤镜的种类就更加繁多。这些滤镜用起来虽然很方便,但要真正用好它们需要对这些滤镜非常熟悉,并且还要有一定的美术功底。

3.3.3　动画制作工具 Flash

Flash 是由 Macromedia 公司推出的一个二维动画制作软件，这个软件简单易用、功能强大。利用 Flash 制作出来的动画文件扩展名为.swf，利用它不仅可以制作出矢量动画作品，同时它还支持多种媒体，可以在你的作品中添加图片、声音和视频，使作品更加生动、丰富。

Flash 作为一个动画制作软件有很多优点。首先，Flash 非常简单易用，只要稍具计算机知识，就会很容易入门。其次，用 Flash 做出来的动画是矢量的，也就是说，在对其放大的时候不会像位图那样产生失真。再次，Flash 作品文件都非常小，非常适合网上传输，目前，它已成为网络动画事实上的标准格式。最后，Flash 的功能非常强大，除了具有较强的矢量绘图和动画制作功能之外，它还具有自己的脚本语言，可以编程完成较复杂的作品，它还采用了“流式技术”播放 Flash 动画，即可以边下载边观看。

Flash MX 在以前的 Flash 5.0 的基础上作了进一步的改进，从界面到功能，都有一定的变化。下面就简单介绍一下 Flash MX 的主界面，如图 3.9 所示。Flash Mx 的工作界面包括标题栏、菜单栏、主要工具栏、时间轴、舞台工作区、工具箱、状态栏、各种面板等。下面对几个比较有特色的部分作一介绍。

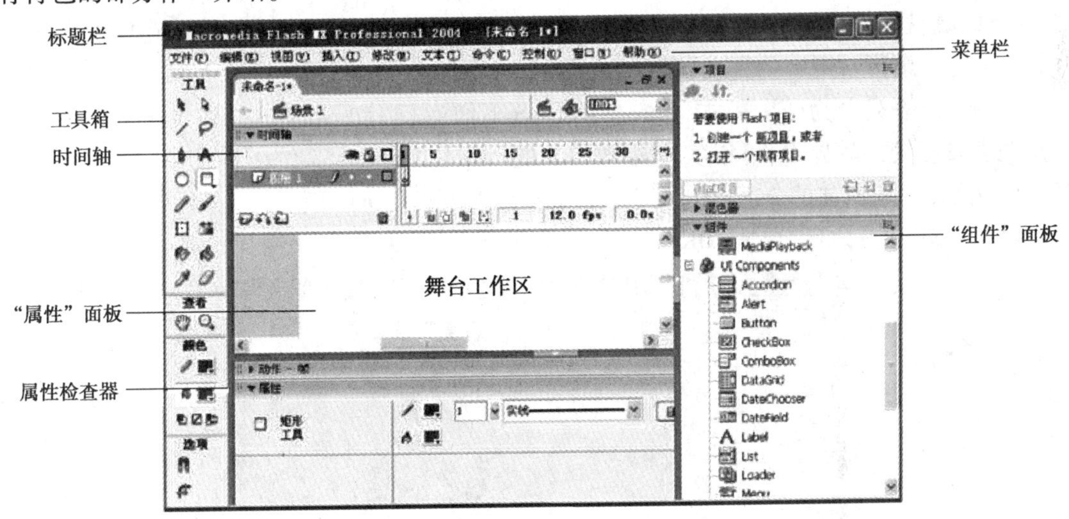

图 3.9　Flash MX 主界面

(1)**时间轴**

“时间轴”(Timeline)是 Flash MX 进行动画创作和编辑的主要工具，它用于组织和控制文档内容在一定时间内播放的图层数和帧数。时间轴一般位于舞台与常用工具栏之间，它决定了各个场景的切换以及演员出场、表演的时间顺序。时间轴的左边是图层控制区域，主要用来进行图层的各种操作；右边是帧控制区域，主要进行各帧的操作。“图层”就像堆叠在一起的多张幻灯片一样，每个层中都排放着自己的对象。Flash 动画的制作原理就是把绘制出来的对象放到一格格的帧中，然后再把单独的帧连在一起播放，便形成了动画。

(2)**舞台**

舞台(Stage)位于工作界面的正中间部位，是放置动画内容的区域。这些内容包括矢量插图、文本框、按钮、导入的位图图形或视频剪辑等。默认状态下,舞台中有一个白色的矩形区域,它是舞台的工作区,只有在舞台工作区内的对象才能作为影片输出。舞台可以在“属性”面板中设置和改变“舞台”的大小,默认状态下,“舞台”宽为550像素,高为400像素。

(3)常用面板

Flash MX 2004 有很多面板,比如“动作”面板、“属性”面板、“颜色样本”面板、“混色器”面板等。默认状态下,在“舞台”的正下方有3个比较常用的浮动面板,分别是“帮助”面板、“动作”面板和“属性”面板。利用这些面板,可以完成绘制图形、加工文字、制作动画等许多操作。而且,使用面板进行操作,可以立即看到操作的效果。通常情况下,一些不用的面板是不显示的,要显示这些面板,只需要单击【窗口】菜单命令即可。

3.3.4 系统备份与恢复工具 Ghost

Ghost 是 Symantec 公司推出的一个用于系统、数据备份与恢复的工具。其最新版本是 Ghost 15。但是自从 Ghost 9 之后,它就只能在 Windows 下面运行,提供数据定时备份、自动恢复与系统备份恢复的功能。

本节将要介绍的是 Ghost 8.x 系列,它在 DOS 下面运行,能够提供对系统的完整备份和恢复,支持的磁盘文件系统格式包括 FAT,FAT32,NTFS,ext2,ext3,linux swap 等,还能够对不支持的分区进行扇区对扇区的完全备份。

Ghost 8.x 系列分为两个版本,Ghost(在 DOS 下面运行)和 Ghost 32(在 Windows 下面运行),两者具有统一的界面,可以实现相同的功能,但是 Windows 系统下面的 Ghost 不能恢复 Windows 操作系统所在的分区,因此在这种情况下需要使用 DOS 版。

启动 Ghost 8.0 之后,单击“OK”,就可以看到 Ghost 的主菜单,如图 3.10 所示。

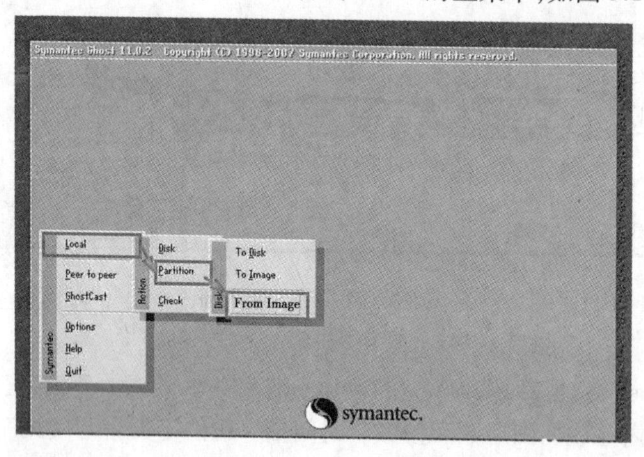

图 3.10 Ghost 菜单

在主菜单中,有以下几项:

Local:本地操作,对本地计算机上的硬盘进行操作。

Peer to peer:通过点对点模式对网络计算机上的硬盘进行操作。

GhostCast:通过单播/多播或者广播方式对网络计算机上的硬盘进行操作。

Option:使用 Ghost 时的一些选项,一般使用默认设置即可。

Help:一个简捷的帮助。

Quit:退出 Ghost。

当计算机上没有安装网络协议的驱动时,Peer to peer 和 GhostCast 选项将不可用(在 DOS 下一般都没有安装)。

启动 Ghost 之后,选择 Local 中的 Partion 可以对分区进行操作。其中 To Partion 可以将一个分区的内容复制到另外一个分区;To Image 可以将一个或多个分区的内容复制到一个镜像文件中,一般备份系统均选择此操作;From Image 可以将镜像文件恢复到分区中,当系统备份后,可选择此操作恢复系统。

备份分区的程序如下:第一步,选择硬盘(图 3.11);第二步,选择分区(图 3.12);第三步,设定镜像文件的位置和输入镜像文件名(图 3.13、图 3.14);第四步,选择压缩比例(图 3.15);最后,开始备份(图 3.16)。注意在选择压缩比例时,为了节省空间,一般选择 High。但是压缩比例越大,压缩就越慢。

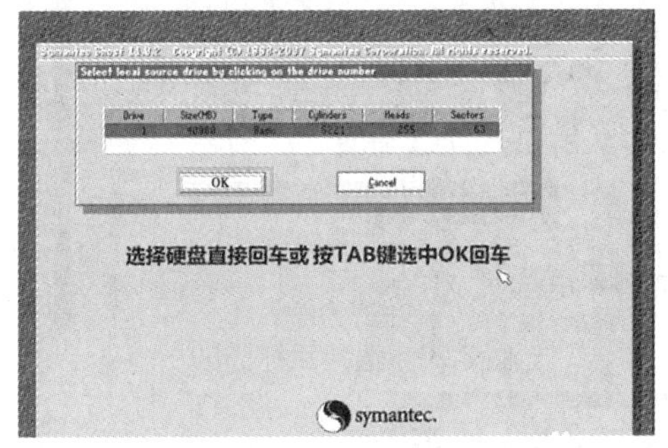

图 3.11　选择硬盘

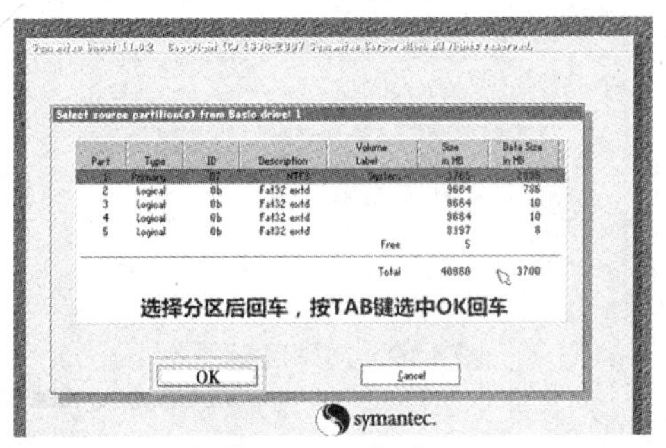

图 3.12　选择分区

图 3.13　选择镜像文件的位置

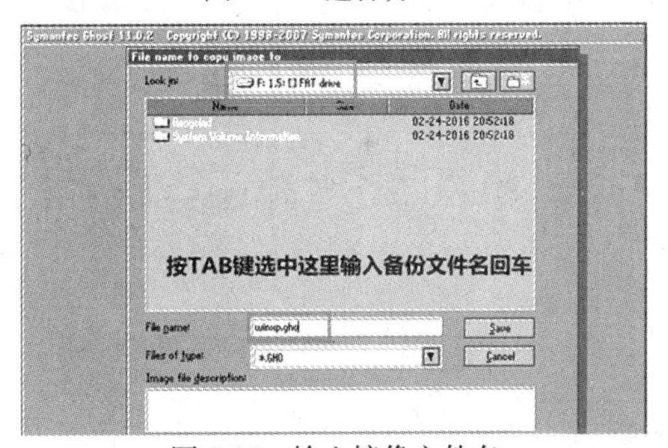

图 3.14　输入镜像文件名

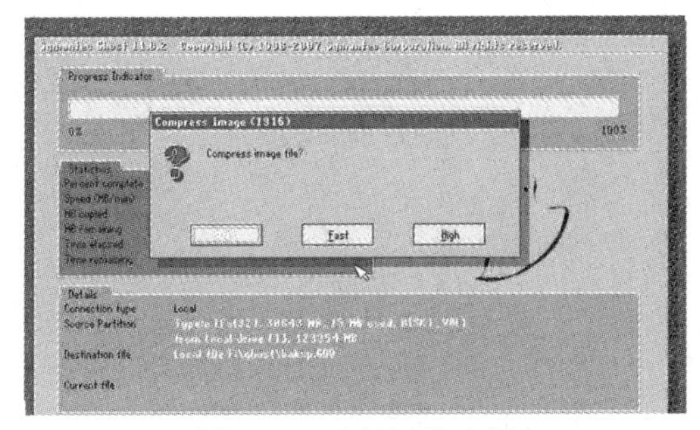

图 3.15　选择压缩比例

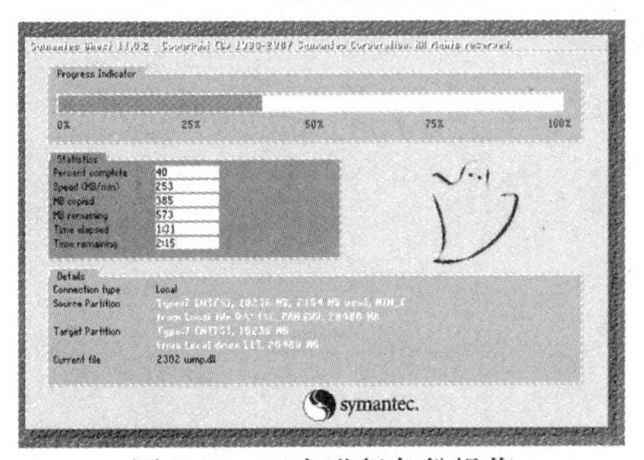

图 3.16　正在进行备份操作

对分区进行恢复需要选择 Partion 中 From Image,恢复分区的程序如下:第一步,选择镜像文件(图 3.17);第二步,选择镜像文件中的分区(图 3.18);第三步,选择硬盘(图 3.19);第四步,选择分区(图 3.20);最终,确认恢复(图 3.21)。

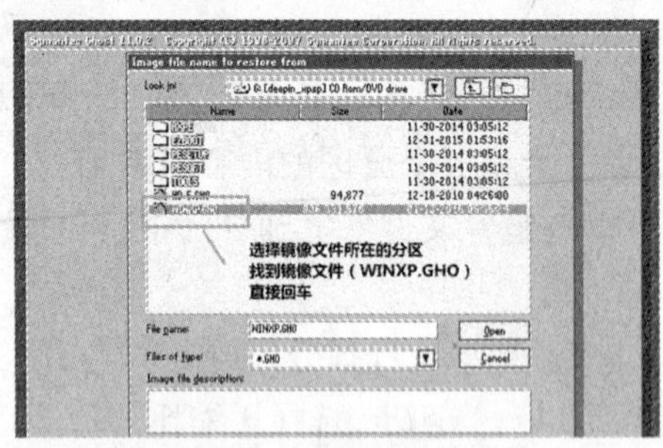

图 3.17　选择镜像文件

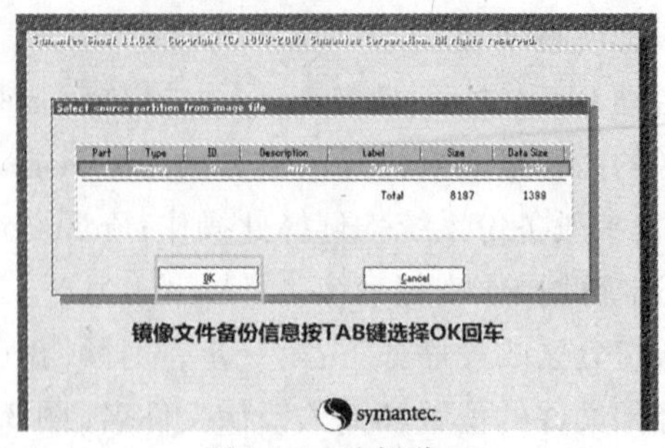

图 3.18　选择分区

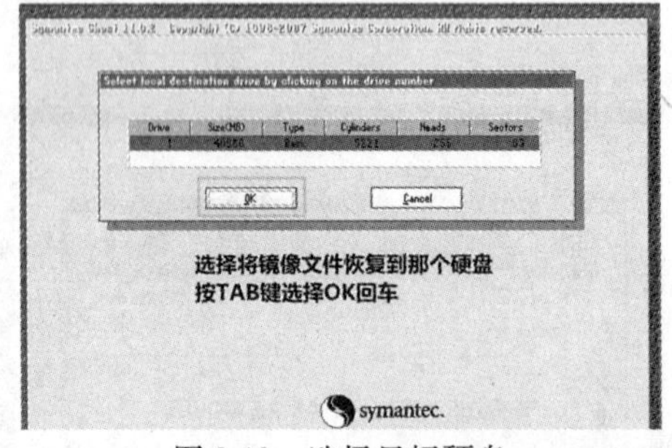

图 3.19　选择目标硬盘

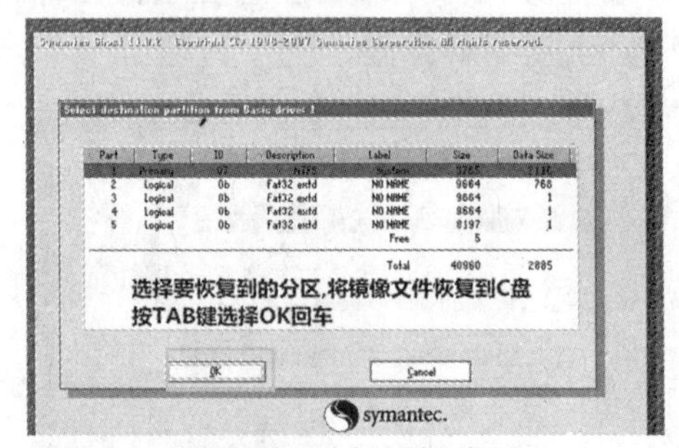

图 3.20　选择目标分区

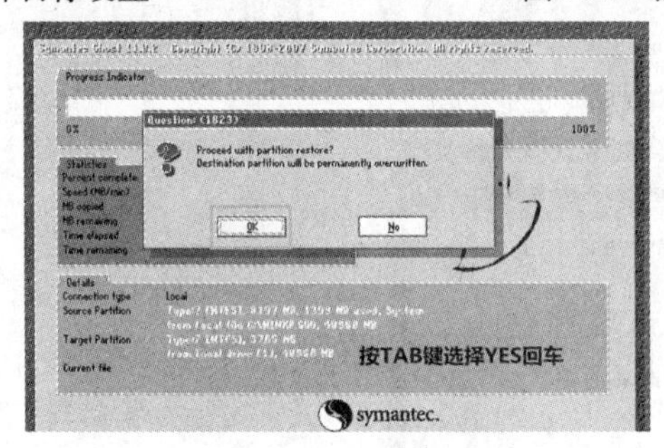

图 3.21　确认恢复分区

第 2 部分　信息技术应用

第 4 章 文字处理软件 Word 2016

【学习目标】

通过本章的学习应掌握如下内容:

- Word 2016 的启动与退出
- 文档的基本操作
- 项目符号和编号的使用
- 字符、段落和页面的排版
- 自动提取目录
- 图文混排
- 表格的数据处理与美化

Microsoft Office 是微软公司开发的一套基于 Windows 操作系统的办公软件套装。常用组件有 Word、Excel 和 PowerPoint 等。一直以来,Microsoft Office 中的 Word 都是最流行的文字处理程序。Word 给用户提供了用于创建专业而优雅的文档工具,帮助用户节省时间,并得到优雅美观的结果。

4.1 Word 2016 概述

4.1.1 Word 2016 的启动与退出

启动 Word 2016 有多种方式,常见的有 3 种。

(1)从开始菜单启动 Word 2016

单击"开始"菜单,选择"所有程序",从弹出的菜单中选择"Microsoft Office",然后选择"Microsoft Office Word 2016"命令,可以启动 Word 2016。

(2)从桌面的快捷方式启动 Word 2016

在桌面上创建一个 Word 快捷方式,双击快捷方式图标启动。

(3)**通过文档打开 Word 2016**

双击已存在的 Word 文档,可以启动 Word 2016。

退出 Word 2016 也有 3 种常见方法:

①单击 Word 2016 窗口标题栏右上角的"关闭"按钮 ✕ 。

②单击"文件"按钮,选择其中的"关闭"命令。

③通过组合键【Alt+F4】关闭。

4.1.2 Word 2016 的用户界面

当启动 Word 2016 以后,打开的用户界面如图 4.1 所示。

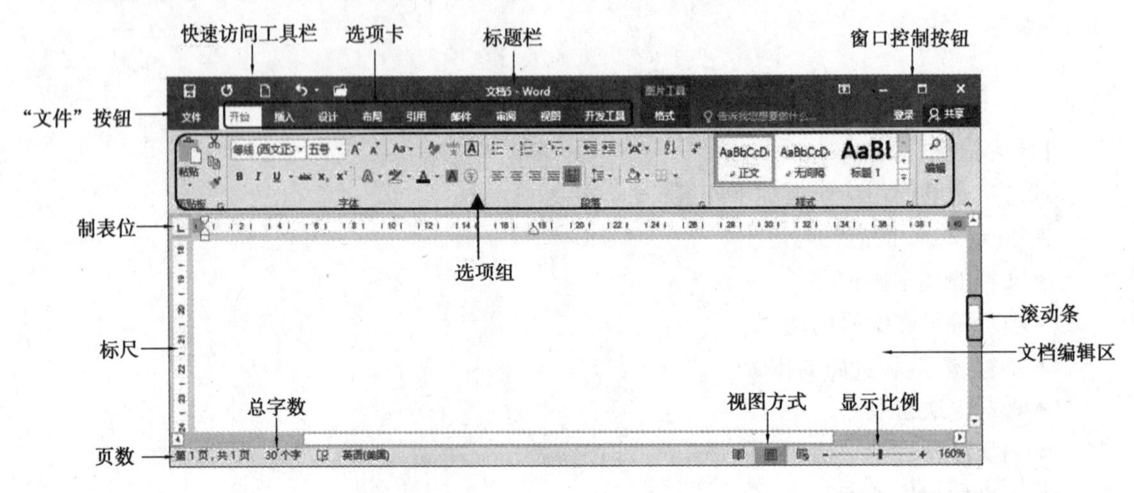

图 4.1 Word 2016 界面

在用户界面中,可以划分为如下几个部分:

(1)**标题栏**

标题栏位于整个 Word 2016 用户界面的最上端,用于显示当前的应用程序(Microsoft Word),并显示当前文档的文件名。标题栏还包括右侧的最小化、最大化/向下还原和关闭按钮。

(2)**快速访问工具栏**

快速访问工具栏位于标题栏的左侧,主要设置一些常用的命令按钮。单击旁边的下三角按钮,可以添加和删除其中的命令按钮。

(3)**选项卡和选项组**

在 Word 2016 中包括"开始""插入""设计""布局""引用""邮件""审阅""视图""开发工具"9 个选项卡。9 个选项卡的功能描述如下。

①"开始"菜单选项卡包含剪贴板、字体、段落、样式和编辑 5 个分组功能区,其主要作用是帮助我们在 Word 文档中进行文字编辑和格式设置,它是最常用的菜单选项卡。

②"插入"菜单选项卡包含页面、表格、插图、加载项、媒体、链接、批注、页眉和页脚、文本和符号几个分组功能区,其主要作用是用于在 Word 文档中插入各种元素。

③"设计"菜单选项卡包含主题、文档格式和页面背景 3 个分组功能区。其主要作用是对

Word 文档格式进行设计和对背景进行编辑。

④“布局”菜单选项卡包含页面设置、稿纸、段落、排列几个分组功能区，其主要作用是用于设置 Word 文档中的页面样式。

⑤“引用”菜单选项卡包含目录、脚注、引文与书目、题注、索引和引文目录几个分组功能区，其主要作用是用于实现在 Word 文档中插入目录等比较高级的功能。

⑥“邮件”菜单选项卡包含创建、开始邮件合并、编写和插入域、预览结果和完成几分组功能区，其主要作用比较专一，专门用于在 Word 文档中进行邮件合并方面的操作。

⑦“审阅”菜单选项卡包含校对、见解、语言、中文简繁转换、批注、修订、更改、比较和保护几个分组功能区，其主要作用是对 Word 文档进行校对和修订等操作。

⑧“视图”菜单选项卡包含文档视图、显示、显示比例、窗口和宏等几个分组功能区，其主要作用是用于帮助设置 Word 文档操作窗口的视图类型。

⑨“开发工具”菜单选项卡包含了代码、加载项、控件、映射、保护、模板几个分组功能区，包括 VBA 代码、宏代码、模板和控件等 Word 2016 开发工具。

(4)**制表位**

制表位位于编辑区的左上角，主要用来定位数据的位置与对齐方式。

(5)**标尺**

Word 2016 提供水平标尺和垂直标尺，利用标尺可以设置页边距、字符缩进和制表位。垂直标尺只有使用页面视图或打印预览页面显示文档时，才会出现在 Word 工作区的最左侧。

(6)**滚动条**

滚动条包括垂直滚动条和水平滚动条，当文本的高度或宽度超过屏幕的高度或宽度时，就会出现滚动条。使用滚动条水平或垂直移动文本，用户可以看到文档的不同部位。滚动条上的方形滑块指明了当前插入点在整个文档中的位置。

(7)**状态栏**

状态栏位于 Word 窗口的下方，用来显示关于当前正在窗口中查看的内容的状态、插入点所在的页数和位置及文档的上下文信息。

4.2　文档基本操作

对 Word 2016 的工作界面有了一定的了解以后，就可以对文档进行简单的基本操作了。Word 2016 的基本文档操作包括：新建文档、保存文档、打开文档、输入文档、文本编辑及窗口的拆分等内容。

4.2.1　新建文档

用户首先要创建新的文档，然后才能进行编辑、设置、打印等操作。创建的新文档可以是空白文档，也可以是模板文档。

创建空白文档的方法有以下 3 种。

(1)系统自动创建

打开 Word 2016 时系统会自动创建一个名为"文档 1"的空白文档,默认扩展名为".docx"。

(2)菜单创建

单击"文件"按钮,选择"新建"命令,在展开的"可用模板"列表中选择"空白文档"进行创建。

(3)快速访问工具栏创建

单击"快速访问工具栏"中的"新建"按钮,快速创建空白文档。

创建模板文档需要选择"文件"按钮中的"新建"命令后,用户不仅可以创建模板类的文档,还可以创建 Office.com 中的模板文档。Word 2016 为用户提供了费用报表、会议议程、名片、日历、信封等多种模板,用户只需要在模板列表中选择即可。

4.2.2 保存文档

在编辑文档的过程中及完成文档后,为了防止文件丢失,需要对所创建的文档内容及时进行保存。

对新建的文档进行保存需要单击"文件"按钮,选择"保存"命令,或者单击快速访问工具栏上的"保存"按钮 ,这时系统将打开"文件"菜单,如图 4.2 所示,单击"另存为"界面中的"这台电脑"选项,再单击右侧需要保存的文件夹。这时系统将打开"另存为"对话框,如图 4.3 所示。首先选择文档需要存放的位置,然后在"文件名"输入框中输入文档的文件名,在"保存类型"下拉列表中选择文档要保存的格式,默认为 Word 文档类型,扩展名为".docx",最后单击"保存"按钮,就可以将新建的文档保存到指定的位置。

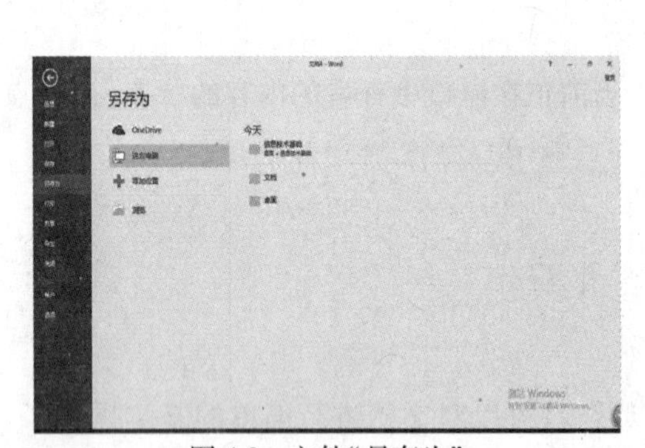

图 4.2 文件"另存为"

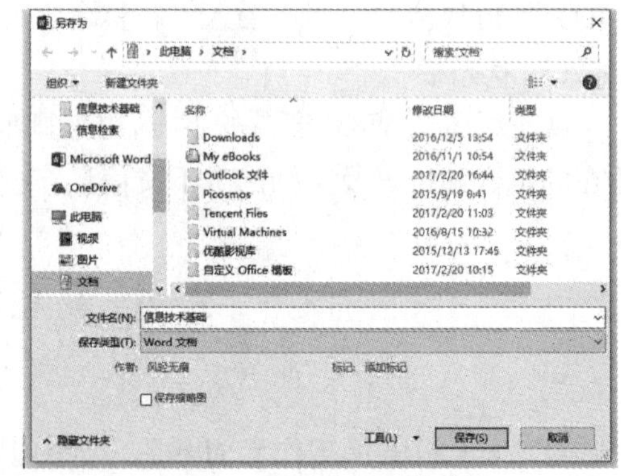

图 4.3 "另存为"对话框

在对一个已有的文档进行编辑修改后,也需要保存,有以下几种方法。

①单击"文件"按钮,选择其中的"保存"命令。

②单击快速访问工具栏上的"保存"按钮。

③通过组合键【Ctrl+S】保存。

④单击"文件"按钮,选择"另存为"命令,或者使用功能键【F12】,方法与新建文档保存的方法相同,使用这种方法可以对文件进行重命名或者指定另外的存储路径。

为了防止因意外断电等突发事件而导致没有及时保存的大量文档内容丢失，Word 2016 自带了自动保存文档的功能，另外还可以设置 Word 文件的保存格式等。单击"文件"按钮，在展开的菜单中单击"选项"命令，打开"Word 选项"窗口，切换到"保存"选项卡，根据需要进行设置，如图 4.4 所示。

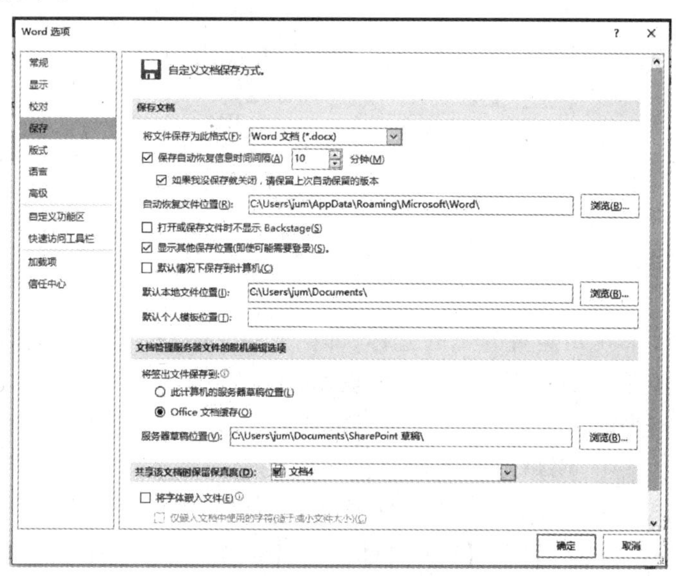

图 4.4　"保存"选项对话框

如需加密保存文档可以在打开的"另存为"对话框中单击"工具"右侧的下拉按钮，在弹出的下拉菜单中选择"常规选项"命令，打开"常规选项"对话框。然后在该对话框的"打开文件时的密码"文本框和"修改文件时的密码"文本框中输入密码，并单击"确定"按钮，在打开的"确认密码"对话框中重新输入打开文件时的密码，单击"确定"按钮，打开"确认密码"对话框。再次输入修改文件时的密码，单击"确定"按钮，最后单击"保存"按钮即完成加密保存文档的操作。

4.2.3　打开文档

如果要对已有的 Word 文档进行编辑或查看，需要在程序窗口中执行文件的打开操作。打开单个文档的方式有多种：一是可以双击已经存在的 Word 文档；二是在 Word 2016 窗口中，单击"文件"按钮，选择"打开"命令；三是单击快速访问工具栏上的"打开"按钮，可以显示"打开"菜单，如图 4.5 所示。单击"浏览"选项，这时系统将打开"打开"对话框，如图 4.6 所示。首先选择需要打开的文档，再单击"打开"按钮即可。

Word 2016 也可以同时打开多个文档。常用的有以下两种方法。

方法一：依次打开多个文档。

方法二：同时打开多个文档。具体操作为：先显示"打开"对话框，然后在选择文件时按住【Ctrl】键，选择多个文件同时打开。

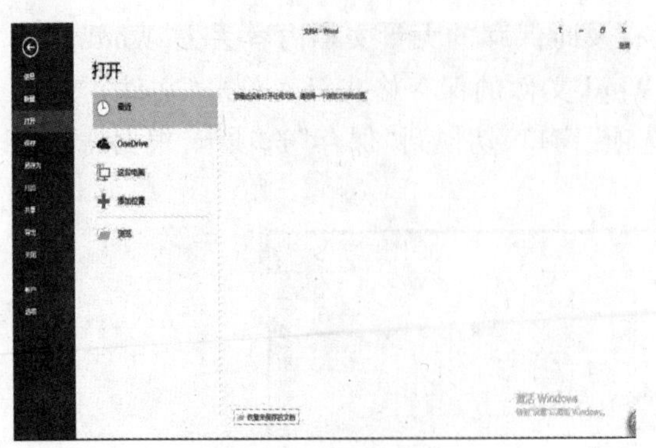

图 4.5 “打开”菜单

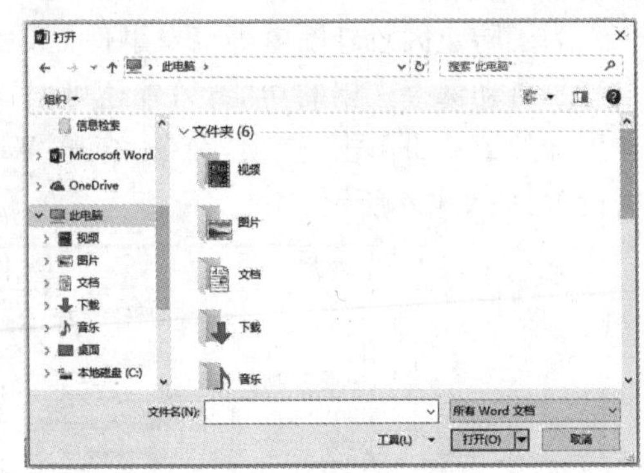

图 4.6 “打开”对话框

4.2.4 输入文档

创建新文档以后，找到竖直闪烁的光标，即插入点，用户就可以在此插入点输入文档内容。在输入文档的过程中有以下几种常用的操作。

(1)定位插入点光标

在空白 Word 文档中，用户可以通过双击鼠标来定位插入点光标的位置。在编辑过的 Word 文档(非空白 Word 文档)中，单击鼠标即可定位插入点光标的位置。此外，用户也可以利用键盘上的方向键、【PgUp】键和【PgDn】键在文档中移动插入点光标的位置。另外，还可以在“开始”选项卡中的“编辑”命令组中选择“查找”下拉菜单中的“转到”命令进行定位；或者直接在状态栏单击“页码”处，打开“导航”对话框进行定位。

(2)中英文输入法切换

可以直接从键盘上输入英文，若要输入中文，可以通过【Ctrl+Space】组合键或者任务栏右侧的输入法选择按钮来切换和选择中英文输入法。

(3)符号和特殊字符的输入

单击“插入”选项卡，在“符号”组中的“符号”下拉菜单，选择“其他符号”命令，在打开的“符号”对话框中进行选择，如图 4.7 所示。

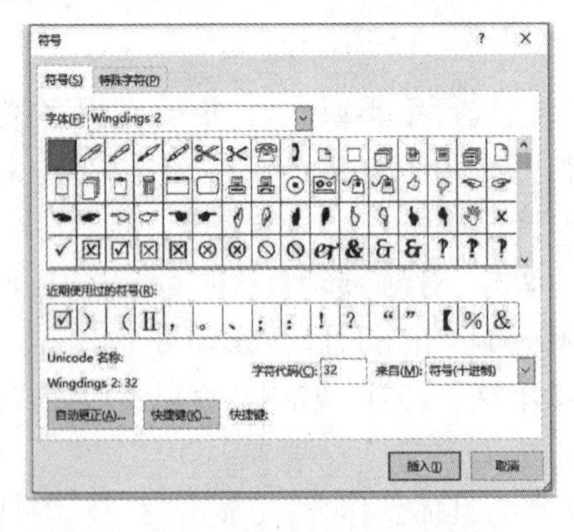

图 4.7 “符号”对话框

【例 4.1】 插入版权符号“©”。操作步骤如下：

①打开“符号”对话框，单击“特殊符号”选项卡。

②选择“版权所有”符号,如图 4.9 所示,单击“插入”按钮。

从图 4.9 中可以看出,版权符号“©”也可以直接通过组合键【Alt+Ctrl+C】来输入。另外,在英文状态下直接输入“(c)”,Word 的自动更正功能将直接把它替换成版权符号“©”。如果不想被替换,可以按【Backspace】键取消,或者在图 4.8 中,单击“自动更正”按钮,打开“自动更正”对话框,选择列表框中的版权符号,如图 4.9 所示,单击“删除”按钮即可。

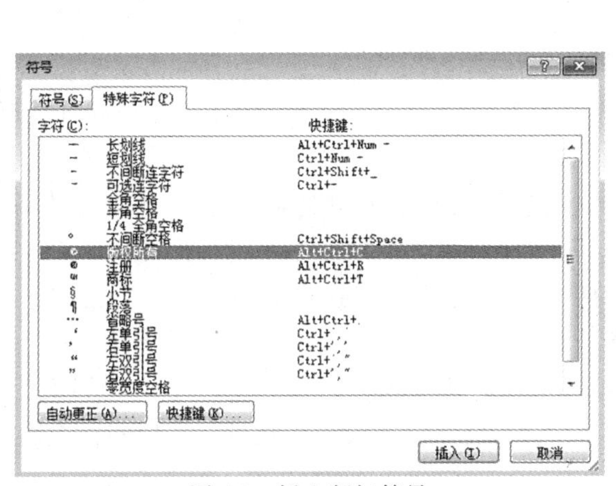

图 4.8　插入版权符号

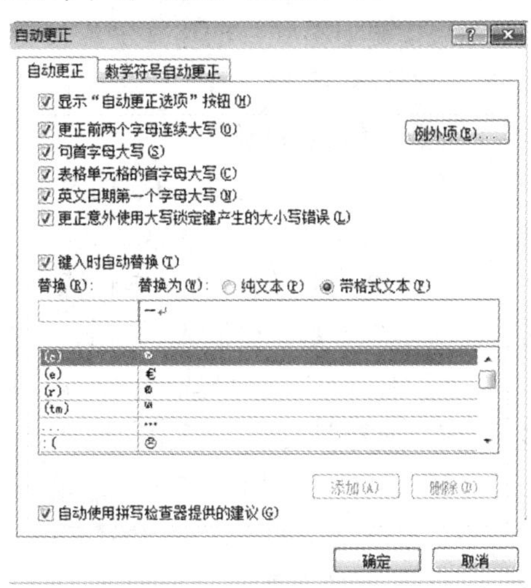

图 4.9　“自动更正”对话框

(4)**输入公式**

在制作论文文档或其他一些特殊文档时,往往需要输入数学公式。Word 2016 为用户提供了二次公式、二项式定理、傅里叶级数等 9 种公式。单击“插入”选项卡,打开“符号”组中的“公式”下拉菜单,在下拉列表中选择公式类别即可,如图 4.10 所示。

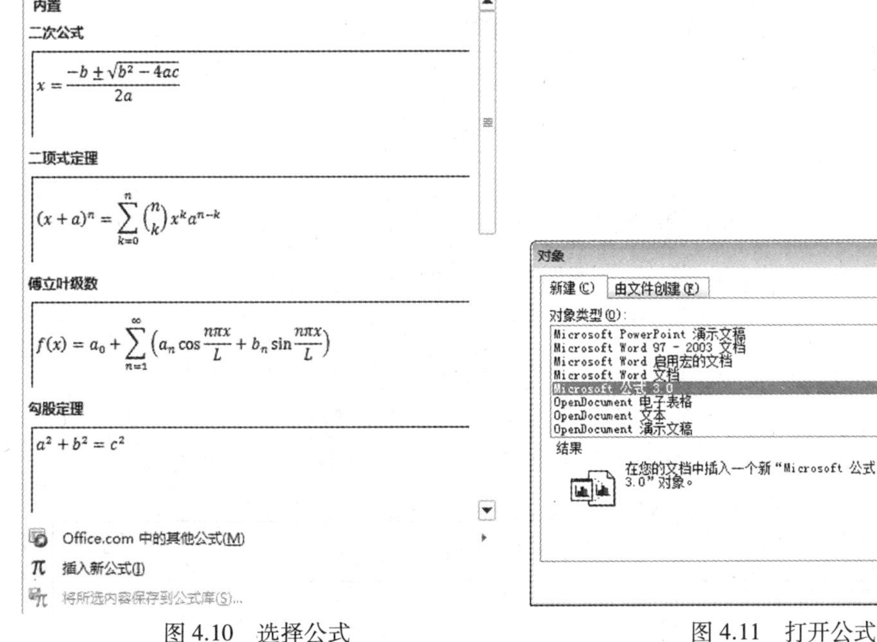

图 4.10　选择公式

图 4.11　打开公式编辑器

另外,用户可以在“公式”下拉列表中选择“插入新公式”,在“设计”选项卡中设置公式结构或公式符号来创建新公式。

用户也可以打开“公式编辑器”输入公式。操作方法是:单击“插入”选项卡,打开“文本”命令组中的“对象”下拉菜单,选择“对象”命令,在弹出的“对象”窗口中选择“对象类型”中的“Microsoft 公式 3.0”,再单击“确定”按钮即可通过公式编辑器编辑公式,如图 4.11 所示。

如果需要对公式中的格式进行设置可以选中整个公式或公式的一部分,单击“开始”选项卡,进行字体、字号的更改。

(5)插入和改写模式

在 Word 中,有两种输入模式:插入模式和改写模式,默认的是插入模式,按【Insert】键可以进行插入和改写模式的切换。

在插入模式下,输入的文字将插入当前的位置,后面的文字一次向后退;在改写模式下,输入的文字会直接替代插入点后的字符。在 Word 窗口下方的状态栏右键弹出的“自定义状态栏”菜单有一个“改写”选项,若当前处于“插入”模式,“改写”选项对应的值为“插入”,若当前处于“改写”模式,“改写选项”对应的值则为“改写”。

另外,在输入文本的过程中,在各行的结尾处不用按【Enter】键,Word 系统会自动切换行。每当一个段落结束的时候可以按【Enter】键换行。如果出现输入错误,则可以按【Delete】键或者【BackSpace】键删除错误字符。

4.2.5 文本编辑

(1)文本的选定

在 Word 2016 中,用鼠标或者键盘都可以选定连续的或者不连续的文本。

①使用鼠标选定文本的方式较多,见表 4.1。

表 4.1 使用鼠标选定文本

选择内容	操作方法
任意数量的文字	用鼠标拖过这些文字
一个英文单词	双击该单词
一行文字	单击该行最左端的选择条,此时指针变为指向右边的箭头
多行文字	选定首行后向上或向下拖动鼠标
一个句子	按住【Ctrl】键后在该句的任何地方单击
一个段落	双击该段最左端的选择条,或者三击该段落的任何位置
多个段落	选定首段后向上或向下拖动鼠标
连续区域的文字	单击所选内容的开始处,按住【Shift】键,单击所选内容的结束处
整篇文档	双击选择条中的任意位置或按住【Ctrl】键后单击选择条中的任意位置
矩形区域文字	按住【Alt】键后拖动鼠标

②用键盘选定文本的方法参考表 4.2。

表 4.2　使用键盘选定文本

选定范围	操作键	选定范围	操作键
上一行	Shift+↑	上一屏	Shift+PgUp
下一行	Shift+↓	下一屏	Shift+PgDn
至段落末尾	Ctrl+Shift+↓	至文档末尾	Ctrl+Shift+End
至段落开头	Ctrl+Shift+↑	至文档开头	Ctrl+Shift+Home
至行末	Shift+End	整个表	Alt+5(小键盘)
至行首	Shift+Home	整个文档	Ctrl+5(小键盘)或 Ctrl+A

(2)**移动和复制操作**

移动文本可以通过使用鼠标或者剪贴板来实现。

1)使用鼠标

先选中要移动的文本,拖动到插入点的位置。

2)使用剪贴板

先选中要移动的文本,单击“开始”选项卡,选择“剪贴板”中的“剪切”命令(快捷键为【Ctrl+X】),定位插入点到目标位置,再选择“剪贴板”命令组中的“粘贴”命令(快捷键为【Ctrl+V】)。

复制文本也可以通过使用鼠标或者剪贴板来实现。

1)使用鼠标

先选中要移动的文本,按住【Ctrl】键,再拖动到插入点的位置。

2)使用剪贴板

先选中要复制的文本,单击“开始”选项卡,选择“剪贴板”中的“复制”命令(快捷键为【Ctrl+C】),定位插入点到目标位置,再选择“剪贴板”命令组中的“粘贴”命令。在不改变剪贴板内容的情况下,可以连续执行“粘贴”操作,实现多处复制。

(3)**查找与替换操作**

使用查找功能可以单击“开始”选项卡,选择“编辑”命令组下的“替换”,打开“查找和替换”对话框。在“查找”选项卡中的“查找内容”下拉列表框中输入要查找的内容,例如“童年”,如图 4.12 所示,单击“查找下一处”按钮,开始查找文本。如果用户继续单击“查找下一处”按钮,将继续往下查找。完成整个文档的查找后,将弹出对话框提示用户完成查找。

Word 中的查找和替换还可以设定更详细的查找条件,用户可以在“查找和替换”对话框中点击“更多”按钮,进行相应的设置。其中包括查找大小写完全匹配的文本、在查找内容中使用通配符,以及可以对查找内容具体格式的限定、查找一些特殊字符等功能,如图 4.13 所示。

替换操作可以将查找到的文本替换为其他内容。打开“查找和替换”对话框,在“替换”选项卡中的“查找内容”下拉列表框中输入要查找的内容,在“替换为”下拉列表框中输入要

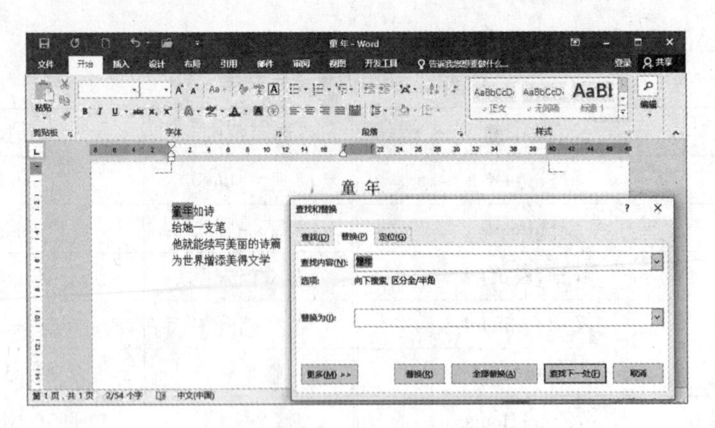

图 4.12 “查找”操作

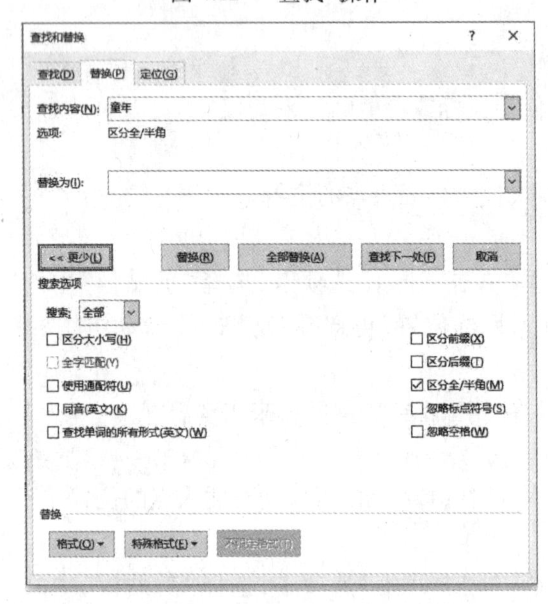

图 4.13 查找指定格式的字符

替换的内容，例如将“童年”替换为“青年”，如图 4.14 所示。此时，如果单击“全部替换”按钮，满足条件的内容将被完全替换；如果单击“替换”按钮，只替换当前一个，继续向下替换可再次单击此按钮；如果单击“查找下一处”按钮，Word 将不替换当前找到的内容，而是继续查找下一处要查找的内容，查到以后是否替换，由用户决定。

同样的，在“替换”选项卡下，也有“更多”按钮，使用方法与“查找”选项卡下的“更多”按钮是相同的，都可以查找并替换指定格式的字符。

【例 4.2】 在日常工作中，我们经常从网上下载一些文字材料，但是里面有可能包含很多空行，如果手动删除的话会很麻烦，我们可以巧用“替换”功能来去除这些空行。操作步骤如下：

①打开“查找和替换”对话框，单击“替换”选项卡，打开“更多”选项，在“特殊格式”中选择“段落标记”，此时“查找内容”文本框中出现了“^p”符号，代表“段落标记”，即通常所说的回车符。

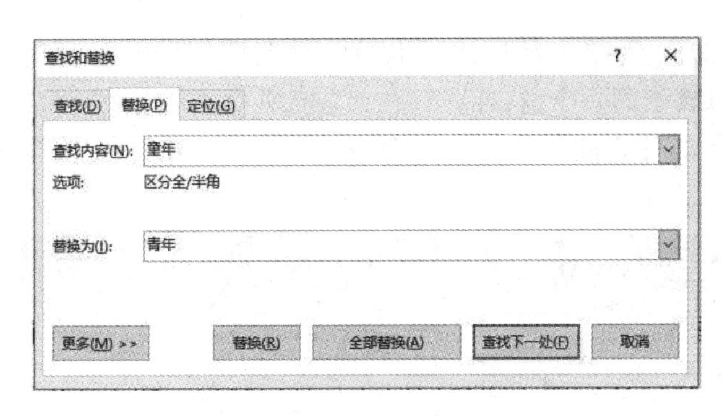

图 4.14　“替换”操作

②按照相同的方法再选择一次“段落标记”，即在“查找内容”文本框中输入两个“段落标记”，同时在“替换为”文本框中输入一个“段落标记”，如图 4.15 所示。

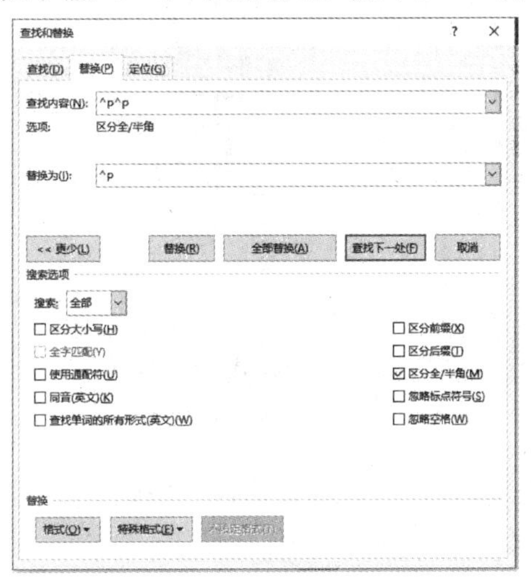

图 4.15　“替换”功能去除空行

③单击“全部替换”按钮，此时文档中所有的空行全部被消除。

注意：有的时候从网上下载的文字材料使用的是“手动换行符”(【Shift+Enter】)，而不是“段落标记”来换行，这样就需要把“^p^p”替换为“^p”(“特殊格式”里面选择“手动换行符”)，这样才能去除空行。

(4)**撤销与恢复操作**

用户在编辑文本时，如果要对以前所做的操作反复修改，需要恢复以前所做的操作，可以单击快速访问工具栏中的“撤销清除”命令(快捷键为【Ctrl+Z】)。

经过撤销操作后，“撤销键入”按钮右侧的“恢复键入”按钮将可以使用，它可以用来恢复刚才撤销的操作(快捷键为【Ctrl+Y】)。

4.2.6　窗口的拆分

当处理比较长的文档时，可以使用 Word 的窗口拆分功能，将文档的不同部分同时显示，方便操作。单击“视图”选项卡，选择“窗口”命令组中“拆分”命令，然后屏幕会出现一条横线,用于选择要拆分的位置,单击鼠标,就可以将当前窗口分割为两个子窗口,如图 4.16 所示。拆分以后的两个窗口属于同一个窗口的子窗口,各自独立工作,用户可以同时操作两个窗口,迅速地在文档的不同部分之间切换。如果要取消拆分,则单击“窗口”命令组中的“取消拆分”命令即可。

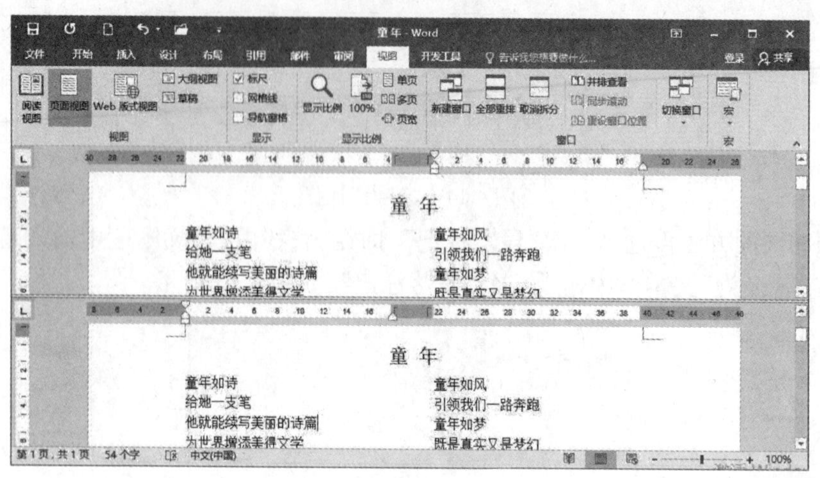

图 4.16　拆分窗口

4.3　格式排版

为了使文档外观更为美观,用户可以对文档进行格式排版,包括字符排版、段落排版、边框和底纹、项目符号和编号设置等操作。

4.3.1　字符排版

字符排版是指对字符的字体、字号、字形、颜色、字间距、动态效果等进行设置。在进行字符排版前,只需选定需要进行格式设置的字符,然后对其进行格式设置即可。

(1)“字体”选项组

用户可以在“开始”选项卡的“字体”选项组中设置文本的字体、字号、字形和其他效果等格式,如图 4.17 所示。

1)字体

用户可以通过“字体”下拉列表框对字体进行设置,其中包括各种中英文字体,Word 2016 中默认的中文字体是宋体,默认的英文字体是 Times New Roman。

2)字号

字号是指字符的大小。“字号”下拉列表框中包括的中文字号有“初号”“小初”“一号”等,“初号”对应的字体最大,往下依次减小。数字表示法中的字号有“8 磅”“10 磅”等,数值越大,字体越大。

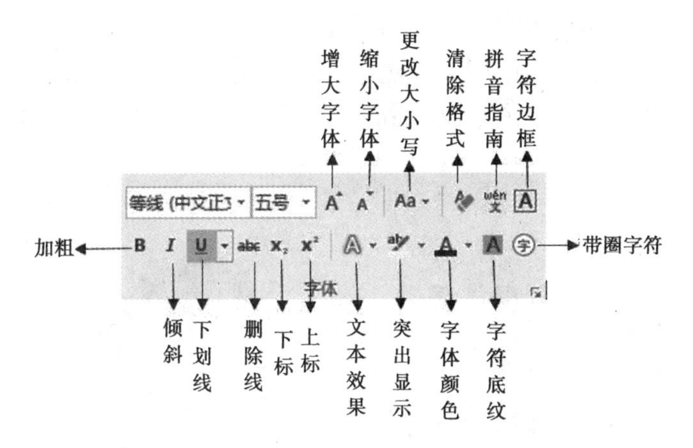

图 4.17　“字体”选项组

3) 字形和其他效果

“字形”是指对字符进行加粗、倾斜、加下划线、字符底纹、字符边框等修饰。另外,还可以设置删除线、上下标、文字颜色以及阴影、发光、映像等效果。

(2)**“字体”对话框**

利用“字体”对话框同样可以对字体格式进行设置,还可以设置字体间距和其他文字效果等。

1)“字体”选项卡

在“开始”选项卡中“字体”组的右下角单击“对话框启动器”,打开“字体对话框”,在“字体”选项卡中,可以对字体进行相关设置,所有的设置在“预览”框里都可以预览,如图 4.18 所示。可以分别在“中文字体”下拉列表框中设置中文字体;在“西文字体”下拉列表框中设置英文字体;在“字形”下拉列表框中设置字形,如“常规”“加粗”等;在“字号”下拉列表框中设置字号,如“小四”“小五”等。

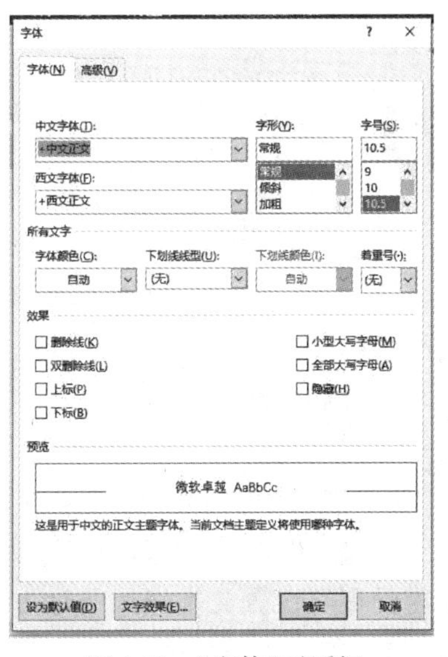

图 4.18　“字体”对话框

如果需要改变字体颜色，则可以单击“字体颜色”下拉列表框，如图 4.19 所示。如果想使用更多的颜色则可以选择“其他颜色…”选项，打开“颜色”对话框，如图 4.20 所示。在“标准”选项卡中选择标准颜色，在“自定义”选项卡中可以通过设计颜色的 RGB 值来定义颜色。

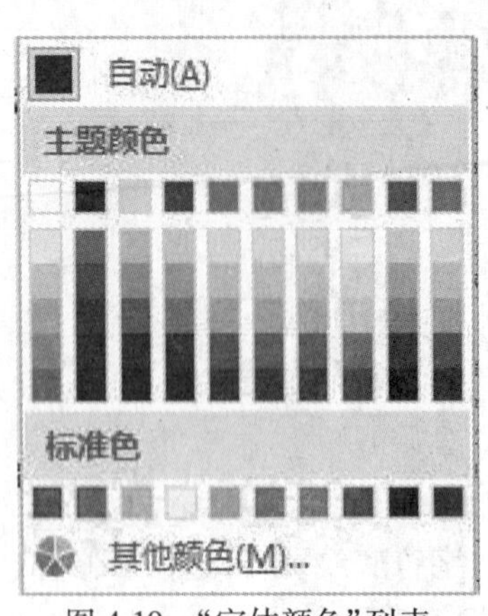

图 4.19 “字体颜色”列表

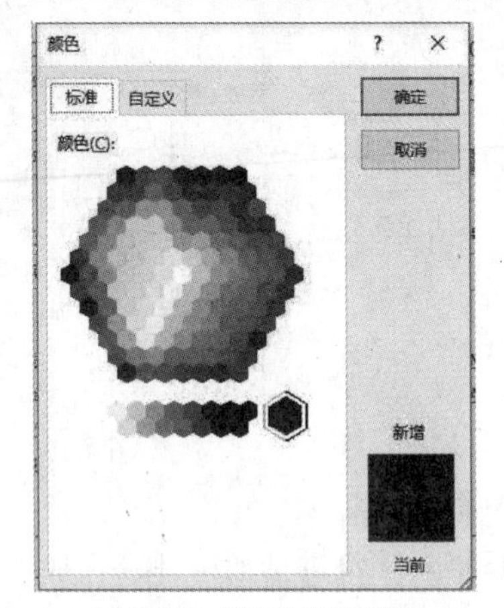

图 4.20 “颜色”对话框

在“字体”选项卡中还可以为文字添加下划线、着重号和设置其他效果，如删除线、双删除线、上下标等。单击“下划线线型”下拉列表框可以设置下划线的线型和颜色。部分设置效果如图 4.21 所示。

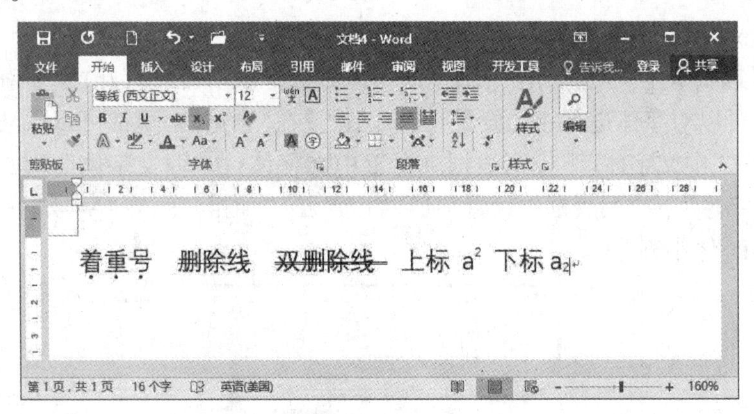

图 4.21 部分字体设置效果

2)“高级”选项卡

打开“字体”对话框，选择“高级”选项卡，可以进行字符的缩放、间距、位置等设置，如图 4.22 所示。“间距”下拉列表框中有“标准”“加框”和“紧缩”3 个选项；“位置”下拉列表中有“标准”“提升”和“降低”3 个选项，右侧的数值框中都可以输入具体的磅值。

3)“设置文本效果格式”对话框

单击“高级”选项卡下方的“文字效果”按钮可以打开“设置文本效果格式”对话框，利用它可以进行文本填充、边框、轮廓、阴影和映像等效果的设置，如图 4.23 所示。

【例 4.3】 在文档中，如果需要重复设置文本格式的地方，就可以利用“格式刷”方便地将某些文本的格式复制给其他文本。操作方法如下：

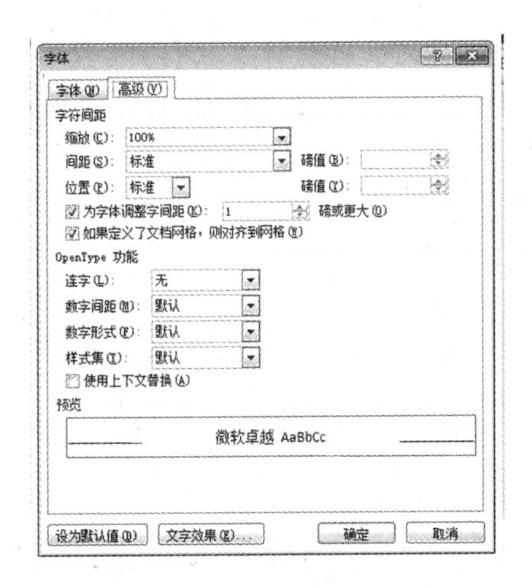

图 4.22　“高级”选项卡

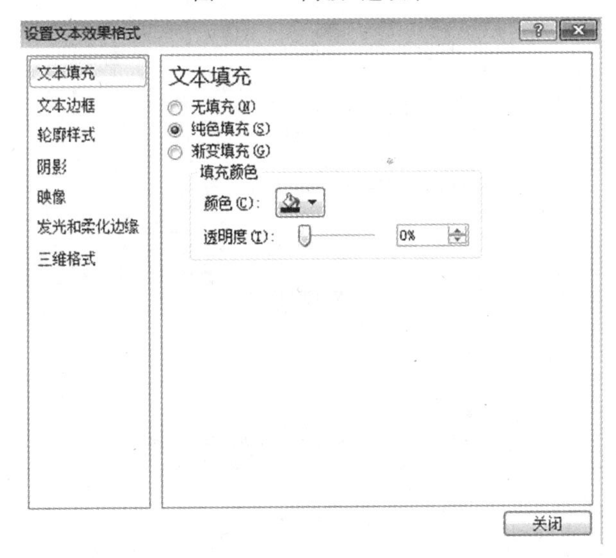

图 4.23　“设置文本效果格式”对话框

①选定已设定好格式的源文本，或者将光标定位在源文本的任意位置。

②单击“开始”选项卡“剪贴板”命令组中“格式刷”命令，光标变成刷子形状。

③在目标文本上拖曳鼠标，即可完成格式复制。

如果需要把已有的文本格式复制到多处文本块上，则需要双击“格式刷”按钮，然后再重复以上步骤的第 3 步。如果要取消格式的复制，直接按【Esc】键或者单击“格式刷”按钮，将鼠标恢复原状。

4.3.2　段落排版

在文档中，一个段落可以包括文字、图形或者其他对象，每个段落以【Enter】键作为结束标识符。Word 2016 提供的段落排版功能可以对整个段落进行外观处理。

段落排版包括设置段落间距和行距、设置对其方式和段落缩进等。单击“开始”选项卡，在“段落”选项组的右下角单击“对话框启动器” ，打开“段落”对话框，如图 4.24 所示。在进行设置前，只需要把光标定位于需要设置段落的任意位置即可，如果要对多个段落进行设置，首先要选中这几个段落。

在编辑文档的时候，如果只想另起一行而不想分段的话，就可以按【Shift + Enter】组合键，产生一个手动换行符，也称软回车。

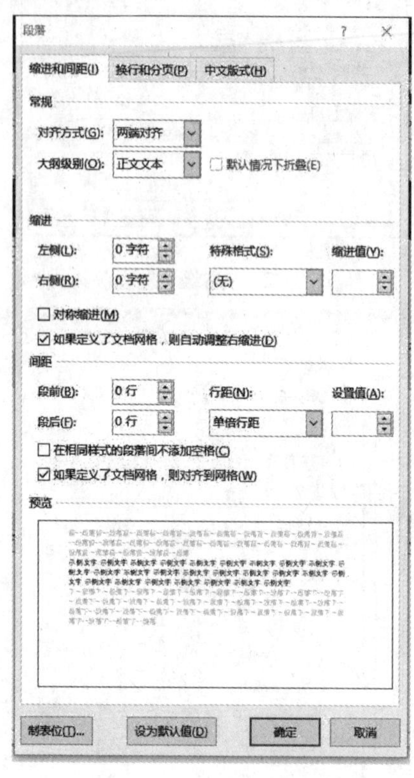

图 4.24 “段落”对话框

(1) **段落对齐方式**

先选中要设置对其方式的段落，打开“段落”对话框，默认打开“缩进和间距”选项卡，在“对齐方式”下拉列表中选择相应的对齐方式。Word 2016 提供的对齐方式有左对齐、居中、右对齐、两端对齐和分散对齐，默认的对齐方式是两端对齐，他们的设置效果如图 4.25 所示。另外，直接单击“段落”命令组中的对齐按钮也可以对其进行设置，如图 4.26 所示。

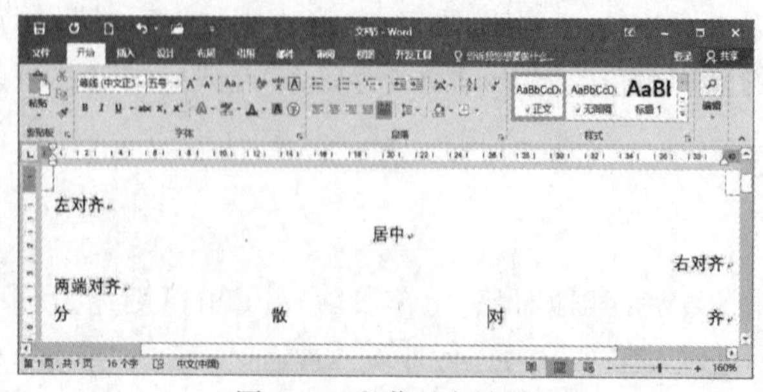

图 4.25 段落对齐效果

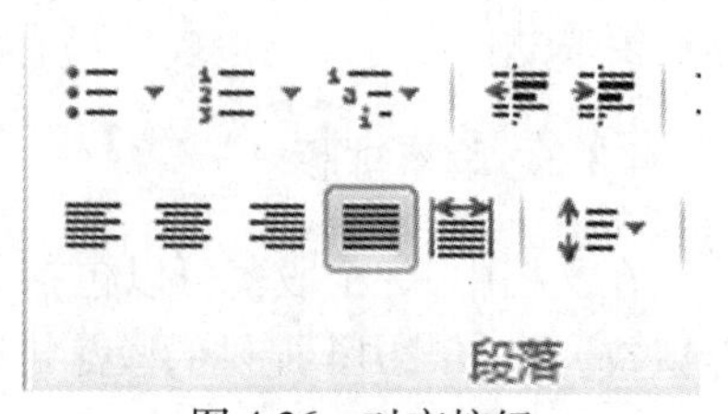

图 4.26 对齐按钮

(2)段落缩进

段落缩进是指段落文字的边界相对于左页边距和右页边距的距离,通常包括以下 4 种格式。左缩进指段落左边界与左页边距的距离。右缩进指段落右边界与右页边距的距离。首行缩进表示段落首行第一个字符与左边界的距离。悬挂缩进表示段落中除首行意外的其他各行与左边界的距离。

设置段落缩进的方法有以下几种:

①打开“段落”对话框进行设置。在“缩进”区域进行左、右缩进的设置;在“特殊格式”下拉列表框可以设置首行缩进和悬挂缩进。

②通过标尺来设置段落缩进,如图 4.27 所示。先定位光标到需要设置的段落,再拖动相应的缩进标记到合适的位置即可。

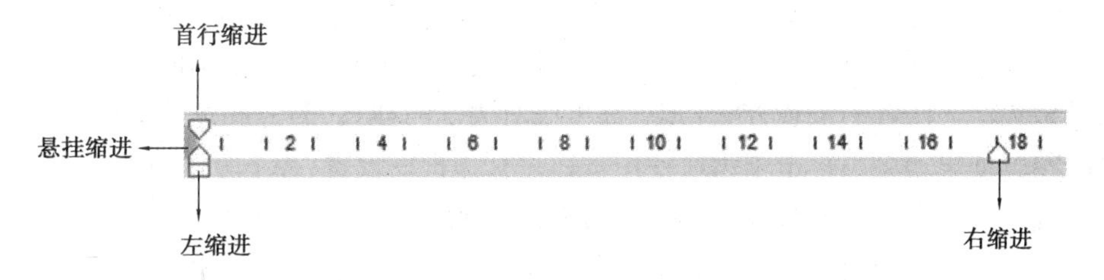

图 4.27　标尺

③通过“段落”命令组“减少缩进量” 和“增加缩进量” 按钮来进行段落缩进的设置,每次单击将左移或右移一个汉字位置。

(3)段落间距和行距

利用“段落”对话框还可以进行段落间距和行距的设置。段落间距是指两个段落之间的距离,行距是指段落中两行之间的距离。

设置的方法是,先选定需要设置间距的段落,打开“段落”对话框,分别在“段前”和“段后”的数值框里输入间距值,可以调节该段距离前一段和距离后一段的距离;在“行距”下拉列表框中选择行间距,包括“单倍行距”“1.5 倍行距”“最小值”“固定值”等,如果选择了“固定值”或“最小值”选项,需要在右侧的“设置值”数据框中输入对应的数值来设置。

4.3.3　边框和底纹

对文档的某些文字、段落、图形和表格等加上边框和底纹可以起到强调或者美化的作用,Word 2016 提供了这一功能。首先要选定需要加边框或者底纹的文字,单击“开始”选项卡,在“段落”组中单击“边框”下拉列表,选择“边框和底纹”选项,如图 4.28 所示,打开“边框和底纹”对话框,如图 4.29 所示,包括“边框”“页面边框”和“底纹”3 个选项卡,可以分别对选定的文字或短路进行边框和底纹的设置,对整个页面进行边框的设置。

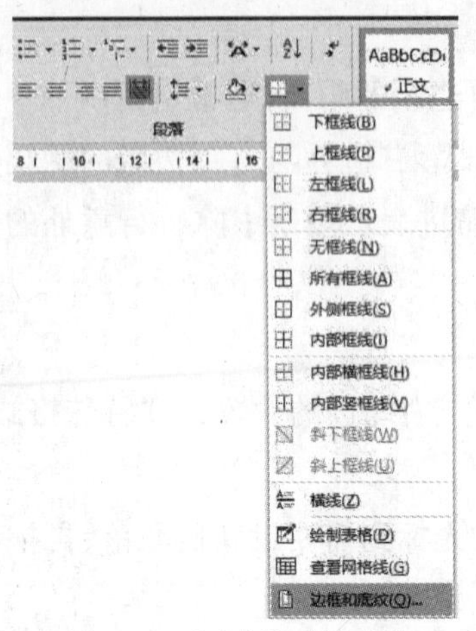

图 4.28 “边框”下拉列表

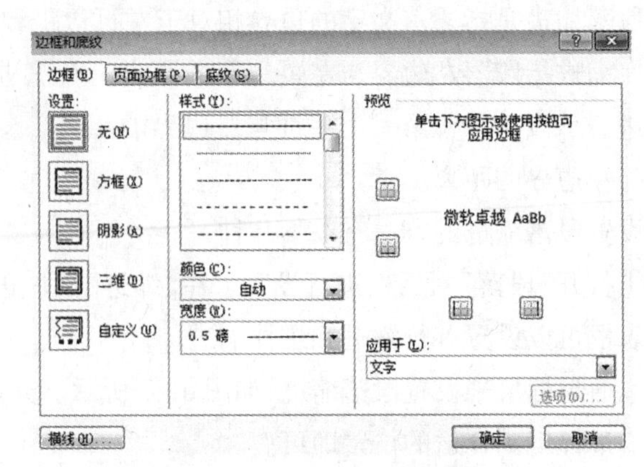

图 4.29 “边框和底纹”对话框

“边框”选项卡可以对选定的文字或段落进行边框的设置,“页面边框”选项卡可以为整个页面设置边框。两者的设置方法相似,都可以对边框的样式、颜色和宽度进行设置,在对话框右侧的预览框里还可以单击图示或使用按钮进行边框的设置,在下方的“应用于”下拉列表框里可以选择应用于文字或段落,如果选择应用于段落,则可以使用上方的按钮或图示对边框的每个边缘进行单独设置。另外,也可以在“设计”选项卡中的“页面背景”命令组中选择“页面边框”命令,打开“边框和底纹”对话框。

“底纹”选项卡,可以对选定的文字或段落设置底纹,包括对底纹填充颜色和图案的设置,同样在下方的“应用于”下拉列表框里可以选择应用于文字或段落,右侧可以预览设置的效果,如图 4.30 所示。

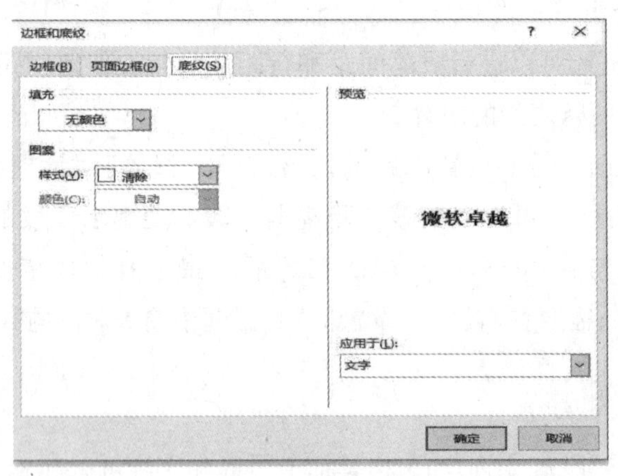

图 4.30 设置底纹

4.3.4 项目符号和编号

在文档中经常遇到一些需要分条款描述的内容,为了准确清楚地表达这些内容之间的并列、顺序或层次关系,可以使用 Word 2016 提供的自动添加项目符号和编号的功能。

(1)项目符号

先选定需要添加项目符号的文本,单击“开始”选项卡,在“段落”选项组中选择“项目符号”下拉列表,在“项目符号库”中选择需要设置的符号即可,如图 4.31 所示。

另外,用户还可以在列表中选择“定义新项目符号”选项,在弹出的“定义新项目符号”对话框中设置项目符号字符与对齐方式,如图 4.32 所示。在该对话框中,通过单击“符号”按钮可在“符号”对话框中设置符号样式;单击“图片”按钮可在“图片项目符号”对话框中设置符号的图片样式;单击“字体”按钮可在“字体”对话框中设置符号的字体格式;还可以在“对齐方式”下拉列表中选择对齐方式。

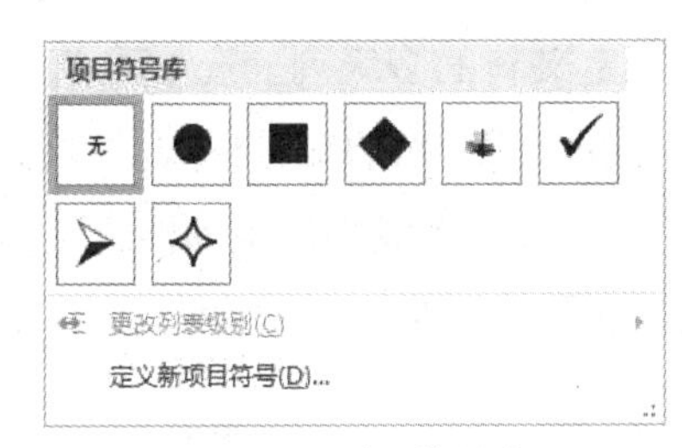

图 4.31　项目符号库

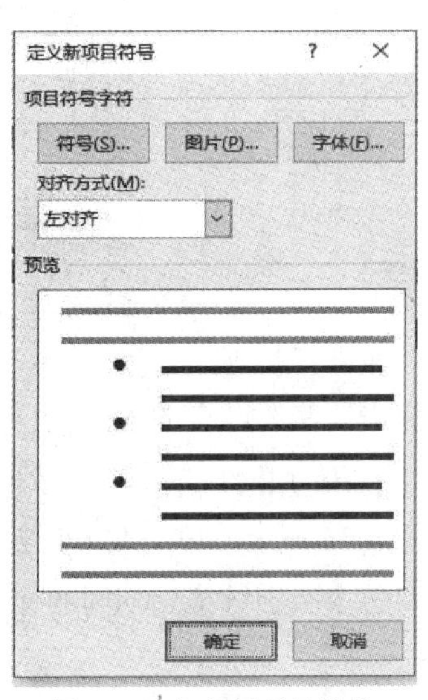

图 4.32　定义新项目符号

(2)项目编号

在段首输入类似“一”“1”或“(1)”等编号格式符号时,如果后面输入一个空格,按【Enter】键后,Word 就会自动对齐进行编号。使用项目编号可以很方便地对已有的项目进行插入、删除等操作,Word 2016 将自动调整编号。

如果要更改编号的样式,则选中编号的段落后,单击“开始”选项卡,在“段落”组中选择“编号”下拉列表,在“编号库”中选择需要的编号样式即可,如图 4.33 所示。如果需要修改已有的编号,可以单击“定义新编号格式”选项,打开“定义新编号格式”对话框进行修改,其中包括对编号的格式、样式、对齐方式等进行修改,如图 4.34 所示。

为了更好地表达某些内容之间的多层次关系,还可以使用多级列表。创建多级列表可以在“开始”选项卡的“段落”组中选择“多级列表”下拉列表,在“列表框”中选择需要的编号样式即可,如图 4.35 所示。然后通过“格式”工具栏上的“减少缩进量”按钮和“增加缩进量”按钮来确定每一项内容的层次关系,也可以通过“多级列表”下拉列表中的“更改列表级别”选项来进行设置。

图 4.33 “编号”下拉列表

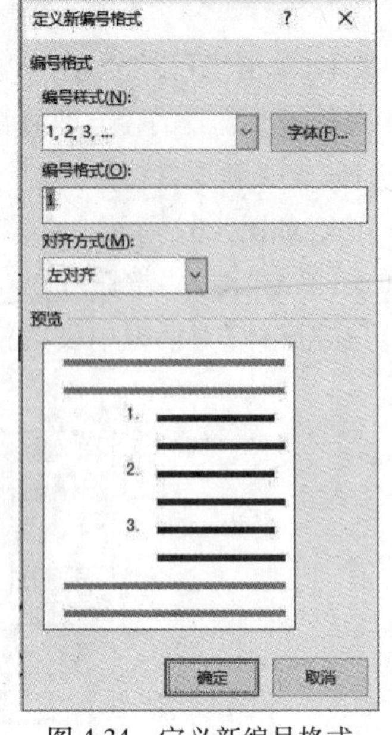

图 4.34 定义新编号格式

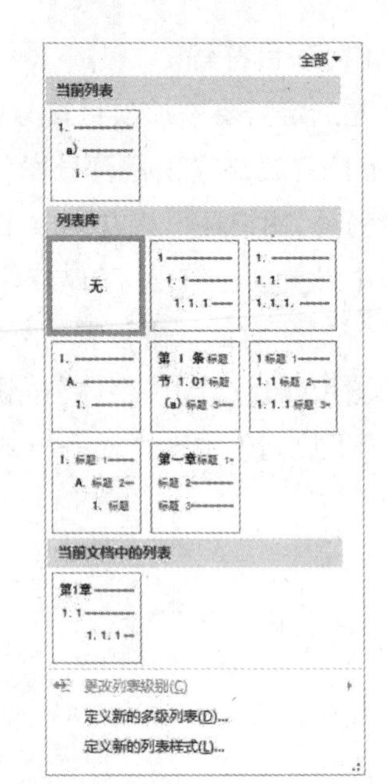

图 4.35 “多级列表”下拉列表

另外,如果需要修改已有的编号,也可以单击“定义新的多级列表”选项,打开“定义新的多级列表”对话框进行修改,单击要修改的级别,可以对该级别的编号格式、样式、对齐方式等进行修改,如图 4.36 所示。单击左下角的“更多”按钮,在“将级别连接到样式”下拉列表中进行选择,可以将每个级别链接到不同的标题样式,如图 4.37 所示。

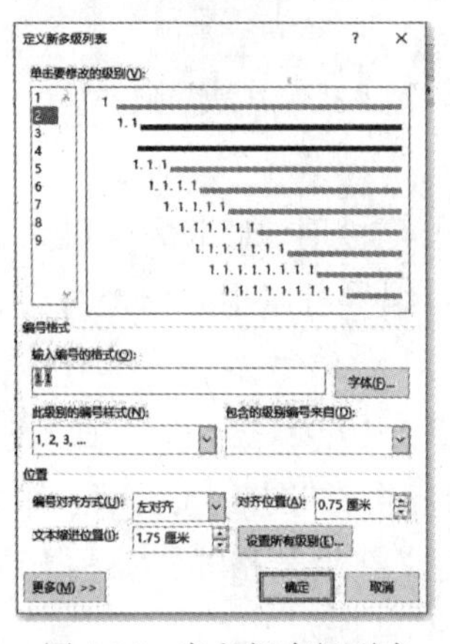

图 4.36 定义新多级列表

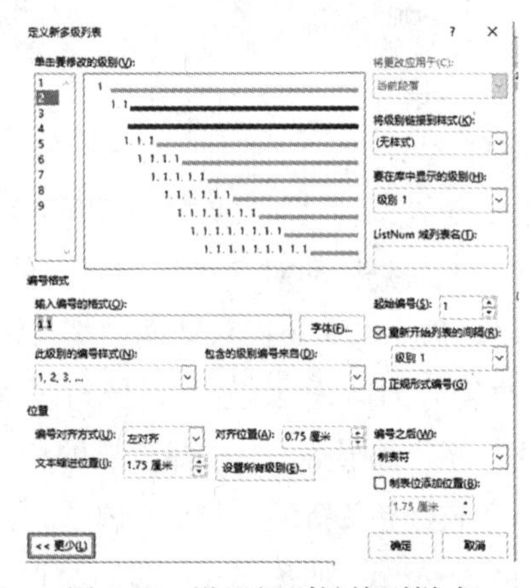

图 4.37 设置级别链接到样式

4.3.5 首字下沉

使用首字下沉功能可以把文档中某段的第一个字放大,以引起注意。首先要把光标定位到需要设置首字下沉的段落中,单击“插入”选项卡,选择“文本”组中的“首字下沉”命令直接进行设置,如图 4.38 所示。另外,如果需要更改首字下沉的其他选项,可以选择“首字下沉选项”命令,打开“首字下沉”对话框,如图 4.39 所示。在对话框中可以对首字下沉的位置进行设置,包括下沉和悬挂两种方式。另外,还可以设置下沉的首字字体、下沉的行数以及与正文的距离。设置了首字下沉的效果如图 4.40 所示。

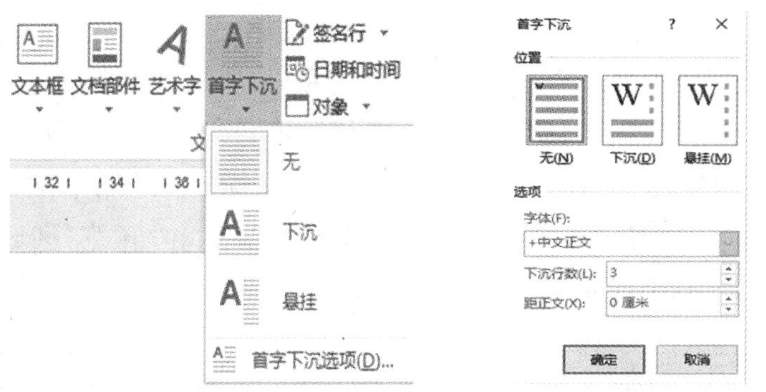

图 4.38　设置“首字下沉”　　　　图 4.39　“首字下沉”对话框

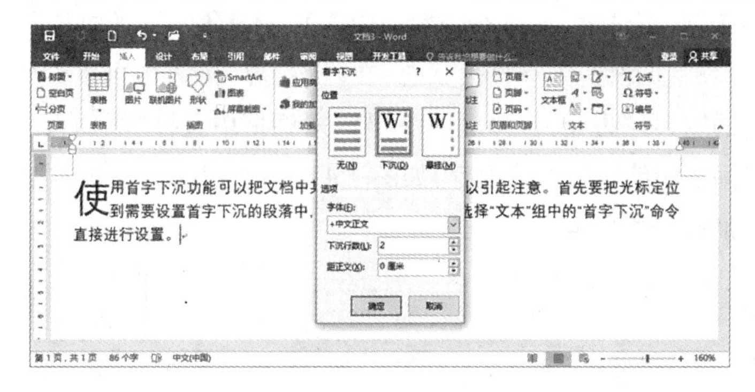

图 4.40　首字下沉效果

4.4　页面排版

4.4.1　页面设置

页面设置是指在文档打印之前,对文档的总体版面布局以及纸张大小、上下左右边距、版式等格式进行设置。单击“布局”选项卡,在“页面设置”组中可以直接对文字方向、页边距、纸张方向、纸张大小等格式进行设置。单击右下角的“对话框启动器”,可以打开“页面设置”对话框,如图 4.41 所示。

(1)设置页边距

页边距是文档中页面边缘与正文之间的距离。在“页边距”选项卡中,可以在“页边距”距离“上”“下”“左”“右”数值框中设置正文与纸张顶部、底部、左侧和右侧之间的距离;在“装订线位置”下拉列表中选择装订位置;在“纸张方向”区域可以设置纸张是“横向”还是“纵向”;在“页码范围”区域可以设置页面的范围格式,包括对称页边距、拼页、书籍折页和反向数据折页等范围格式。在“预览”区域的“应用于”下拉列表框中可以选择应用于本节、整篇文档或插入点之后。

(2)**设置纸张大小**

纸张大小主要是设置纸张的宽度与高度,用户可以在“纸张”选项卡中设置纸张大小与纸张来源等,如图 4.42 所示。在“纸张大小”下拉列表中,可以设置纸张为 A4,B5 等类型;单击右下角的“打印选项”按钮可以跳转到“Word 选项”对话框,主要用于设置纸张在打印时所包含的对象。例如,可以设置打印背景色、图片与文档属性等;在“预览”区域的“应用于”下拉列表框中同样可以选择应用范围。

(3)**设置页面版式**

在“版式”选项卡中可以设置节的起始位置、页眉和页脚、对齐方式等格式,如图 4.43 所示。选中“奇偶页不同”复选框,可以在奇数与偶数页上设置不同的页眉和页脚;选择“首页不同”复选框,可以将首页设置为空页面状态;在“距边界”列表中可以设置页眉与页脚的边界值;单击右下角的“行号”按钮,在弹出的“行号”对话框中选择“添加行号”复选框,可以设置起始编号、行号间隔与编号格式等内容,如图 4.44 所示。另外,单击右下角的“边框”按钮可以打开“边框和底纹”对话框进行设置。

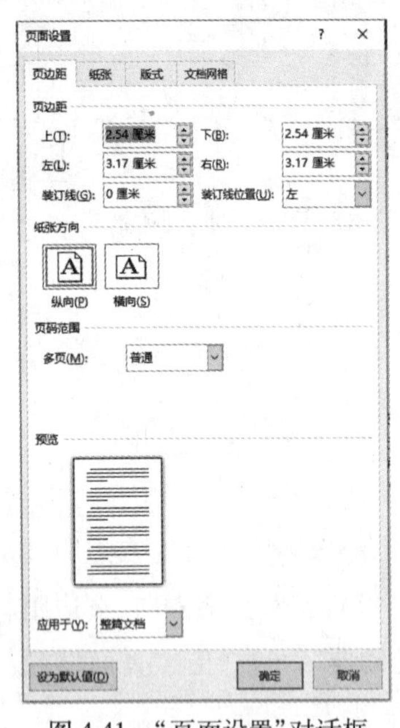

图 4.41 “页面设置”对话框

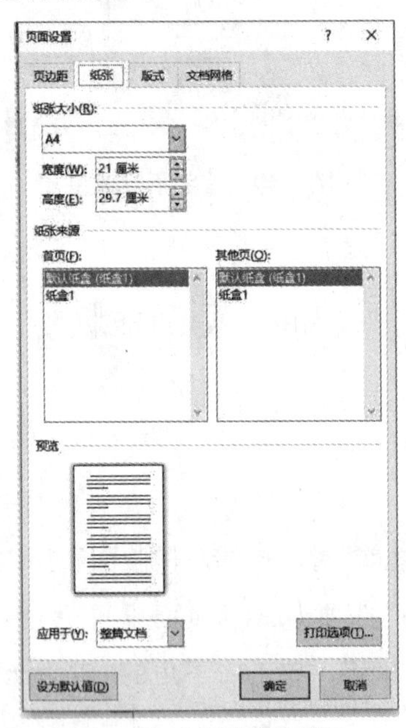

图 4.42 “纸张”选项卡

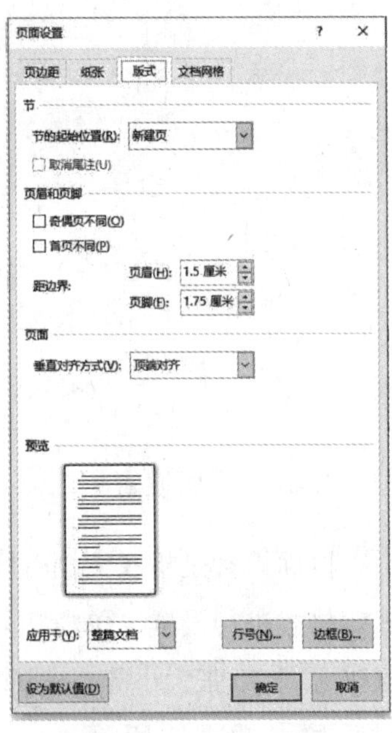

图 4.43 “版式”选项卡

(4)**设置文档网格**

在“文档网格”选项卡中可以设置文档中文字的排列行数、排列方向、每行的字符数及行与字符之间的跨度值等格式,如图 4.45 所示。

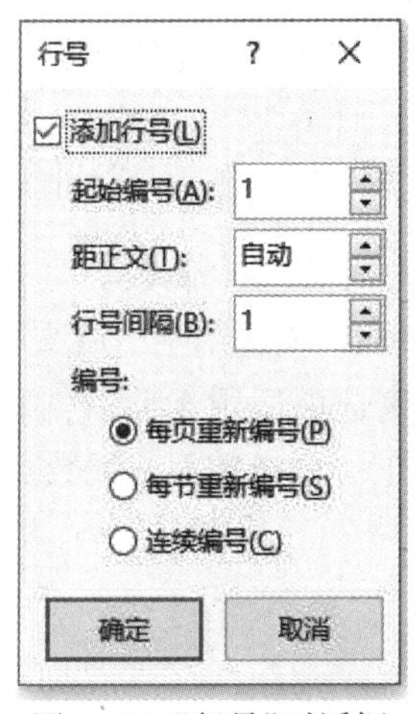

图 4.44　“行号”对话框

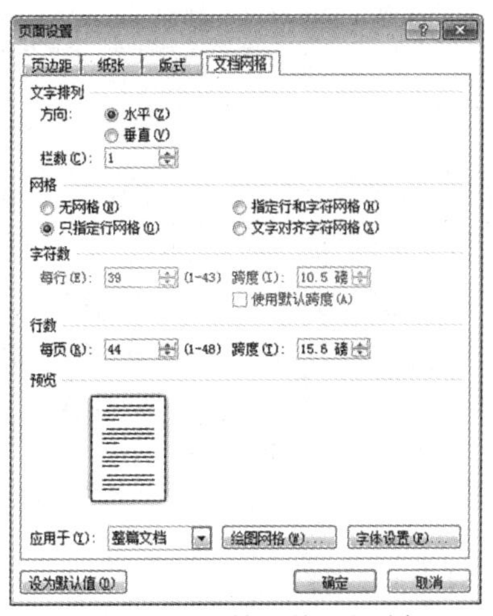

图 4.45　“文档网格”选项卡

4.4.2　设置分页与分节

在文档中,系统默认为以页为单位对文档进行分页,只有内容填满一整页时,Word 才会自动分页。当然,用户也可以利用 Word 2016 中的分页与分节功能在文档中强制分页与分节。

(1)分页功能

强制分页是指在需要分页的位置插入一个分页符,将一页中的内容分布在两页中。分页的方法有以下两种。

1)使用“页”选项组

首先将光标放置于需要分页的位置,然后单击“插入”选项卡,选择“页面”选项组的“分页”命令,既可以在光标处为文档分页(快捷键为【Ctrl+Enter】)。

2)使用“页面设置”选项组

首先将光标放置于需要分页的位置,然后单击“布局”选项卡,选择“页面设置”组中的“分隔符”下拉列表,选择“分页符”选项,即可在光标处分页。

另外,在“分隔符”下拉列表中,选择“分栏符”选项可以使文档中的文字以光标为分界线,光标之后的文档将从下一栏开始显示;选择“自动换行符”选项可以使文档中的文字以光标为基准进行分行。

(2)分节功能

在文档中,节与节之间的分界线是一条双虚线,该双虚线成为“分节符”。用户可以利用 Word 2016 中的分节功能为同一文档设置不同的页面格式。例如,将各个页面按照不同的纸张方向进行设置,这时就要用到分节功能。

文档中的节用“分节符”标志,插入“分节符”即可对文档分节。首先将光标定位到需要分节的位置,然后单击“页面布局”选项卡,打开“页面设置”组中的“分隔符”下拉列表,选择“分节符”中的“连续”选项,即可插入“连续”类型的“分节符”,显示为两条横向平行的虚线,如图 4.46 所示。

在默认情况下,插入的“分节符”是隐藏的,单击“开始”选项卡中的“段落”组中的“显

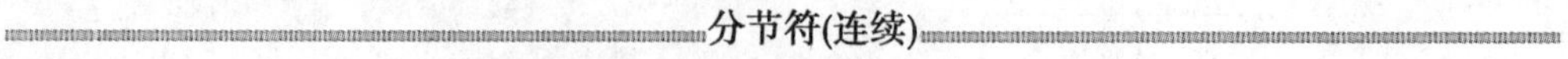

分节符(连续)

图 4.46 “连续”分节符

示/隐藏编辑标记”按钮可以显示或隐藏“分节符”。

Word 共支持 4 种分节符,分别是“下一页”“连续”“奇数页”和“偶数页”,他们的区别如下:“下一页”是指插入一个分节符后,新节从下一页开始,该选项适用于前后文联系不大的文本;“连续”是指插入一个分节符后,新节从同一页开始,该选项适用于前后文联系较大的文本;“奇数页”或“偶数页”是指插入一个分节符后,新节从下一个奇数页或偶数页开始。

4.4.3 页眉和页脚

(1)插入页眉和页脚

Word 的每一个页面都分为页眉、正文、页脚 3 个编辑区。页眉和页脚编辑区一般用来显示一些文字或图形信息,如文档的标题、日期、当前的页码和总页码等内容,这可以通过添加文档的页眉和页脚来进行设置。

单击“插入”选项卡,在“页眉和页脚”组中选择“页眉”下拉列表,在列表中有空白、边线型、传统型、条纹型、现代型等 20 多种样式,如图 4.47 所示,用户只需要选择其中一种选项即可为文档插入页眉。此时,在“页眉和页脚工具”的“设计”选项卡中,可以设置页眉的内容、位置、选项等。同样,选择“页脚”命令,在下拉列表中选择选项即可为文档插入页脚,如图 4.48 所示。

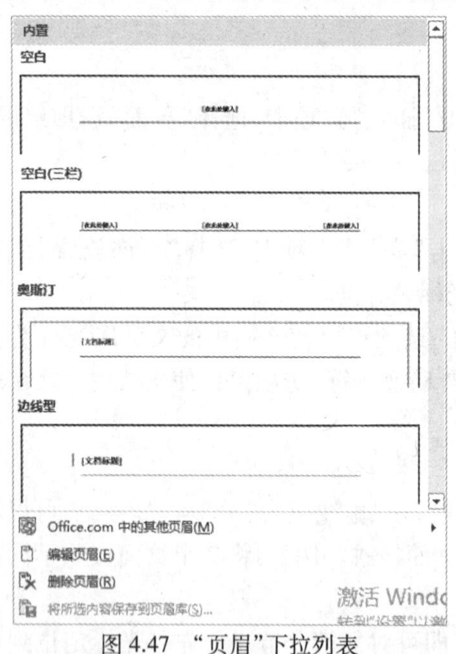

图 4.47 “页眉”下拉列表

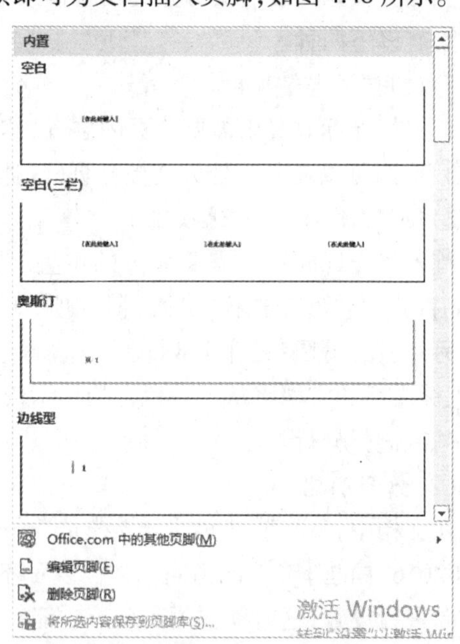

图 4.48 “页脚”下拉列表

在“页眉”和“页脚”下拉列表中选择“编辑页眉”和“编辑页脚”选项,用户可以对已有的页眉和页脚进行更改。用户也可以通过双击页眉或页脚来激活页眉或页脚,从而实现更改页眉或页脚内容的操作。另外,用户也可以右击页眉或页脚,选择“编辑页眉”或“编辑页脚”选项。

(2) **插入页码**

通常在文档的某位置需要插入页码,以便查看与显示文档当前的页数。在 Word 2016 中,可以将页码插入文档的页眉与页脚、页边距与当前位置等不同的位置中。单击“插入”选项卡,选择“页眉和页脚”组的“页码”命令,在下拉列表中选择相应的选项即可,如图 4.49 所示。“页码”下拉列表中包括页面顶端、页面底端、页边距与当前位置 4 个选项。

插入页眉之后,用户可以根据文档内容、格式、布局等因素设置页码的格式。在“页码”下拉列表中选择“设置页码格式”选项,在弹出的“页码格式”对话框中可以设置编号格式、包含章节号与页码编号,如图 4.50 所示。

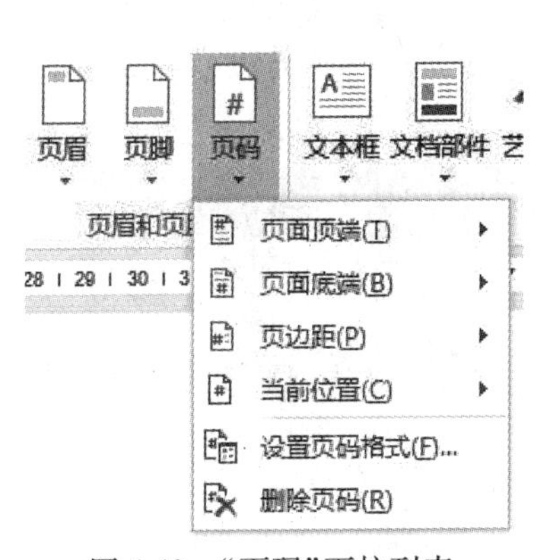

图 4.49　“页码”下拉列表

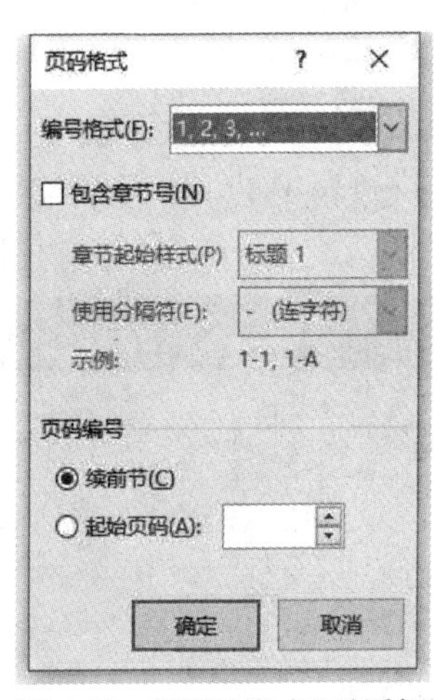

图 4.50　“页码格式”对话框

(3) **首页不同**

在设置页眉和页脚时,Word 2016 默认的情况是输入某一页的页眉或页脚,那么整篇文档的所有页眉和页脚都会自动进行相同设置。而在实际应用中,我们通常不会在首页设置页眉和页脚,这就需要设置首页不同来达到目的。

首先双击页眉或页脚区域,激活页眉与页脚,此时出现“页眉和页脚工具栏”的“设计”选项卡,在“选项”组中选择“首页不同”复选框,即可设置首页不同。此时文档的首页页眉和页脚会显示“首页页眉”和“首页页脚”字样,现在就可以对首页的页眉和页脚单独进行设置而不会影响到后面的页眉和页脚了。

另外,还可以创建奇偶页不同的页眉和页脚,方法与创建首页不同的页眉和页脚基本相似,只需要在“选项”组中选择“奇偶页不同”复选框即可。

(4) **利用“分节符”创建特殊的页眉和页脚**

通常在编辑某一篇文档的时候,要根据不同的需求来设置不同的页眉和页脚,有时候只设置“首页不同”和“奇偶页不同”还不能满足要求。例如,在编辑一篇论文的时候,首页不需要设置页眉和页脚,目录页的页码需要用罗马数字“Ⅰ,Ⅱ,Ⅲ…”来表示,而从正文开始又需要用阿拉伯数字“1,2,3…”来表示页码。另外,页眉显示的字样也可能因为章节的不同而不同,在这种情况下,就需要利用“分节符”来对整篇文档进行分节,然后再进行页眉和页脚的设置。

在建立新文档时,Word 将整篇文档视为同一节,所以在默认情况下,输入的页眉和页脚在整篇文档的每一页显示的内容都是相同的。在编辑文档时,可以将文档分割成任意数量的节,然后就可以根据需要分别为每节设置不同的页眉和页脚,甚至不同的格式。下面通过例4.4来介绍利用“分节符”创建特殊的页眉和页脚。

【例4.4】 为每一节创建不同的页眉。案例包括4个小节,要求为每一个小节都设置不同的页眉,内容分别设置为每一个小节的标题。

要设置不同的页眉,首先要将光标分别定位到每个需要使用新页后的页面,插入分节符,进行分节。分节以后再对每一节的页眉单独进行设置即可。如果需要设置不同的页脚,也可采取类似的方法。操作步骤如下。

①用 Word 打开文档。

②将光标定位到第1节的末尾,单击“布局”选项卡,选择“页面设置”组中的“分隔符”命令,在打开的下拉列表中的“分节符”类型中选择“下一页”选项,插入一个“分节符”,如图4.51所示。

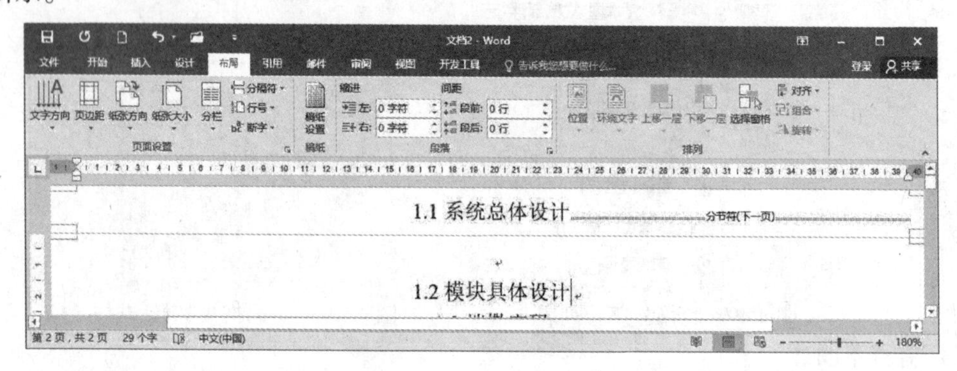

图4.51　插入“分节符”

③用相同的方法分别在第2节和第3节的末尾插入“分节符”。这样,整篇文档就被分成4节。

④双击页眉区域,在第1页的页眉位置输入“系统总体设计”,如图4.52所示。此时可以看到在页眉的左上角有“页眉-第1节-”的字样。

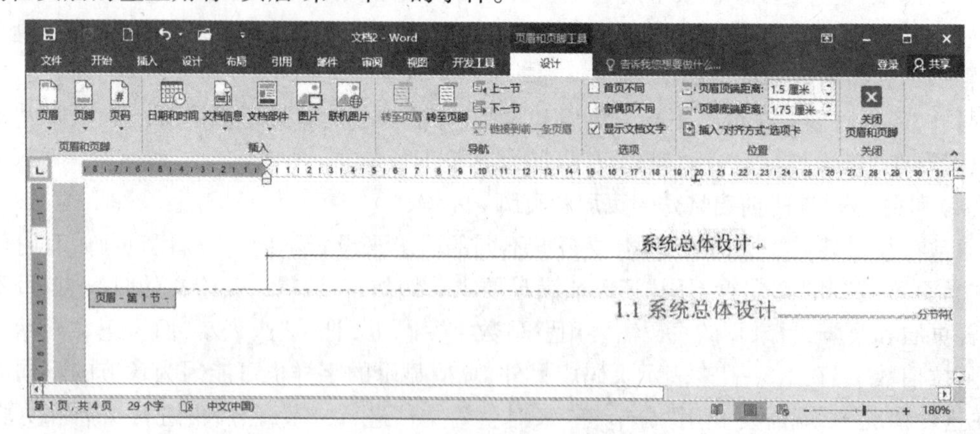

图4.52　插入第1节页眉

⑤单击“设计”选项卡中“导航”组中的“下一节”按钮，跳转到下一节的页眉处，即第 2 节的页眉，会发现这一节的页眉跟第 1 节是相同的，并且页眉右上角有“与上一节相同”的字样。同时，“设计”选项卡中“导航”组中的“链接到前一条页眉”命令处于选中状态，如图 4.53 所示。此时如果更改页眉的话，第 1 节的页眉也会跟着变化。要设置与第 1 节不同的页眉，只需要单击“链接到前一条页眉”按钮，取消本节与上一节的链接，然后再重新输入第 2 节的标题作为页眉就可以了。此时页眉右上角的“与上一节相同”字样已经消失，并且第 1 节的页眉保持不变，如图 4.54 所示。

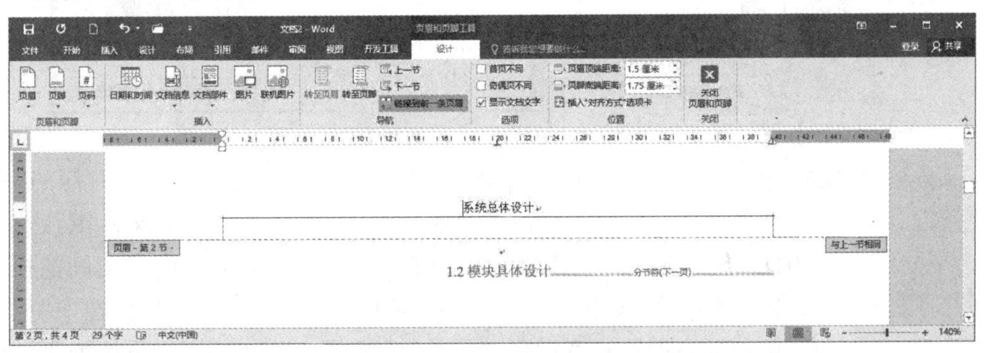

图 4.53　第 2 节的默认页眉

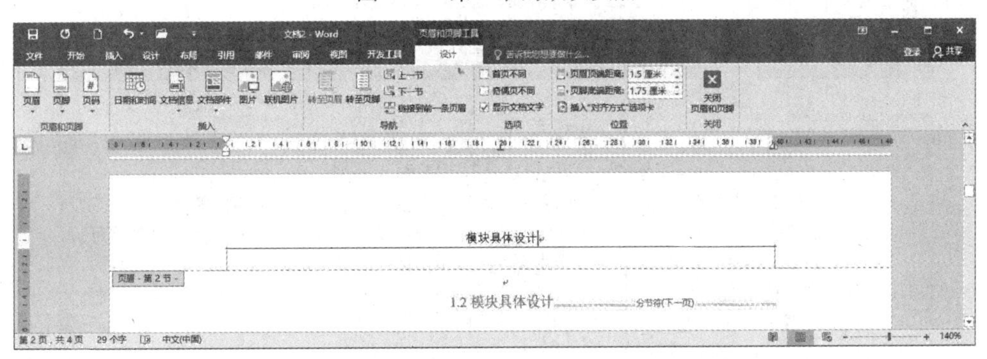

图 4.54　设置与第 1 节不同的页眉

⑥单击“下一节”按钮，跳转到第 3 节的页眉处，再单击“链接到前一条页眉”，取消第 3 节与第 2 节页眉之间的链接，然后重新设置第 3 节的页眉，此时第 1 节和第 2 节的页眉保持不变。

⑦用同样的方法对第 4 节的页眉进行设置即可达到相同的效果。

4.4.4　设置分栏

Word 2016 还可以对文档设置分栏，其效果类似于报纸的多栏版式。先选定需要分栏的段落，单击“布局”选项卡，选择“页面设置”中的“分栏”命令，在下拉列表中选择选项即可进行分栏，如图 4.55 所示。如果下拉列表中的 5 种选项无法满足用户的需求，也可以选择下方的“更多分栏”，打开“分栏”对话框进行设置，如图 4.56 所示。

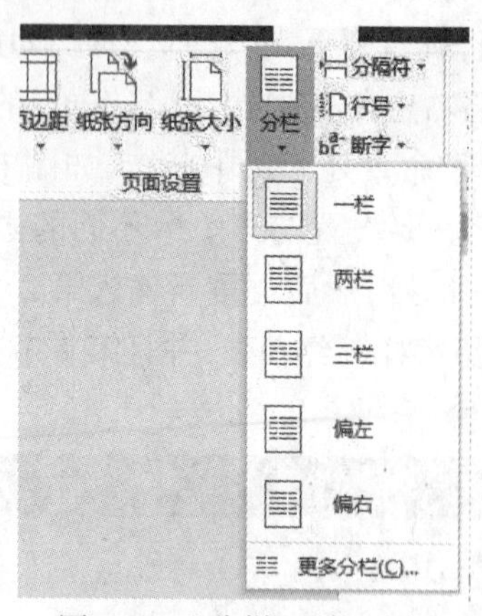

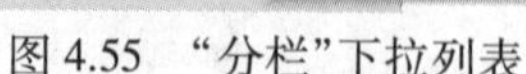

图 4.55 “分栏”下拉列表

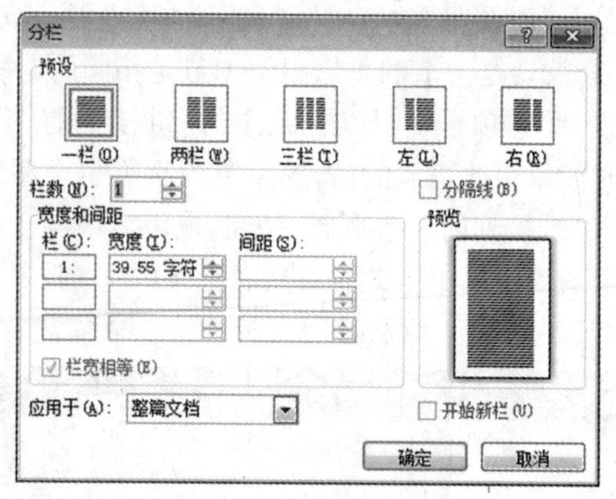

图 4.56 “分栏”对话框

在“分栏”对话框中可以分别对分栏的栏数、宽度和间距进行设置。选定右侧的“分割线”复选框,则在两栏的中间会出现分割线,在“预览”区域可以查看设置效果。默认情况下系统会平分栏宽(除偏左、偏右栏之外),也就是设置的两栏、三栏、四栏等各栏之间的栏宽是相等的。用户也可以根据版式需求设置不同的栏宽,即在“分栏”对话框中取消选中“栏宽相等”复选框,在“宽度”微调框中设置栏宽即可。另外,还可以运用“应用于”下拉列表中的选项来控制分栏范围。设置了分三栏的文档效果如图 4.57 所示。

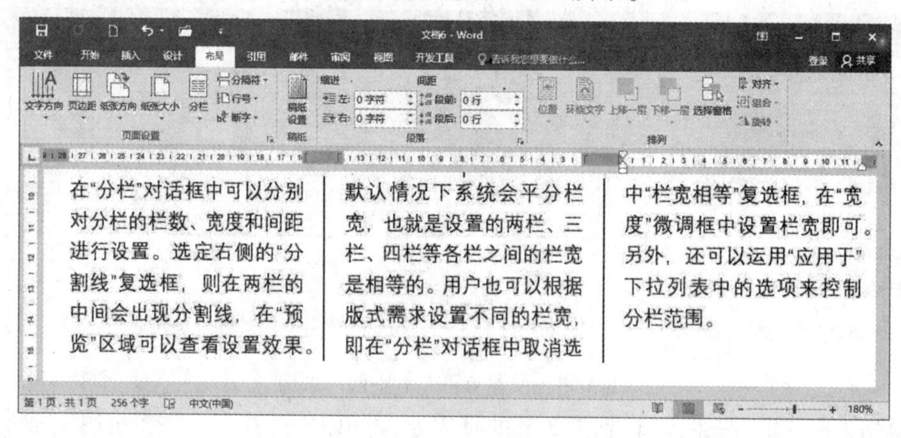

图 4.57 分三栏的效果

在有些分栏操作中,分栏后的各栏长度有可能不一致,最后一栏可能会比较短,这样版面显得不美观。那么,如何才能使各栏的长度一致呢?只需要分栏操作前,在段落的最后一个字符后面插入一个连续的分节符,再进行分栏,这样就可以得到等长的分栏效果。

4.4.5 设置文字方向

在 Word 2016 中还可以对文字方向进行设置。首先定位光标到需要设置方向的文本,然后单击“布局”选项卡,选择“文字方向”命令,打开“文字方向”下拉列表,即可选择需要的文字方向,如图 4.58 所示。用户还可以选择“文字方向选项”,打开“文字方向”对话框进行详细设置,如图 4.59 所示。

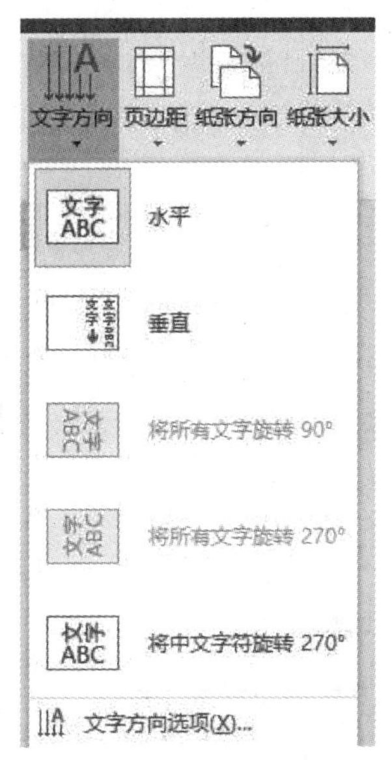

图 4.58　“文字方向”下拉列表

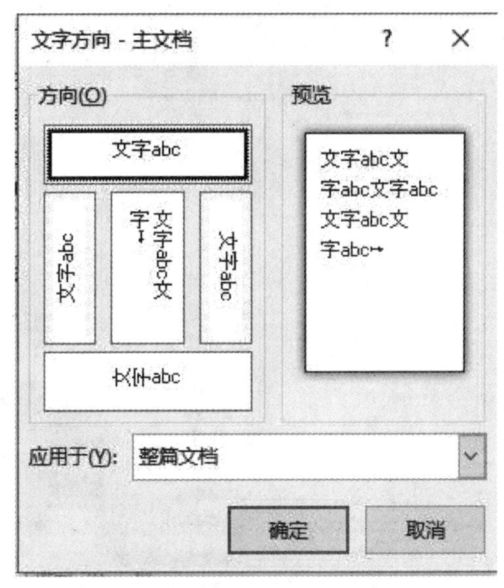

图 4.59　“文字方向”对话框

4.4.6　页面背景

(1)设置纯色背景

在 Word 2016 中默认的背景色是白色,用户可以单击“设计”选项卡,选在“页面背景”组中的“页面颜色”,来设置文档的背景格式。另外,还可以选择“页面颜色”中的“其他颜色”选项,在“颜色”对话框中设置自定义颜色,包括 RGB 和 HSL 颜色模式。其中 RGB 颜色模式主要基于红色、蓝色和绿色 3 种颜色,利用混合原理组合新的颜色;HSL 颜色模式则是基于色调、饱和度与亮度 3 种效果来调整颜色。

(2)设置填充背景

在文档中不仅可以设置纯色背景,还可以设置多样式的填充效果。选择“页面背景”组中的“页面颜色”中的“填充效果”命令,打开“填充效果对话框”,如图 4.60 所示。其中“渐变”选项卡可以设置渐变效果,是一种颜色向一种或多种颜色过渡的填充效果;“纹理”选项卡为用户提供了鱼类化石、纸袋等几十种纹理图案;在“图案”选项卡中,用户可以设置 48 种图案填充效果;在“图片”选项卡中,则可以将图片以填充的效果显示在文档背景中。

(3)设置水印背景

水印是位于文档背景中的一种文本或图片。添加水印之后,用户可以在页面视图、全屏阅读视图下或打印的文档中看见水印。单击“设计”选项卡,选择“水印”下拉列表就可以进行设置,如图 4.61 所示。

Word 中自带了机密、紧急、免责声明 3 种类型共 12 种水印样式,用户可以根据文档的内容设置不同的水印效果。

除了使用自带水印效果之外,还可以自定义水印。在“水印”下拉列表中选择“自定义水印”选项,打开“水印”对话框,如图 4.62 所示。在该对话框中设置无水印、图片水印与文字水印 3 种效果。

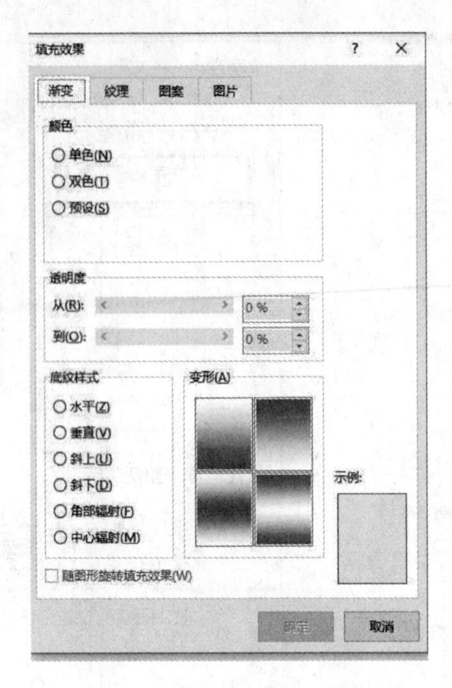

图 4.60 “填充效果”对话框

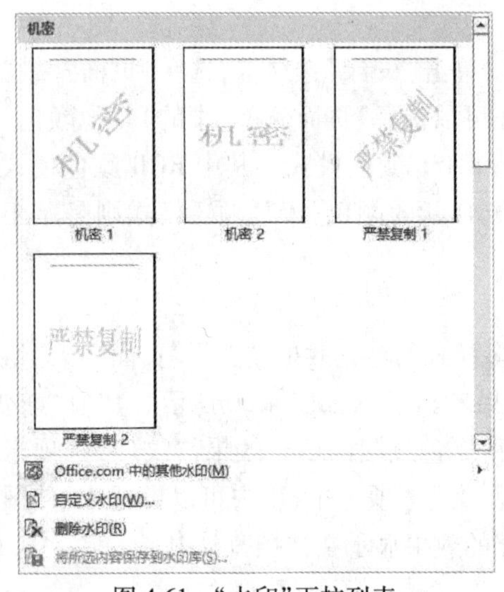

图 4.61 “水印”下拉列表

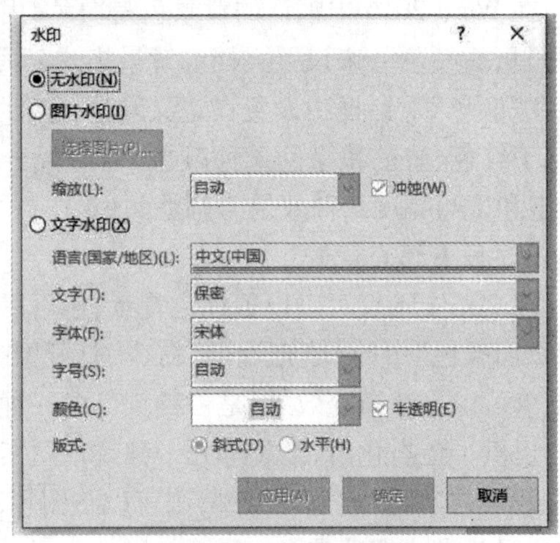

图 4.62 “水印”对话框

4.5 图形处理

Word 2016 提供了功能强大的图形处理功能，用户可以向文档中插入图片、艺术字等，并将其以用户需要的方式与文本编排在一起进行图文混排。

4.5.1　图片

(1)插入本地图片

文档中插入的图片可以来自本地计算机、剪贴画库、扫描仪和数码相机等。要插入本地图片,用户可以单击“插入”选项卡,选择“插图”组中的“图片”命令,在弹出的“插入图片”对话框中选择图片位置与图片类型即可。

(2)调整图片尺寸

插入图片后,用户需要根据文档布局调整图片的尺寸。

1)鼠标调整大小

选中图片,将光标移至图片四周的8个控制点处,当光标变为双箭头时,按住鼠标左键滚动图片控制点即可调整图片大小。如果需要等比例缩放图片,可以按住【Shift】键、拖动对角控制点时可以等比例缩放图片。另外,按住【Ctrl】键,拖动图片可以复制图片。

2)输入数值调整大小

用户可以打开“图片工具”的“格式”选项卡,在“大小”组中,输入“高度”和“宽度”值来调整图片的尺寸。另外,也可以单击“大小”选项组的“对话框启动器”按钮,在弹出的“布局”对话框中的“大小”选项卡中输入“高度”和“宽度”值来调整图片的尺寸,如图4.63所示。最后,还可以在图片上右击,选择“大小和位置”选项来打开“大小”对话框。

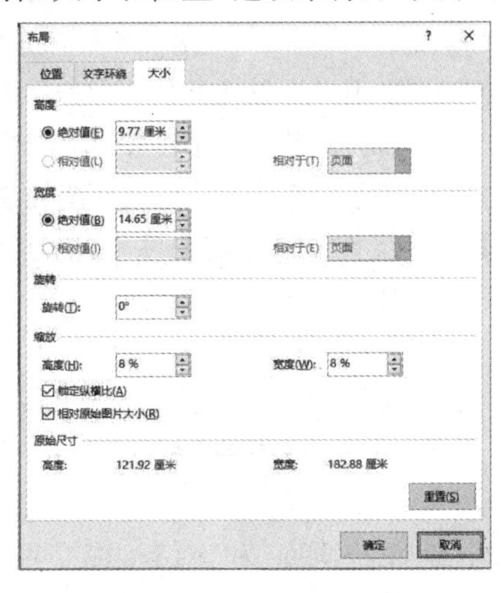

图4.63　图片“大小”设置

3)裁剪图片

选中需要裁剪的图片,打开“格式”选项卡,选择“大小”组中的“裁剪”命令,光标会变成“裁剪”形状、图片周围会出现黑色的断续边框。将鼠标放置于尺寸控制点上,拖动鼠标即可。

另外,在裁剪图片时,用户还可以选择“裁剪”命令下拉列表中的选项,将图片裁剪为不同的形状或根据纵横比进行裁剪等。

(3)排列图片

插入图片后,用户可以根据不同的文档内容与工作需求进行图片排列操作,即更改图片的位置、设置图片的层次、设置文字环绕、设置对齐方式等,从而使图文混排更具条理性与美观性。

1)设置图片的位置

首先选择该图片,打开“格式”选项卡,选择“排列”组中的“位置”命令,在下拉列表中选择不同的图片位置排列方式即可,如图 4.64 所示。

2)设置环绕效果

首先选择该图片,打开“格式”选项卡,选择“排列”组中的“环绕文字”命令,在下列表中选择不同的环绕方式即可,如图 4.65 所示。

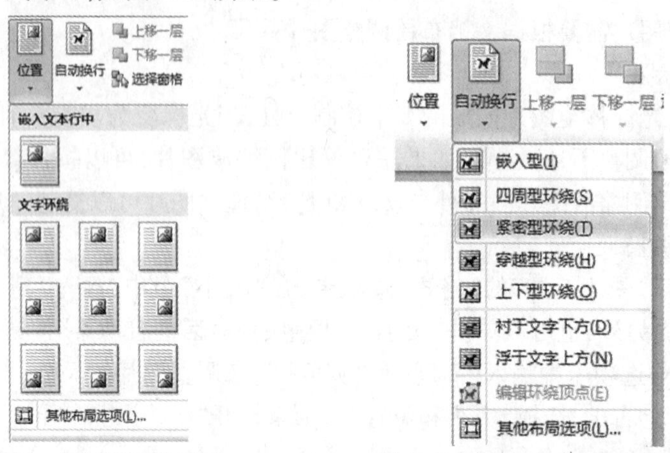

图 4.64 “位置”下拉列表　　图 4.65 “环绕文字”下拉列表

另外,在“环绕方式”下拉列表中,用户可以通过执行“编辑环绕顶点”来编辑环顶点。选择该命令后,在图片四周显示红色实线(环绕线)、图片四周出现黑色实心正方形(环绕控制点),单击环绕线上的某位置并拖动鼠标或者单击并拖动环绕控制点即可改变环绕形状,此时将在改变形状的位置中自动添加环绕控制点。需要注意的是“编辑环绕顶点”选项只有在“紧密型环绕”与“穿越型环绕”时可用。

3)设置对齐方式

图形的对齐是指在页面中精确地设置图形位置,主要作用是使多个图形在水平或者垂直方向上精确定位。选中图片,选择“排列”组中的“对齐”命令,在下列表中选择相应的选项即可。

另外,在“对齐”下拉列表中有“对齐页面”和“对齐边距”两个命令。“对齐页面”是指所有的对齐方式相对于页面行对齐;“对齐边距”是指所有的对齐方式相对于页边距对齐。应该注意在图片默认的“嵌入型”环绕类型中无法设置对齐方式。

4)旋转图片

旋转图片是将图片任意向左或向右旋转,或者在水平方向或垂直方向翻转图片。用户可以打开“排列”组中的“旋转”下拉列表,选择相应的选项来旋转图片。用户还可以选择“其他旋转选项”命令,在弹出的“布局”对话框中根据具体需求在“旋转”微调框中输入图片旋转度数,对图片进行自由选择。

另外,选中图片后,图片上方会出现绿色的旋转控制点,将光标放置在旋转控制点上,光标变为旋转形状,拖动鼠标,可以对图片进行自由旋转。

5)设置图片层次

当文档中存在多幅图片时,用户可以选择“排列”组中的“上移一层”或“下移一层”来调整图片的叠放次序,还可以设置图片直接置于顶层或底层、浮于文字上方或衬于文字下方。注意在图片默认的“嵌入型”环绕类型中无法调整图片的层次。

(4)**设置图片样式**

1)设置外观样式

Word 2016 为用户提供了 28 种内置样式,用户可以设置图片的外观样式、图片的边框与效果。首先选择需要设置的图片,使用“格式”选项卡“图片样式”组中的各项命令,或单击“其他”下三角按钮,在其下拉列表中选择图片的外观样式即可,如图 4.66 所示。

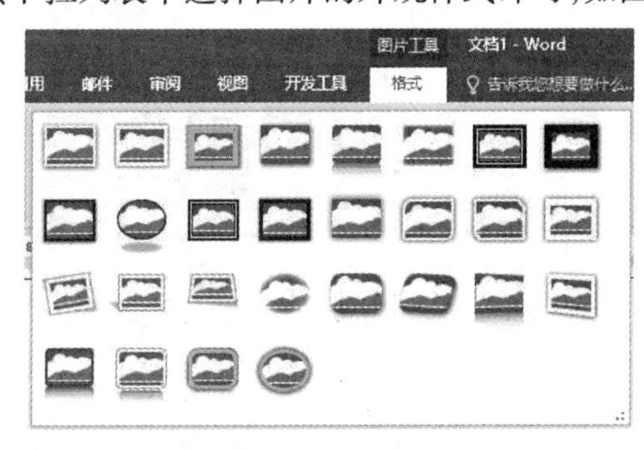

图 4.66　图片外观样式库

2)设置图片边框

选择需要设置的图片,单击“图片边框”下三角按钮,选择“颜色”选项,设置图片的边框颜色;选择“粗细”选项,设置图片边框线条的粗细程度;选择“虚线”选项,设置图片边框线条的虚线类型。

3)设置图片效果

图片效果是为图片添加阴影、棱台、发光等效果。单击“图片样式”组中的“图片效果”下三角按钮,在其下拉列表中选择相应的效果即可。

另外,用户还可以通过右击图片选择“设置图片格式”选项,或通过单击“对话框启动器”按钮弹出“设置图片格式”窗口的方法来设置图片的效果。

4.5.2　绘图

在 Word 2016 中,不仅可以通过使用图片来改变文档的美观程度,同时也可以通过使用形状来适应文档内容的需求。例如,在文档中可以使用矩形、圆形、箭头或线条等多个形状组合成一个完整的图形,用来说明文档内容中的流程、步骤等内容,从而使文档更具有条理性。

(1)**绘制自选图形**

单击“插入”选项卡,选择“插图”组中的“形状”命令,在下拉列表中选择相应的图形。此时光标变成“十”字形,在工作区拖曳鼠标,就可以绘制出相应的图形。选中绘制出的图形,可以通过拖曳图形边缘的八个控制点来改变图形的大小,另外还可以通过拖曳旋转控制点来改变图形的角度。

(2)设置图形效果

对于绘制出的图形,可以设置图形的形状样式、阴影效果、三维效果等。其中,设置形状样式中的操作方法与设置图片样式的操作大体相同。在此主要介绍设置形状的阴影效果、三维效果等形状格式。

选中图形,单击"格式"选项卡,在"形状样式"组中选择"形状效果"命令,打开下拉列表,在其中选择"映像"级联菜单进行设置即可,如图 4.67 所示。

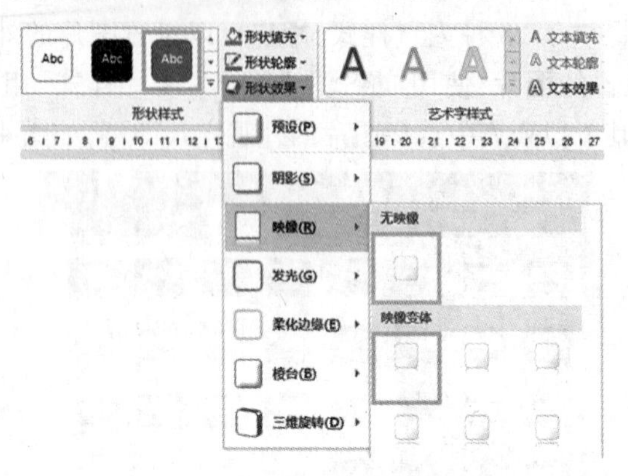

图 4.67　映像效果设置

设置三维效果是使插入的平面形状具有三维立体感。Word 2016 中主要包括无旋转、平行、透视、倾斜 4 种类型。选中图形,在"形状效果"下拉列表中的"三维旋转"级联菜单进行设置即可。

(3)添加文字

在 Word 2016 中,还可以在绘制的图形中添加文字。右击图形,选择快捷菜单中的"添加文字"命令,然后输入文字即可。选中输入的文字以后,也可以进行格式的设置。添加文字的实例如图 4.68 所示。

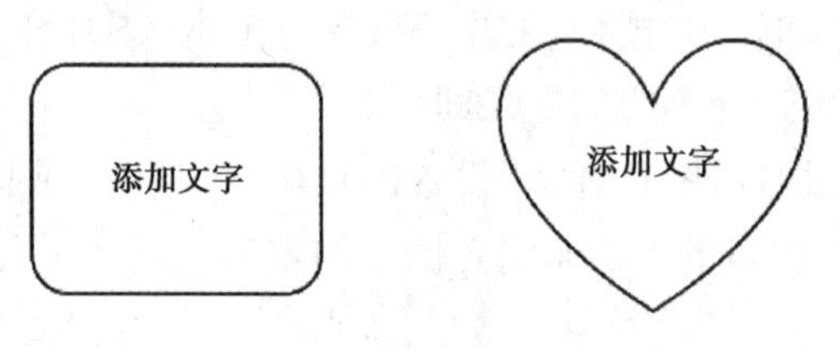

图 4.68　添加文字

(4)组合图形

为了防止不同图形之间的相对位置发生改变,可以对两个或多个图形进行组合。先按住【Ctrl】键同时选中需要组合的图形,然后在其中一个图形上单击右键,选择"组合"级联菜单的"组合"命令,如图 4.69 所示。或者在"格式"选项卡的"排列"组中选择"组合"命令也可以组合图形。另外,选择已经组合的形状,单击右键,选择"组合"级联菜单的"取消组合"命令,可以取消组合。

(5)设置叠放次序

在文档中,如果有两个或多个图形重叠,则需要设置它们的叠放方式。先选定需要设置

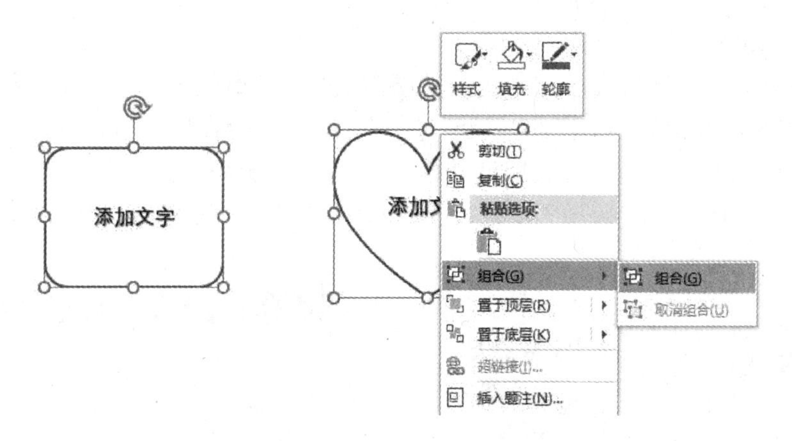

图 4.69　图形的组合

叠放方式的图形,单击右键,选择“置于顶层”或“置于底层”级联菜单中的相应命令即可,如图 4.70 所示。另外,也可以使用“格式”选项卡中“排列”组的“上移一层”或“下移一层”命令。

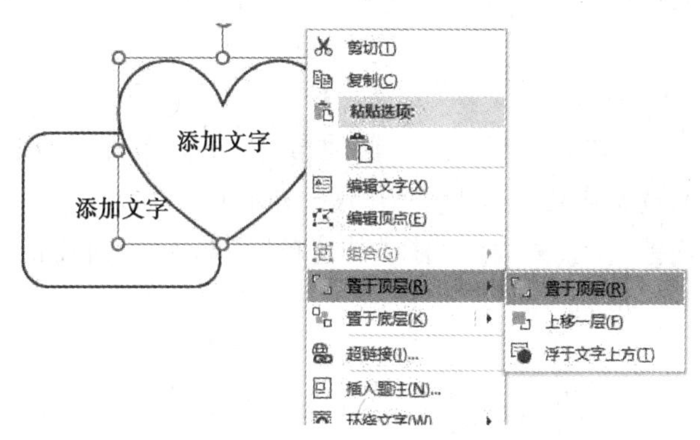

图 4.70　设置图形叠放次序

4.5.3　SmartArt 图形

SmartArt 图形是信息和观点的视觉表示形式,可以通过从多种不同布局中进行选择来创建 SmartArt 图形,达到快速、轻松、有效地传达信息。在使用 SmartArt 图形时,用户可以自由切换布局,图形中的样式、颜色、效果等格式将会自动带入新布局中,直到用户寻找到满意的图形为止。

(1)插入 SmartArt 图形

单击“插入”选项卡,选择“插图”组中的“SmartArt”命令,打开“选择 SmartArt 图形”对话框,如图 4.71 所示,选择需要的图形类型即可。

(2)设置 SmartArt 图形格式

SmartArt 图形与图片一样,也可以为其设置样式、布局、艺术字样式等格式。同时还可以进行更改 SmartArt 图形的方向、添加形状与文字等操作。通过设置 SmartArt 图形的格式可以使 SmartArt 图形更具有流畅性。

1) 设置 SmartArt 样式

SmartArt 样式是不同格式选项的组合，主要包括文档的最佳匹配对象与三维两种类型，共 14 种样式。打开“SmartArt 工具”的“设计”选项卡，在“SmartArt 样式”组中单击“其他”按钮，在下拉列表中选择需要设置的样式即可，如图 4.72 所示。另外，在“更改颜色”下拉列表中可以设置 SmartArt 图形的颜色。在“重置”组中可以单击“重设图形”可以使图形恢复到最初状态。

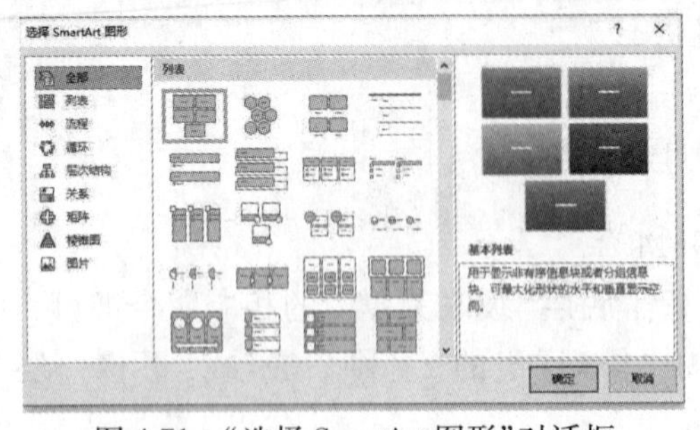

图 4.71 “选择 SmartArt 图形”对话框

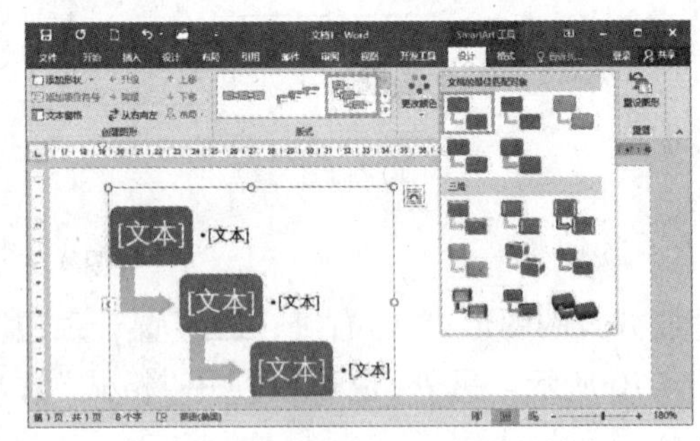

图 4.72 设置 SmartArt 图形的样式

2) 设置布局

设置布局即更换 SmartArt 图形。例如，当用户插入“步骤下移流程”类型的 SmartArt 图形时，打开“设计”选项卡，单击“版式”组中的“其他布局”按钮，在下拉列表中将显示“步骤下移流程”类型的所有图形，选择需要更改的类型即可，如图 4.73 所示。

另外，用户可在“其他”下拉列表中选择“其他布局”选项，在弹出的“选择 SmartArt 图形”对话框中更改其他类型的布局。

3) 创建图形

创建图形包括添加文字、更改方向、添加或减少 SmartArt 图形的个数等操作。打开“设计”选项卡，在“创建图形”组中选择“文本窗格”命令，在弹出的“在此键入文字”任务窗格中根据形状输入相符的内容即可，如图 4.74 所示。另外，在 SmartArt 图形中的形状上右击，选择“编辑文字”命令也可以添加文字。

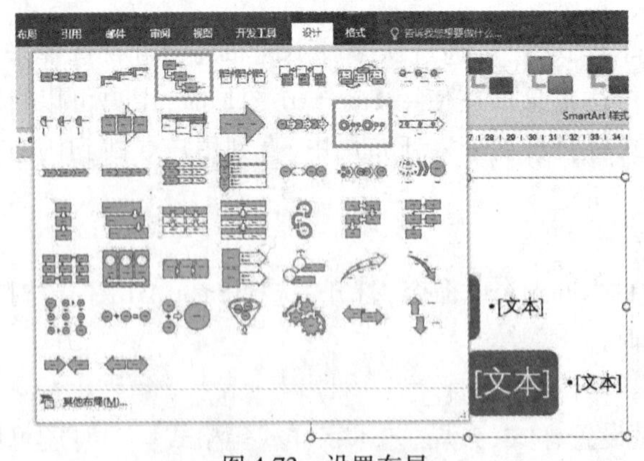

图 4.73 设置布局

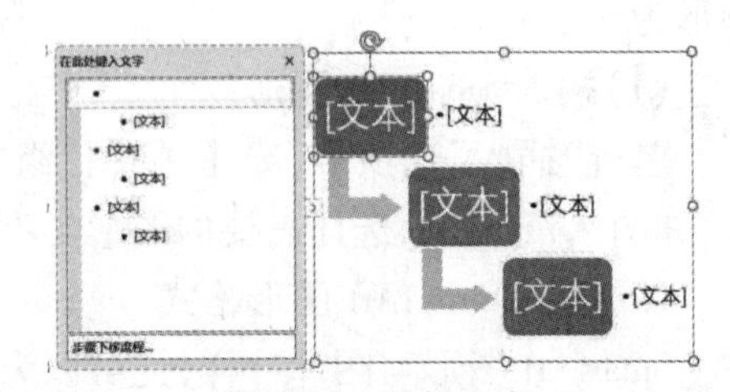

图 4.74 添加文字

选择需要更改方向的 SmartArt 图形，打开“设计”选项卡，在“创建图形”组中选择“从右向左”命令，即可更改方向。

在使用 SmartArt 图形时,用户还需要根据图形的具体内容从前面、后面、上方或下方添加形状。打开“设计”选项卡,在“创建图形”组中选择“添加形状”命令,在下拉列表中选择相应的选项即可。

4)设置艺术字样式

为了使 SmartArt 图形更加美观,可以设置图形文字的字体效果。选择需要设置艺术字样式的图形,打开“格式”选项卡,在“艺术字样式”组中选择相应的命令即可。

4.5.4　艺术字

(1)插入艺术字

艺术字也是一种图形,Word 2016 提供了插入、编辑和美化艺术字的功能。先定位光标到需要插入艺术字的位置,单击“插入”选项卡,选择“文本”组中的“艺术字”命令,在下拉列表中选相应的样式,在艺术字文本框中输入文字内容,并设置“字体”“字号”等格式,如图 4.75 所示。

(2)设置艺术字格式

为了使艺术字更具有美观性,可以设置艺术字的样式、文字方向、间距等艺术字格式。Word 2016 为用户提供了 30 种艺术字样式。选择需要设置样式的艺术字,打开“格式”选项卡,选择“艺术字样式”组中的“其他”命令,在下拉列表中选择需要的样式即可。Word 2016 还可以更改艺术字的转换效果,即将艺术字的整体形状更改为跟随路径或弯曲形状,选择需要设置样式的艺术字,打开“格式”选项卡,选择“艺术字样式”组中的“文字效果”下拉列表中的“转换”命令,在其中选择需要的形状即可,如图 4.76 所示。

图 4.75　插入艺术字

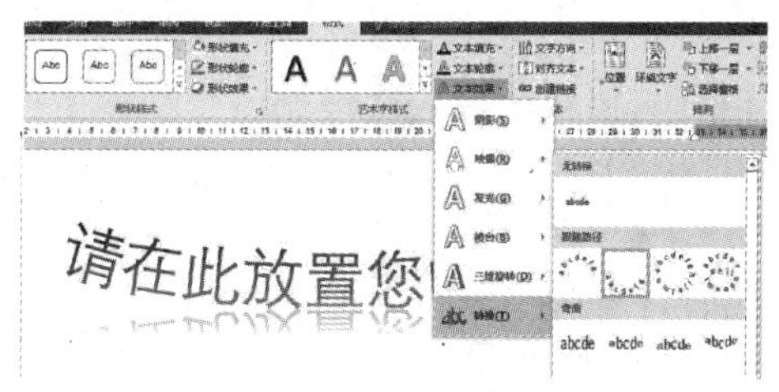

图 4.76　更改形状

另外,还可以设置艺术字的文字方向与对齐方式等格式,打开“格式”选项卡,选择“文本”组中的“文字方向”和“对齐文本”下拉列表中相应的选项即可。

4.5.5　文本框

文本框是一种存放文本或图形的对象,可以放置在页面的任何位置。在 Word 2016 中不仅可以添加系统自带的 36 种内置文本框,还可以绘制“横排”或“竖排”文本框。

单击“插入”选项卡,选择“文本”组中的“文本框”命令,在下拉列表中选择相应的样式即可,如图 4.77 所示。

在“文本框”下拉列表中选择“绘制文本框”或者“绘制竖排文本框”命令,当鼠标变成“十”字形状时,就可以在文档中的合适位置拖曳即可画出所需的文本框。

插入文本框后,选中文本框,在“格式”选项卡中可以设置文本框的形状、样式等内容,也

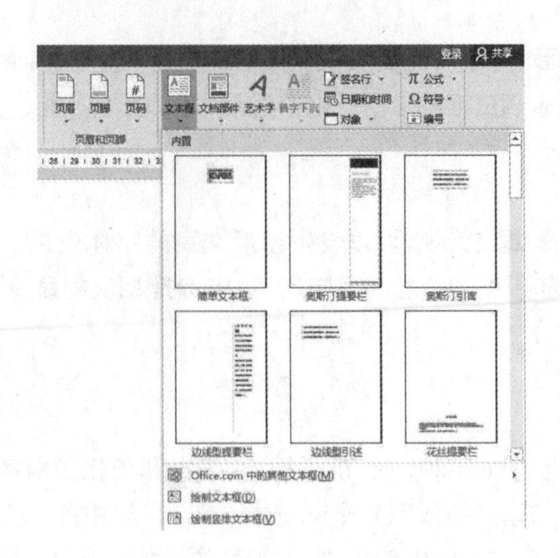

图 4.77 “文本框”下拉列表

可以利用鼠标调整文本框的大小和位置等。在文本框上单击右键,选择快捷菜单中的“设置形状格式”选项,还可以打开对话框来对文本框的格式进行设置。

4.6 表格处理

在文档中,表格是一种不可缺少的工具,如成绩表、工资表、日程表等。利用 Word 2016 可以在文档的任意位置创建和使用表格,给用户带来了极大的方便。

4.6.1 表格的插入和绘制

要使用表格,首先要创建表格。表格由若干行和列组成,行列的交叉区域称为“单元格”。常用的表格创建方法有以下几种。

(1)“表格”菜单

先将光标定位到需要插入表格的位置,单击“插入”选项卡,选择“表格”命令,再选择需要插入表格的行数和列数,单击即可,如图 4.78 所示。

(2)“插入表格”命令

先将光标定位到需要插入表格的位置,选择“表格”下拉列表中的“插入表格”命令,打开“插入表格”对话框,如图 4.79 所示。在对话框中设置“表格尺寸”和“自动调整”选项即可。

(3)插入 Excel 表格

Word 2016 中不仅可以插入普通表格,而且还可以插入 Excel 表格。选择“表格”下拉列表中的“ Excel 电子表格”命令,即可在文档中插入一个 Excel 表格。

(4)使用表格模板

Word 2016 为用户提供了表格式列表、带副标题 1、日历 1、双表等 9 种表格模板。为了更直观地显示模板效果,在每个表格模板中都自带了表格数据。选择“表格”下拉列表中的“快速表格”命令即可。

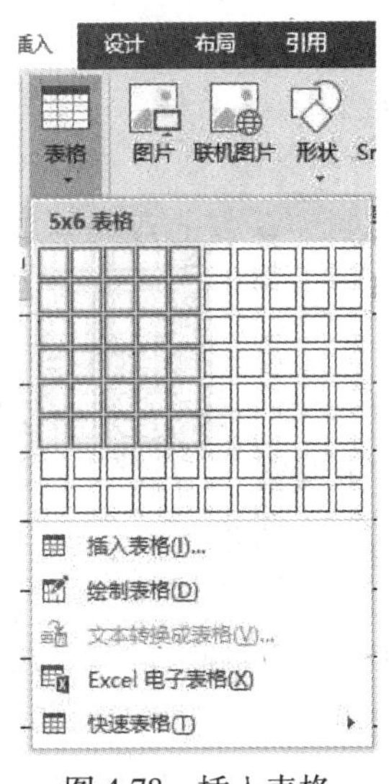

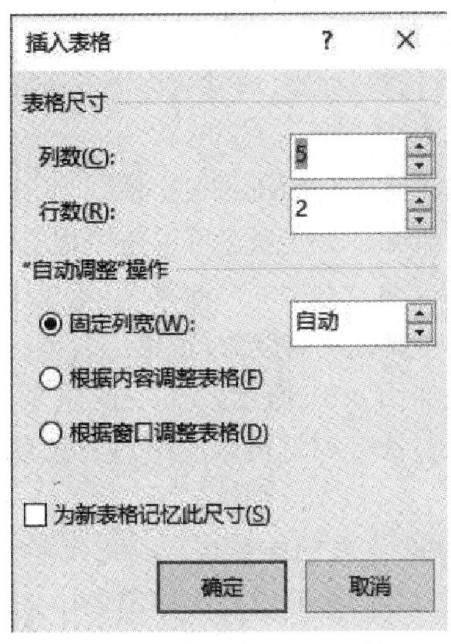

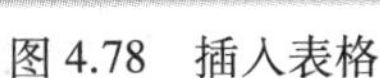

图 4.78　插入表格　　　　图 4.79　“插入表格”对话框

(5) **手工绘制表格**

选择“表格”下拉列表中的“绘制表格”命令，当光标变成铅笔形状时，拖动鼠标绘制虚线框后，松开左键即可绘制表格的矩形边框。从矩形边框的边界开始拖动鼠标，当表格边框内出现虚线后松开鼠标，即可绘制出表格内的一条线，如图 4.80 所示。用户可以运用铅笔工具手动绘制不规则的表格。

另外，还可以通过“表格”下拉列表中的“文本转换成表格”命令将文本转换为表格。

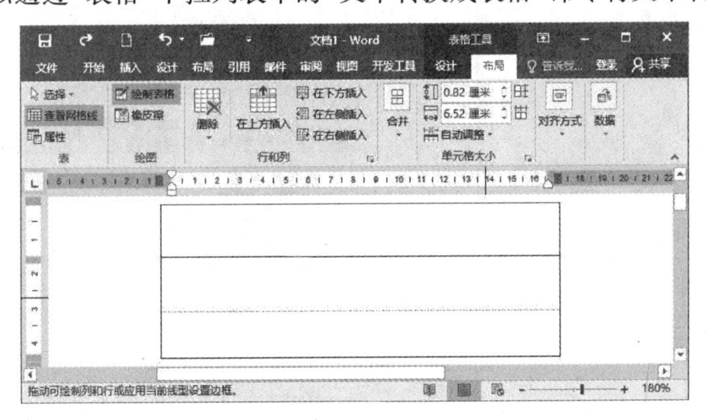

图 4.80　手工绘制表格

4.6.2　编辑表格

创建好表格以后，通常要对表格进行编辑，在编辑表格的时候要先选定需要编辑的表格区域。可以使用鼠标拖曳选定连续的单元格；也可以将鼠标移动到需要选定的单元格或某行的左侧，鼠标变为一个向右的箭头➡以后，单击鼠标可以选定单元格或某行；选定某列则可以把鼠标移到该列的顶端，鼠标变为向下的箭头⬇后，然后选定该列；如果需要选定整个表格，则可以移动鼠标到表格左上角，单击出现的“表格移动控制点”图标⊞，即可选定整个表格。

(1)调整表格的行高和列宽

调整表格的行高和列宽,通常有以下几种常用的方法。

1)使用鼠标

将光标指向需要改变行高的表格横线上,此时光标变为垂直的双向箭头,然后拖曳鼠标到所需要的行高即可。改变列宽可以使用相应的拖曳方法。

2)使用菜单

选定表格中需要改变高度的行,单击右键,选择快捷菜单中的“表格属作”命令,打开“表格属性”对话框,如图 4.81 所示。在“行”选项卡中的“指定高度”数值框中输入数值,单击“确定”按钮即可。改变列宽可以使用“列”选项卡。

3)自动调整

Word 2016 提供了自动使某几行或几列平均分布的方法,先选定需要平均分布的几行或者几列,然后单击右键,在弹出的快捷菜单中选择“平均分布各行”或“平均分布各列”即可,如图 4.82 所示。另外,还可以使用“表格工具”的“布局”选项卡中“单元格大小”组中的“分布行”和“分布列”命令。

在“布局”选项卡的“单元格大小”组中,还可以选择“自动调整”命令下拉列表中的“根据内容自动调整表格”和“根据窗口自动调整表格”。

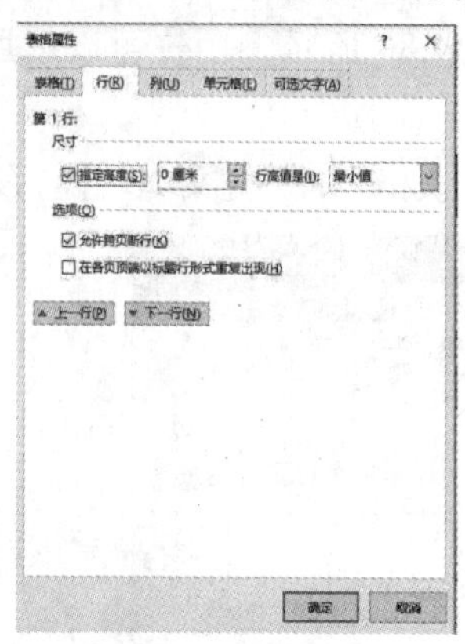

图 4.81 “表格属性”对话框

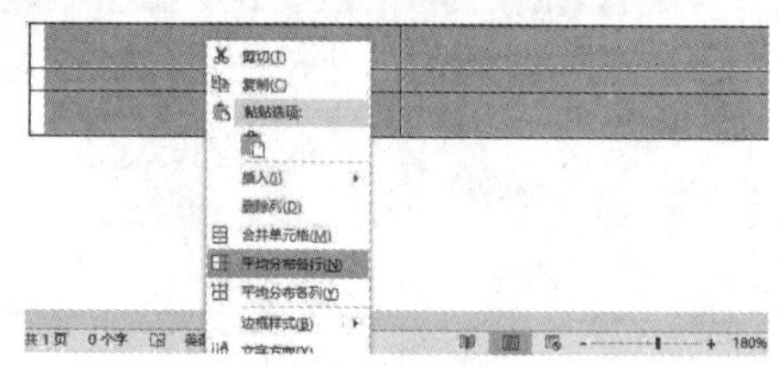

图 4.82 “自动调整”命令

(2)插入和删除行和列

1)插入行和列

先在表格中选定某行或某列(如果要增加几行或几列的话就选定几行或几列),单击右键,在弹出的快捷菜单中选择“插入”级联菜单中相应的选项即可,如图 4.83 所示。另外,也可以使用“表格工具”的“布局”选项卡中的“行和列”选项组中命令。

2)删除行和列

先在表格中选定需要删除的行或列,单击右键,在弹出的快捷菜单中选择“删除单元格”选项,在弹出“删除单元格”对话框中进行设置,如图 4.84 所示。另外,也可以使用“表格工具”的“布局”选项卡中的“行和列”选项组中的“删除”命令。

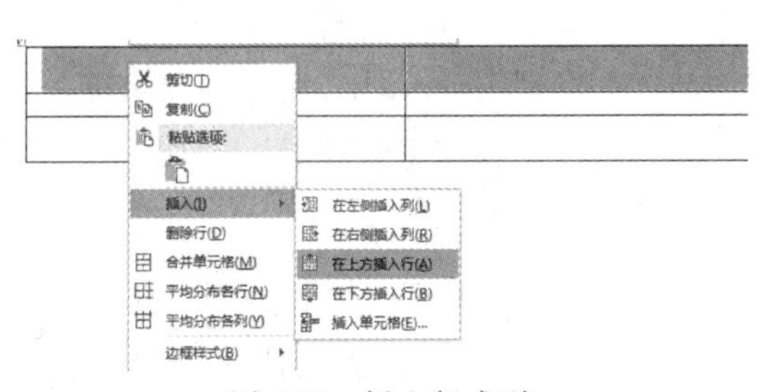

图 4.83　插入行或列

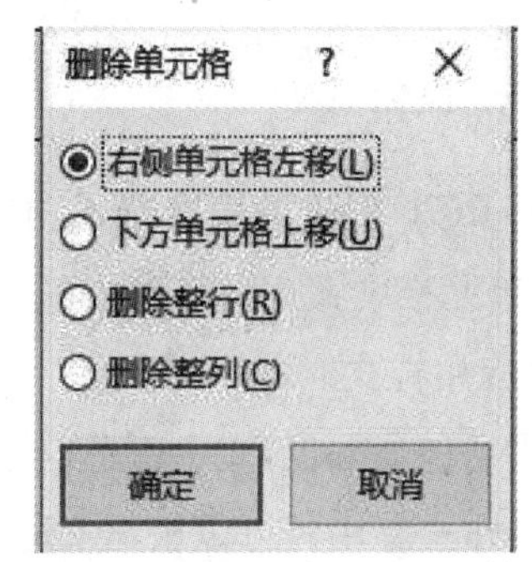

图 4.84　“删除单元格”对话框

(3)**合并与拆分单元格**

在表格中可以方便地对已有单元格进行合并与拆分,单元格的合并是把相邻的多个单元格合并成一个,单元格的拆分是把一个单元格拆分成多个单元格。

1)合并单元格

先选定需要合并的多个单元格,单击右键,在弹出的快捷菜单中选择“合并单元格”选项即可。另外,也可以使用“布局”选项卡“合并”组中的“合并单元格”命令。

2)拆分单元格

先选定需要拆分的单元格,单击右键,在弹出的快捷菜单中选择“拆分单元格”命令,在弹出的“拆分单元格”对话框中输入要拆分成的行数和列数,单击“确定”按钮即可。另外,也可以使用“布局”选项卡 “合并”组中的“拆分单元格”命令。

(4)**绘制斜线表头**

在表格中,经常在表格的左上角的位置用到斜线表头。用户先将光标定位在需要斜线表头的单元格,再选择“设计”选项卡中的“边框”组中的“边框”下拉列表中选择所需要的样式即可,如图 4.85 所示。

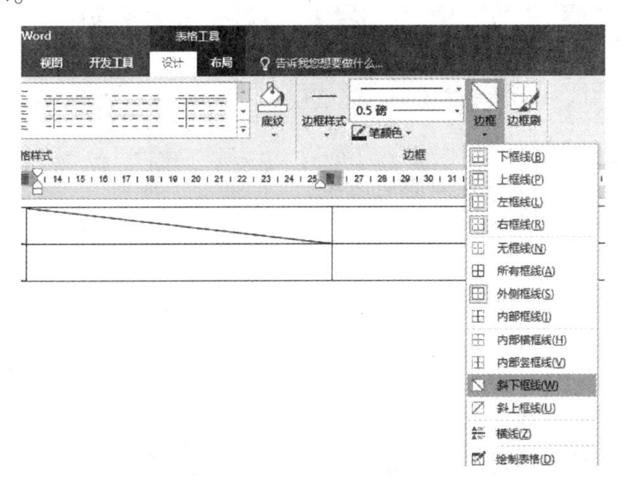

图 4.85　绘制斜线表头

4.6.3 美化表格

Word 2016 提供的表格格式功能可以对表格的外观进行美化，包括对表格加上边框和底纹、设定单元格中文本的对齐方式、文字的方向等，以达到理想的效果。

（1）应用样式

样式是包含颜色、文字颜色、格式等一些组合的集合，Word 2016 一共为用户提供了 98 种内置表格样式。用户可以根据实际情况应用快速样式或自定义表格样式，来设置表格的外观样式。

在文档中选择需要应用样式的表格，打开“设计”选项卡，选择“表格样式”组中的“其他”命令，在下拉列表中选择相符的外观样式即可，如图 4.86 所示。用户可以选择其中的“修改表格样式”命令，打开“修改样式”对话框进行样式的修改。另外，选择“新建表样式”命令可以新建表格样式；选择“清除”命令可以清除已有的表格样式。

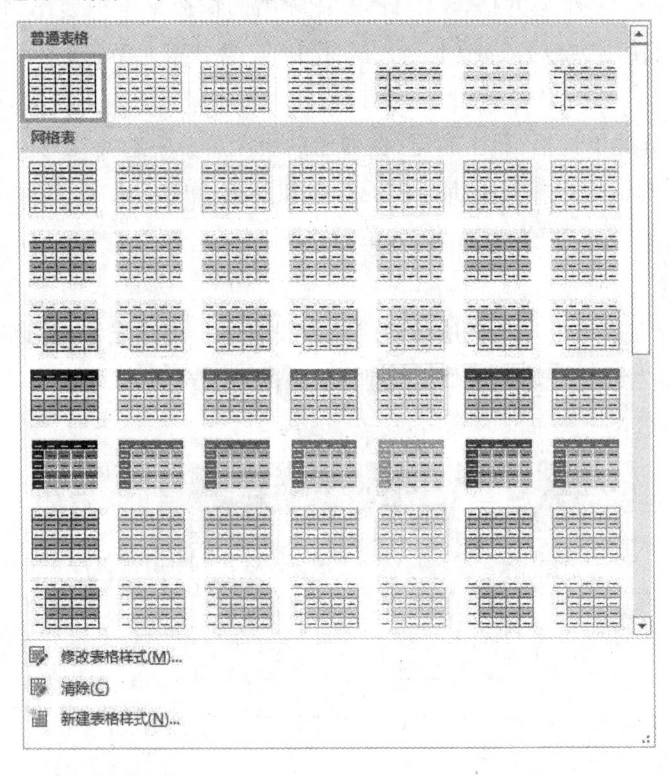

图 4.86　内置样式

（2）为表格加边框和底纹

首先选定需要设置的表格，单击右键，在弹出的快捷菜单中选择“表格属性”命令，弹出“表格属性”对话框，如图 4.87 所示，点击“边框和底纹”按钮，弹出“边框和底纹”对话框，如图 4.88 所示，进行相应的设置，设置完毕后单击“确定”按钮即可。

图 4.87　“表格属性”对话框

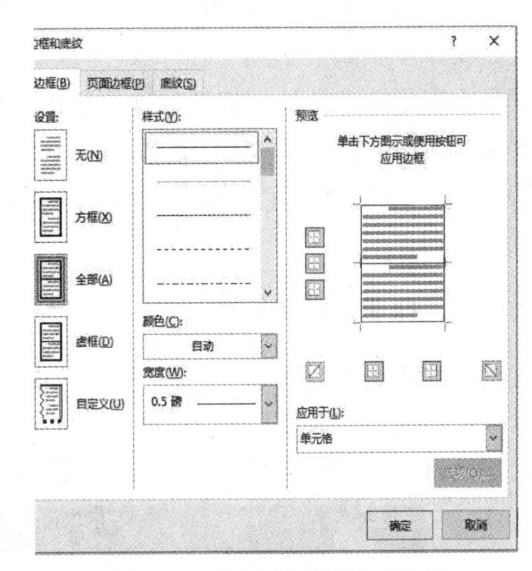

图 4.88　“边框和底纹”对话框

(3)**单元格对齐方式**

文本在单元格中的显示位置有多种,Word 2016 提供了以下 9 种单元格中文本的对齐方式:靠上左对齐、靠上居中、靠上右对齐、中部左对齐、中部居中、中部右对齐、靠下左对齐、靠下居中、靠下右对齐。Word 2016 默认的是第一种“靠上左对齐”。用户需要设置对齐方式时,首先要选定单元格,然后在“布局”选项卡的“对齐方式”选项组,如图 4.89 所示中选择需要的对齐方式即可。

(4)**设置文字方向**

同文档中的文本一样,表格中的文本也可以设置文字方向。默认状态下,表格中的文本都是横向排列的。选择需要更改文字方向的表格或单元格,选择“对齐方式”组中的“文字方向”命令,即可改变文字方向;或者单击右键,在弹出的快捷菜单中选择“文字方向”命令,打开“文字方向-表格单元格”对话框,选定所需要的文字方向,如图 4.90 所示,单击“确定”按钮即可。

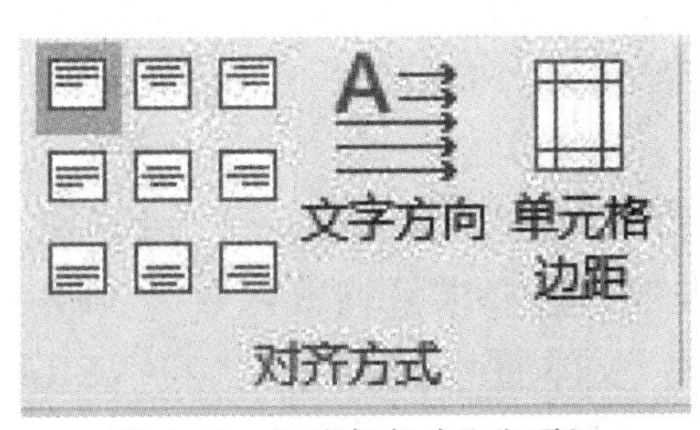

图 4.89　“对齐方式”选项组

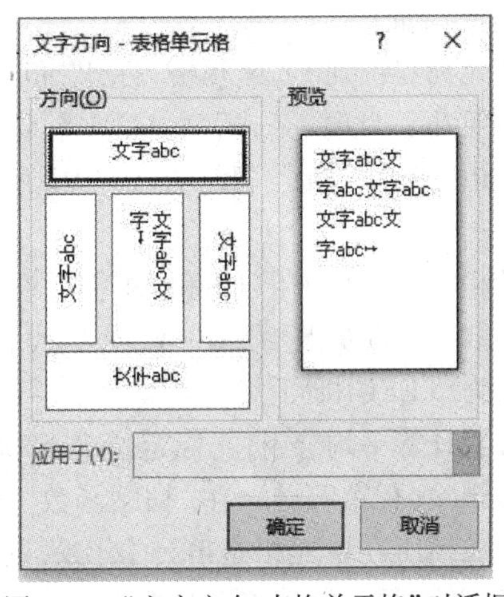

图 4.90　“文字方向-表格单元格”对话框

(5)**使文字环绕表格**

Word 2016 可以对表格和文字之间的位置关系进行设置,例如使文字环绕表格,使版面更加美观。操作步骤如下。

①单击表格左上角的标记图标⊞,选中整个表格。

②单击鼠标右键,在弹出的菜单中选择"表格属性"命令,打开"表格属性"对话框。

③选择"对齐方式"为"居中",选择"文字环绕"为"环绕",最后单击"确定"按钮即可完成设置。

4.6.4 表格中的数据处理

在 Word 2016 的表格中,表格中的单元格用"列号+行号"来表示,列号依次用 A,B,C,D,E 等字母表示,行号依次用 1,2,3,4,5 等数字表示,如图 4.91 所示。例如,A1 表示第一行第一列的单元格,B3 表示第三行第二列的单元格。

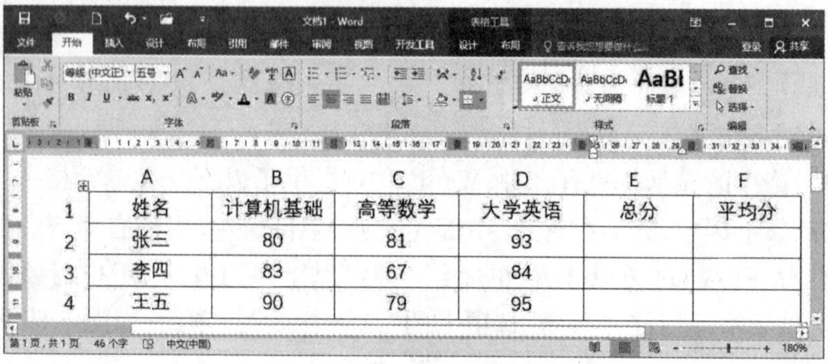

	A	B	C	D	E	F
1	姓名	计算机基础	高等数学	大学英语	总分	平均分
2	张三	80	81	93		
3	李四	83	67	84		
4	王五	90	79	95		

图 4.91　单元格的表示方式

(1)**表格中的数据计算**

在 Word 2016 的表格中,可以进行简单的计算功能,如求和、求平均数、求最大值和最小值等。下面通过例 4.5 来介绍这方面的内容。

【例 4.5】 计算图 4.91 中的总分和平均分。

操作步骤如下:

①将光标定位到 E2 单元格,打开"布局"选项卡,在"数据"组中选择"公式"命令,打开"公式"对话框。此时"公式"文本框中默认的就是求和函数"SUM",参数"LEFT"表示对当前单元格左边的连续数据求和,如图 4.92 所示。直接单击"确定"按钮即可求出 E2 单元格的值。

②用相同的方法求出 E3 和 E4 单元格的总分。注意:此时"公式"文本框中默认的求和函数的参数会自动更改为"ABOVE",这代表对当前单元格上面的所有连续数据求和,将参数手工更改为"LEFT"即可。

③接着计算平均分,将光标定位到 F2 单元格,打开"公式"对话框,将"公式"文本框中的默认函数删除(保留等号),在"粘贴函数"下拉列表框中选择求平均数函数"AVERAGE",张三的 3 门成绩所在单元格是 B2、C2、D2,则在"公式"文本框中需要输入"=AVERAGE(B2,C2,D2)"(单元格之间用英文状态下的逗号隔开),也可以写为"=AVERAGE(B2:D2)"在起

始和结束单元格之间用冒号连接,最后单击“确定”按钮即可。

④用相同的方法求出 F3 和 F4 单元格的平均分,最后的结果如图 4.93 所示。

图 4.92　“公式”对话框

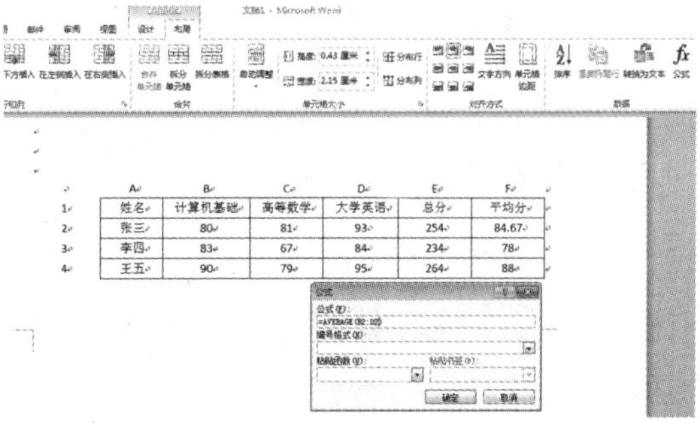

图 4.93　最终计算结果

(2)**表格中的数据排序**

在表格中,可以根据某几列的内容进行升序或者降序重新排列。首先选择需要排序的列或单元格,打开“布局”选项卡,在“数据”组中选择“排序”命令,打开“排序”对话框,可以设置排序关键字的优先次序、类型和排列方式等。

例如,需要按照总分升序,则在“主要关键字”区域的第一个下拉列表框中选择“总分”,然后选择右侧“升序”单选钮,单击“确定”按钮即可,如图 4.94 示。如果有两项或几项数据中的主要关键字相同,则还可以按照次要关键字、第三关键字进行排序,直接在“次要关键字”和“第三关键字”区域中进行相同的设置即可。

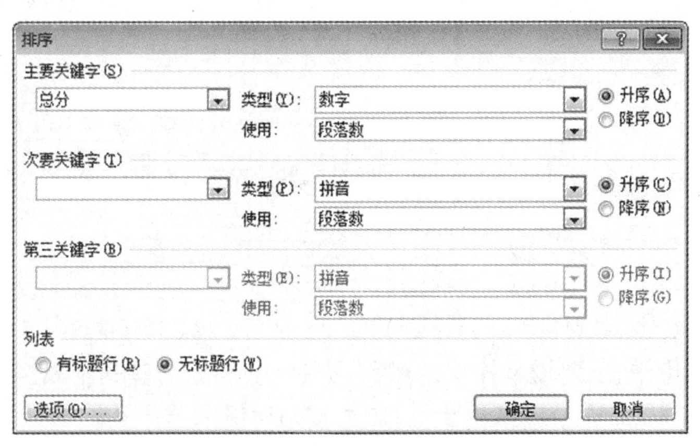

图 4.94　“排序”对话框

4.6.5　生成图表

在 Word 2016 中,为了更好地分析数据,需要根据表格中的数据创建数据图表,以便可以将复杂的数据信息以图形的方式显示。

选择需要插入图表的位置,单击“插入”选项卡,选择“插图”组中的“图表”命令,打开“插入图表”对话框。在“插入图表”对话框中选择图表类型,单击“确定”按钮,最后在弹出的 Excel 工作表中编辑图表数据即可。图表插入后,用户可以在“设计”和“格式”选项卡中设置图表的格式。

4.7 知识扩展

4.7.1 样式管理

样式是一组命名的字符和段落格式,规定了文档中的字、词、句、段与章等文本元素的格式。在 Word 文档中使用样式不仅可以减少重复性操作,而且还可以快速地格式化文档,确保文本格式的一致性。

(1)**创建样式**

在 Word 2016 中,用户可以根据工作需求与习惯创建新样式。单击“开始”选项卡在“样式”组的右下角单击“对话框启动器”,打开“样式”窗口,如图 4.95 所示。单击“新建样式”按钮,弹出“根据格式设置创建新样式”对话框,如图 4.96 所示。

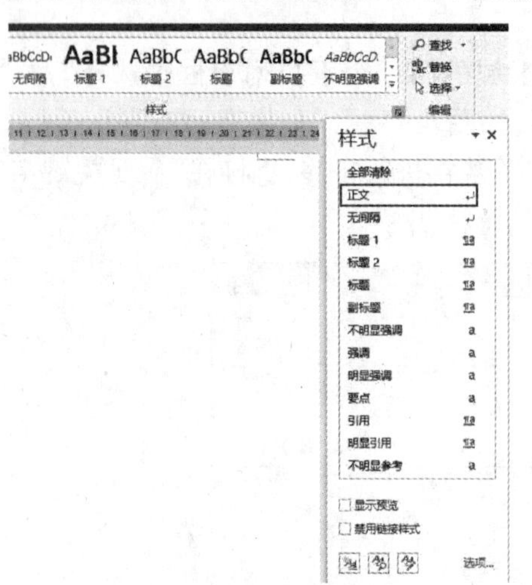

图 4.95 “样式”窗口

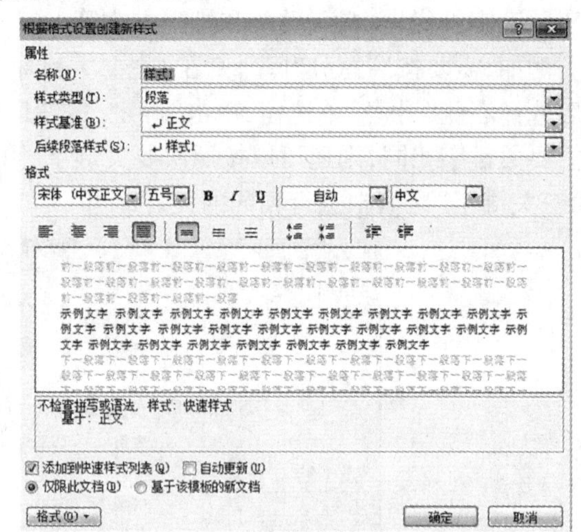

图 4.96 “根据格式设置创建新样式”对话框

在“属性”选项组中,主要设置样式的名称、类型、基准等一些基本属性;在“格式”选项组中,主要设置样式的字体格式、段落格式、应用范围与快捷键等。

(2)**应用样式**

创建新样式后,用户就可以将新样式应用到文档中了。另外,用户还可以应用 Word 2016 自带的标题样式、正文样式等内置样式。

1)应用内置样式

首先选择需要应用样式的文本,然后单击“开始”选项卡,选择“样式”组中的“其他”命令,在下拉列表中选择相应的样式类型即可。例如,选择“正文”样式,如图 4.97 所示。

2)应用新建样式

应用新建样式时,可以像应用内置样式那样在“其他”下拉列表中选择,也可以在“其他”下拉列表中选择“应用样式”选项,弹出“应用样式”任务窗格。在“样式名”下拉列表中选择新建样式名称即可,如图 4.98 所示。如果在“样式名”下拉列表中输入新的样式名称后,“重新应用”按钮将会变成“新建”按钮。

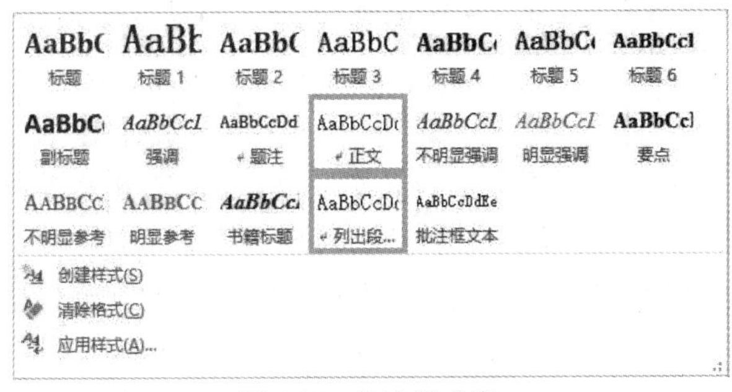

图 4.97　快速样式库

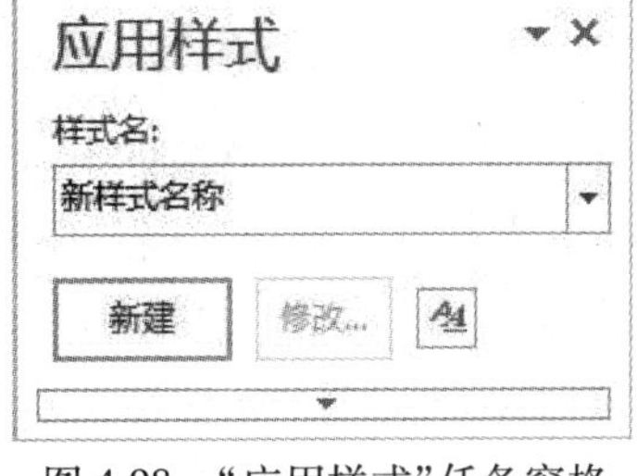

图 4.98　“应用样式”任务窗格

(3)**编辑样式**

在应用样式时,用户常常需要对已应用的样式进行更改和删除,以便符合文档内容与工作的需求。

1)更改样式

选择需要更改的样式,选择“样式”组中的“更改样式”命令,在下拉列表中选需要更改的选项即可。另外,用户也可以在“样式”窗口中的样式上右击选择“修改”命令,在弹出的“修改样式”对话框中修改样式的各项参数,如图 4.99 所示。

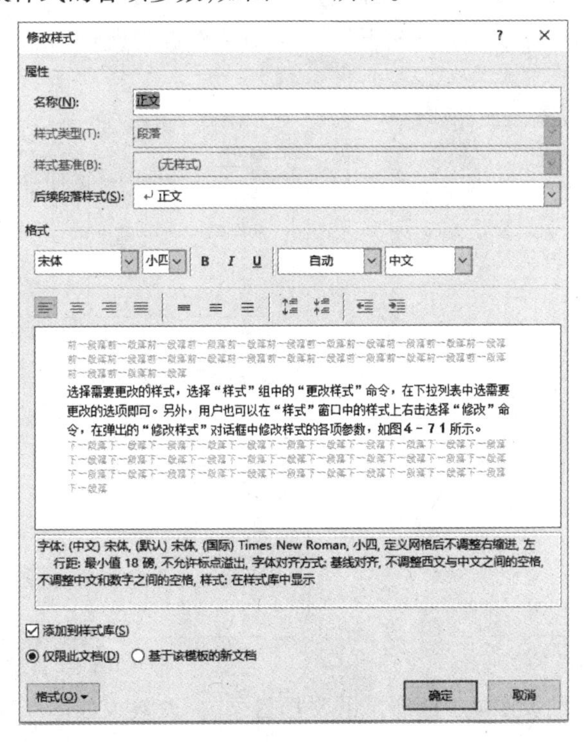

图 4.99　“修改样式”对话框

2)删除样式

在样式库列表中右击需要删除的样式,选择“从样式库中删除”命令,即可删除该样式。另外,也可以在“样式”窗口中的样式上右击选择“从样式库中删除”命令。

4.7.2 目录管理

在编辑完有若干章节的Word文档之后,通常需要为文档制作一个具有超级链接功能的目录,以方便浏览整篇文档。在Word 2016中不仅可以手动创建目录,而且还可以在文档中自动插入目录。其中,自动插入目录首先要按照章节标题的级别来设置相应的样式,然后再插入目录。

(1)手动创建目录

首先将光标放置于文档的开头或结尾等位置,单击“引用”选项卡,选择“目录”命令,在下拉列表中选择“手动目录”,如图4.100所示。然后在插入的目录样式中输入目录标题。使用这种方法创建的目录为手动填写标题,不受文档内容的影响。其下方的“自动目录1”和“自动目录2”选项则表示插入的目录包含用标题1~标题3的样式进行格式设置的所有文本。

(2)自动创建目录

首先将光标放置于文档的开头或结尾等位置,单击“引用”选项卡,选择“目录”命令,在下拉列表中选择“自定义目录”命令,打开“目录”对话框进行设置,如图4.101所示。

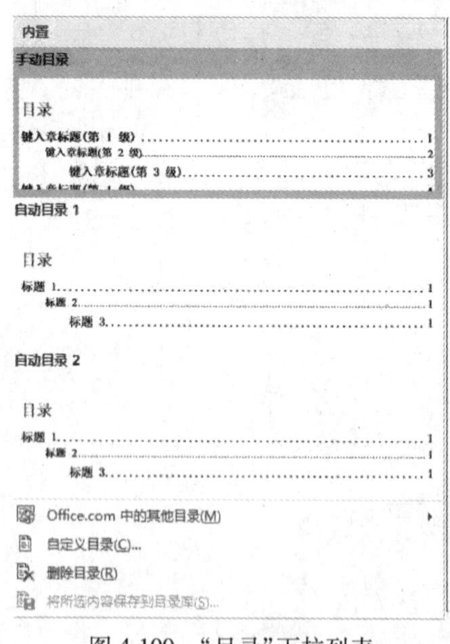

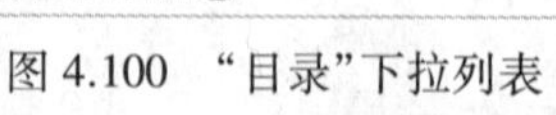

图4.100 “目录”下拉列表

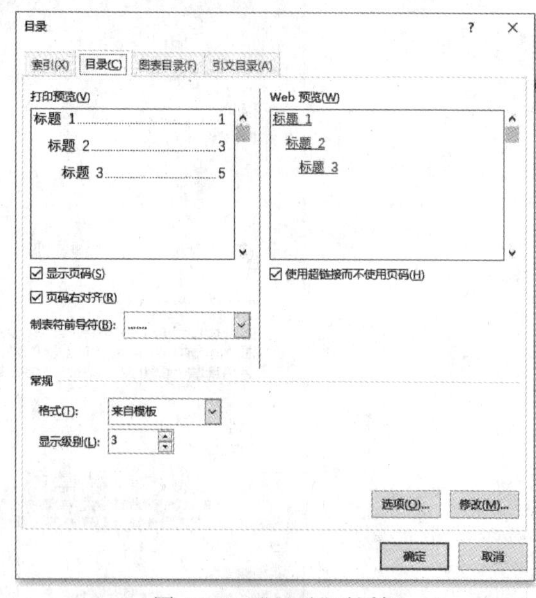

图4.101 “目录”对话框

【例4.6】 自动提取如图4.102所示的文档目录,提取效果如图4.103所示。

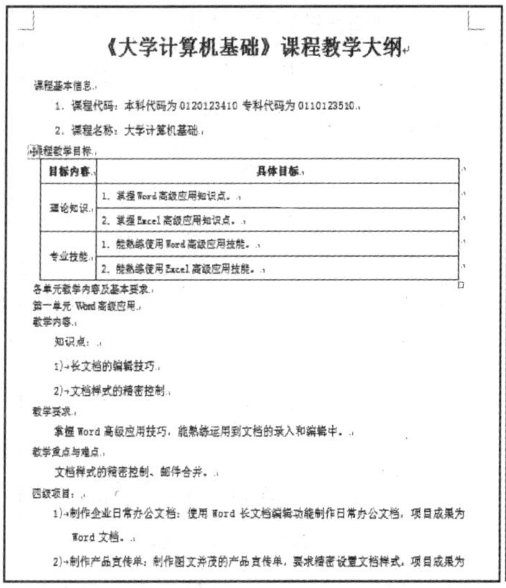

《大学计算机基础》课程教学大纲

课程基本信息

1. 课程代码：本科代码为 0120123410 专科代码为 0110123510

2. 课程名称：大学计算机基础

课程教学目标

目标内容	具体目标
理论知识	1. 掌握 Word 高级应用知识点。
	2. 掌握 Excel 高级应用知识点。
专业技能	1. 能熟练使用 Word 高级应用技能。
	2. 能熟练使用 Excel 高级应用技能。

各单元教学内容及基本要求

第一单元 Word 高级应用

教学内容

知识点：

1) 长文档的编辑技巧

2) 文档样式的精密控制

教学要求

掌握 Word 高级应用技巧，能熟练运用到文档的录入和编辑中。

教学重点与难点

文档样式的精密控制、邮件合并。

四级项目：

1) 制作企业日常办公文档：使用 Word 长文档编辑功能制作日常办公文档，项目成果为 Word 文档。

2) 制作产品宣传单：制作图文并茂的产品宣传单，要求精密设置文档样式，项目成果为

图 4.102　文档的内容

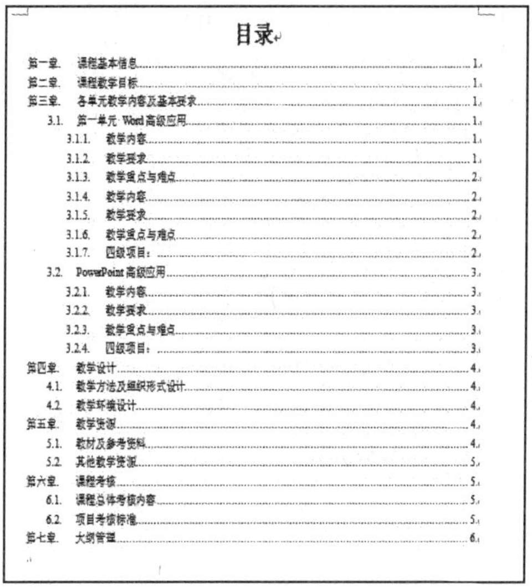

目录

图 4.103　生成的目录

操作步骤如下：

①编号

选中文档中所有需要在目录里显示的段落，选择“开始”选项卡里“段落”组中的“多级列表”列表库中用户需要的编号样式（如 1，1.1，1.1.1 编号样式等）。此时，所有被选中的段落前依次有了编号 1，2，3 等。如图 4.104 所示。

②调整编号级别

如“第一单元 Word 高级应用”当前的编号是 4，需要调整到 3.1，即降一级；“教学内容”当前的编号是 5，需要调整到 3.1.1，即降两级。将光标定于需要升（或降）级的编号后面，选择“开始”选项卡里“段落”组中的“增加缩进量”命令一次可实现降一级（或按 Tab 键），选择“开始”选项卡里“段落”组中的“减少缩进量”命令一次可实现升一级（或按【Shift+Tab】键）。通过调整编号级别，实现如图 4.105 所示编号样式。

③修改编号样式

修改当前的 1，2，3 等一级编号为“第一章”“第二章”“第三章”等样式。将光标定位于第 2 步有对其编号的任意段落里面，选择“开始”选项卡里“段落”组中的“多级列表”下拉列表，选择“定义新的多级列表”命令打开如图 4.106 所示的“定义新多级列表”窗口。

单击要修改的级别 1，在“此级别的编号样式”下拉列表中选择需要的样式“一，二，三（简）…”样式，再在“输入编号的格式”框中编号的前面加上“第”，后面加上“章”，即完成一级编号样式的设置，但此时一级编号样式的修改，导致二级、三级等编号样式中包含的一级编号为大小，其他编号依旧为小写（如“一.1.1”），需要将其修改为“1.1.1”正规形式编号。操作方法：在“单击要修改的级别”下拉列表中分别选中 2、3 等需要修改的级别，勾选上“正规形式编号”复选框。到此，设置好所有编号样式。

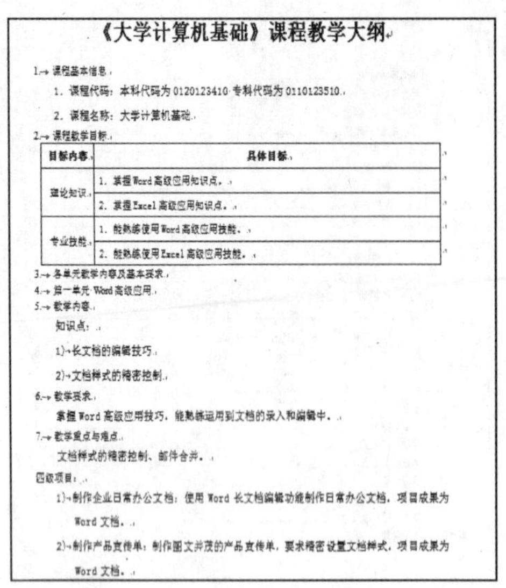

《大学计算机基础》课程教学大纲

1. 课程基本信息

 1. 课程代码：本科代码为 0120123410 专科代码为 0110123510。

 2. 课程名称：大学计算机基础。

2. 课程教学目标

目标内容	具体目标
理论知识	1. 掌握 Word 高级应用知识点。
	2. 掌握 Excel 高级应用知识点。
专业技能	1. 能熟练使用 Word 高级应用技能。
	2. 能熟练使用 Excel 高级应用技能。

3. 各单元教学内容及基本要求

4. 第一单元 Word 高级应用

5. 教学内容

 知识点：

 1) 长文档的编辑技巧

 2) 文档样式的精密控制

6. 教学要求

 掌握 Word 高级应用技巧，能熟练运用到文档的录入和编辑中。

7. 教学重点与难点

 文档样式的精密控制、邮件合并。

四级项目：

 1) 制作企业日常办公文档：使用 Word 长文档编辑功能制作日常办公文档，项目成果为 Word 文档。

 2) 制作产品宣传单：制作图文并茂的产品宣传单，要求精密设置文档样式，项目成果为 Word 文档。

图 4.104　初步编号

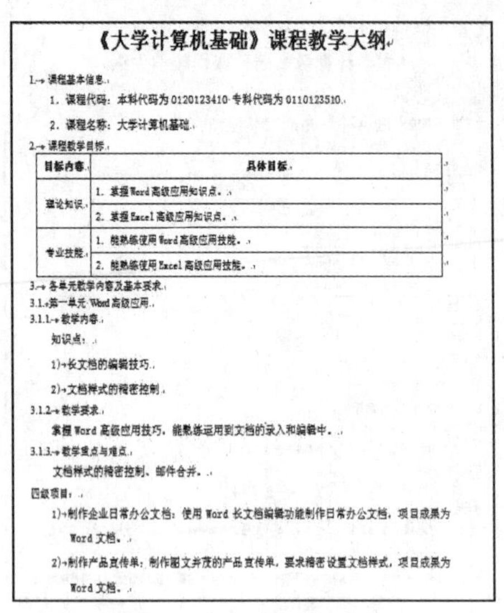

《大学计算机基础》课程教学大纲

1. 课程基本信息

 1. 课程代码：本科代码为 0120123410 专科代码为 0110123510。

 2. 课程名称：大学计算机基础。

2. 课程教学目标

目标内容	具体目标
理论知识	1. 掌握 Word 高级应用知识点。
	2. 掌握 Excel 高级应用知识点。
专业技能	1. 能熟练使用 Word 高级应用技能。
	2. 能熟练使用 Excel 高级应用技能。

3. 各单元教学内容及基本要求

3.1. 第一单元 Word 高级应用

3.1.1. 教学内容

 知识点：

 1) 长文档的编辑技巧

 2) 文档样式的精密控制

3.1.2. 教学要求

 掌握 Word 高级应用技巧，能熟练运用到文档的录入和编辑中。

3.1.3. 教学重点与难点

 文档样式的精密控制、邮件合并。

四级项目：

 1) 制作企业日常办公文档：使用 Word 长文档编辑功能制作日常办公文档，项目成果为 Word 文档。

 2) 制作产品宣传单：制作图文并茂的产品宣传单，要求精密设置文档样式，项目成果为 Word 文档。

图 4.105　调整好编号级别

④设置标题

要生成目录就必须有标题。在第 4 步中，需要在“单击要修改的级别”下拉列表中分别选中 1,2,3 等需要生成目录的级别，在“将级别链接到样式”下拉列表中分别选中“标题 1”“标题 2”“标题 3”等与其对应。

⑤修改标题样式

如果用户对当前的标题样式不满意，可以修改标题样式。右击“开始”选项卡里“样式”选项组里选中待修改的标题样式，在弹出的菜单中选择“修改”命令，即可打开“修改样式”窗口对样式进行修改，如图 4.107 所示。

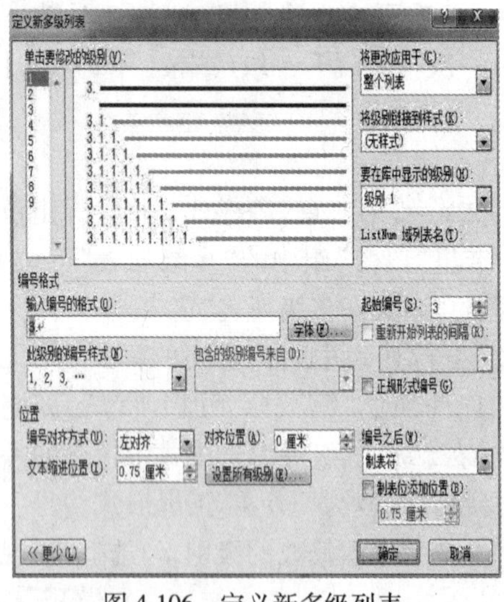

图 4.106　定义新多级列表

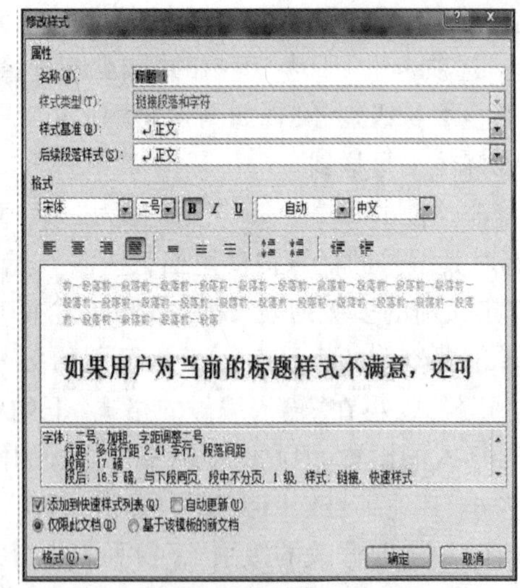

图 4.107　标题样式修改

⑥生成目录

创建好所有的标题样式后，将光标定位到需要插入目录的位置，选择“引用”选项卡里的“目录”命令，在弹出的下拉列表中选择需要的目录样式（如“自动目录 1”），即可生成目录。

⑦编辑目录

如果用户对生成的目录有特定的格式要求,可对生成的目录进行编辑。操作方法为:选择“引用”选项卡里的“目录”命令,在弹出的下拉列表中选择插入目录”命令,打开“目录”窗口,单击“修改”按钮,打开“样式”窗口,选中需要修改的目录样式(如“目录1”或“目录2”等),单击“修改”按钮即可打开“修改样式”窗口修改目录样式。

⑧更新目录

目录生成之后用户再对文档内容进行修改,就会影响已经生成目录的正确性。此时,用户只需在已经生成的目录域上单击鼠标右键,在快捷菜单中选择“更新域”,在弹出的“更新目录”窗口中选择“更新整个目录”单选钮,单击“确定”按钮。通过目录用户可以了解文档的结构,若需要详细查阅某章节,可以通过按住 Ctrl 键,单击目录的超链接,可以快速自动定位到相关页面。

4.7.3　字数统计

如果需要了解文档中包含的字数,可直接使用 Word 提供的工具来统计。也可统计文档中的页数、段落数和行数,以及包含或不包含空格的字符数。

【例4.7】　统计文档的字数。操作步骤如下:

①用 Word 2016 打开一篇文档。

②单击“审阅”选项卡,选择“校对”组的“字数统计”命令,打开“字数统计”对话框,统计结果如图4.108所示。

另外,Word 也可以统计部分文档的字数和其他数据,并且统计的部分可以不相邻。只需要先选中需要统计的部分,再执行“字数统计”命令即可。

图4.108　“字数统计”对话框

4.7.4 使用批注和修订

在学习工作中,我们会有些内容需要重点突出或作注解,或者有错误内容需要标示出来以便修改,那么批注就是一种很好的工具。

(1)插入批注

批注是作者或审阅这给文档添加的注释或注解,是在独立的窗口中添加,并不影响文档的内容。操作步骤如下:

①打开要插入批注的文档,选中需要进行批注的文字。

②单击“审阅”选项卡,选择“新建批注”命令,可以看到批注已在 Word 中出现。

③在批注的文本框中输入需要批注的内容,如图 4.109 所示。

④在批注外任何一个地方单击,即完成批注。

另外,在批注处右键或者在“审阅”菜单栏中均可对批注进行删除操作。

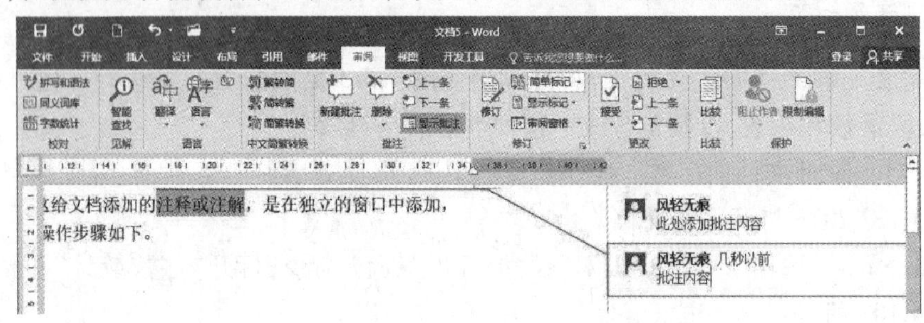

图 4.109 插入批注

(2)使用修订标记

通过“修订”可以方便地记录每个审阅者的修订,如插入、删除、移动和替换等操作。选择“审阅”选项卡中“修订”组中的“修订”命令,进入修订状态。审阅者每一次进行修改后,都会出现此次修改的记录。

另外,在“审阅”选项卡中的“更改”组中,可以对当前文档的所有修订进行“接受”或“拒绝”的操作。

4.7.5 文档保护

Word 2016 提供了文档保护功能,可以对文档进行修订保护、批注保护、窗体保护,还可以对文档进行格式限制、对文档的局部进行保护等。

(1)文档的格式限制

通过对选定的样式限制格式,可以防止样式被修改,也可以防止对文档直接应用格式。操作步骤如下:

①单击“审阅”选项卡,选择“保护”组中的“限制编辑”命令,打开“限制编辑”任务窗格。

②选中“限制对选定的样式设置格式”复选框,单击“设置”按钮,打开“格式设置限制”对话框,如图 4.110 所示。

③选中“限制对选定的样式设置格式”复选框,然后在对话框中选择当前允许使用的样

式,清除掉不允许使用的样式,单击“确定”按钮。

④在弹出的警告对话框中单击“是”按钮。这样,文档中凡是应用了不允许使用的样式的区域的格式将被清除,而其他格式将被保留。

⑤最后在“限制格式和编辑”任务窗格中单击“是,启动强制保护”按钮。弹出“启动强制保护”对话框,输入密码及确认密码后单击“确定”按钮即可启动文档格式限制功能,如图 4.111所示。

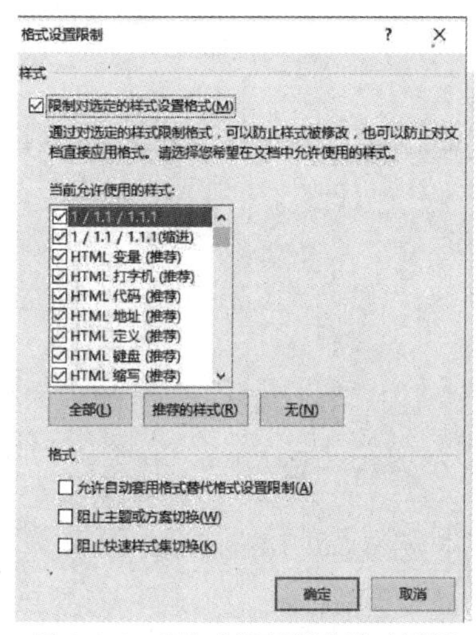

图 4.110　“格式设置限制”对话框

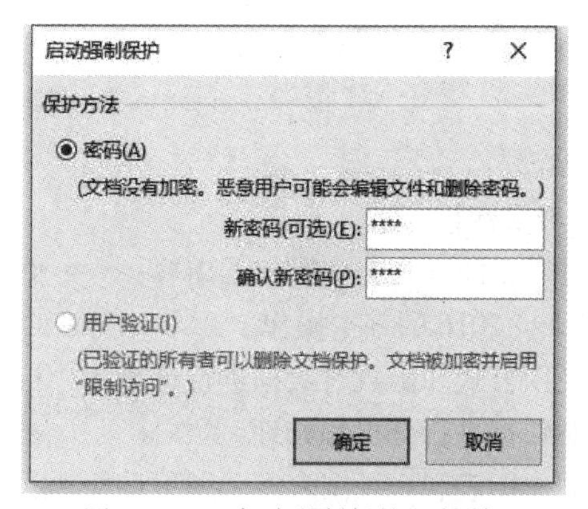

图 4.111　“启动强制保护”对话框

(2)**文档的局部保护**

文档的局部保护功能可以选择性地保护文档的某些部分,而其他部分不受限制。操作步骤如下:

①先选中不需要保护的文本,按住【Ctrl】键可以选中不连续的区域。

②在“限制格式和编辑”任务窗格里选中“仅允许在文档中进行此类型的编辑”复选框,然后在下拉列表中选择“不允许任何更改(只读)”。

③在“例外项”中选择可以对其编辑的用户。

④最后单击“是,启动强制保护”按钮,弹出“启动强制保护”对话框,输入密码及确认后单击“确定”按钮即可启动文档局部保护功能。

此时,可以对刚才选中的文本可以进行编辑,而其他的内容则被强制保护。如果需要取消保护,则可以单击“限制格式和编辑”任务窗格中的“停止保护”按钮,在弹出的对话框中输入密码,单击“确定”按钮即可取消文档的保护。

另外,用户还可以通过“文件”按钮中的“信息”选项中的“保护文档”下拉列表对文档进行保护,可以将文档标记为最终状态、用密码进行加密等。

第5章 表格处理软件 Excel 2016

【学习目标】

通过本章的学习应掌握如下内容:

- Excel 2016 的基本操作
- 使用公式和函数对数据进行计算和分析
- 对数据进行分析和处理
- 制作图表和透视图表
- 进行数据保护

Excel 2016 是 Microsoft 公司推出的 Microsoft Office 2016 系列办公软件的组件之一,它能以电子表格的方式实现各类数据的输入、计算、分析、制表、统计、排序、筛选等功能,并能根据表格数据生成各种统计图形、透视图和透视表等。本章将以 Excel 2016 为软件平台介绍电子表格的使用方法。

5.1 Excel 2016 概述

5.1.1 基本操作

Excel 2016 的启动有 3 种方式:

①在开始菜单的程序里面运行 Excel 2016。

②双击桌面上已有的"Microsoft Office Excel 2016"快捷方式,启动 Excel 2016。

③双击已有的 Excel 工作簿文件(扩展名为.xlsx),启动 Excel 2016。

启动 Excel 2016 后,Excel 2016 的用户界面如图 5.1 所示。

在 Excel 2016 的用户界面中包括如下几个部分。

图 5.1　Excel 2016 用户界面

(1)快速访问工具栏

存放方便快速访问和频繁使用的工具,用户可以根据需求自行添加。

(2)标题栏

Excel 2016 目前进行操作的工作簿的名称。

(3)功能区

Excel 的基本功能都可以在功能区中通过不同类型的选项卡来实现,这些选项卡包括“开始”“插入”“页面布局”“公式”“数据”“审阅”等。同时,在 Excel 2016 中,用户可以创建自己的选项卡和组,还可以重命名或更改内置选项卡和组的顺序。

(4)名称框

名称框位于数据区的左上方,显示当前活动单元格的名称。在名称框中输入特定单元格、单元格区域的地址或已定义的名称,可以快速地定位并选中特定的数据区域。

(5)编辑栏

编辑栏位于数据区的右上方,用来输入、编辑单元格的数据或者公式,显示当前活动单元格内的数值。编辑栏中输入等号“=”,可以进入公式编辑状态,使用不同类型的函数和运算符构建公式,完成较为复杂的单元格计算和统计分析。

(6)活动单元格

数据区中每一行和每一列的边界交叉围成的长方形区域称为单元格,它们是 Excel 中最基本的操作对象。在数据区内用鼠标单击某一个单元格,它将被加粗显示,表示单元格被选中进入可操作状态,也被称为活动单元格,图 5.2 中的单元格 A1 即为活动单元格。

(7)列号

数据区的每一列上方的大写英文字母表示列号,即每一列的列名,对应称为 A 列,B 列,C 列……。

(8)**行号**

数据区的每一行左侧的阿拉伯数字表示行号,即每一行的编号,对应称为第 1 行,第 2 行,第 3 行……。

(9)**数据区**

由若干个单元格、行号、列号组成,用于存放、处理数据、制作表格,以表格的形式存放各类数据信息。

(10)**工作表标签**

Excel 2016 以前的版本中,一个工作簿默认包含 3 个空白的工作表,并分别命名为 Sheet1,Sheet2,Sheet3。Excel 2016 则默认为一个空白的工作表 Sheet1。工作表的名称显示在数据区下方的工作表标签中。当前显示的工作表称为活动工作表,单击工作标签右方的"+",可以插入新的空白工作表,使用鼠标单击不同的标签项,可以在不同的工作表之间进行切换。

Excel 2016 的退出的方式也有 3 种:

①单击"文件"按钮,选择"关闭"。

②使用快捷键【Alt+F4】,进行关闭窗口。

③在标题栏最右侧,单击"×"按钮,关闭 Excel 2016 窗口。

5.1.2　工作簿和工作表

工作簿是由若干个工作表组成,一个工作簿就是一个单独的 Excel 文件,其扩展名为.xlsx。启动 Excel 时,系统将会默认创建一个空白的工作簿。工作簿的名称显示在图 5.1 用户界面程序窗口的标题栏正中间,默认为工作簿 1,用户可以根据需要自行为创建的工作簿命名。每个工作簿最多包含 255 个工作表。

工作表也称为电子表格,是 Excel 用来存储和处理数据的地方,是工作簿的子集,Excel 2016 版本的一个工作簿默认包含一个工作表,工作表只能插入,不能新建;工作簿只能新建,不能插入。

(1)**新建工作簿**

新建工作簿的方法有以下 3 种。

①启动 Excel 2016 时,系统自动生成一个新的工作簿,名为"工作簿 1"。

②单击"文件"按钮,在打开的选项列表中选择"新建",选择新建一个"空白工作簿"或已有的模板创建新的工作簿,如图 5.2 所示。

③在特定文件夹中新建工作表,在文件夹中单击鼠标右键,选择"新建 Microsoft Excel 工作表",如图 5.3 所示。

(2)**保存工作簿**

保存工作簿的方法也有以下 3 种。

①单击"文件"按钮,在选项列表中选择"保存"按钮来保存工作簿,如图 5.4 所示。

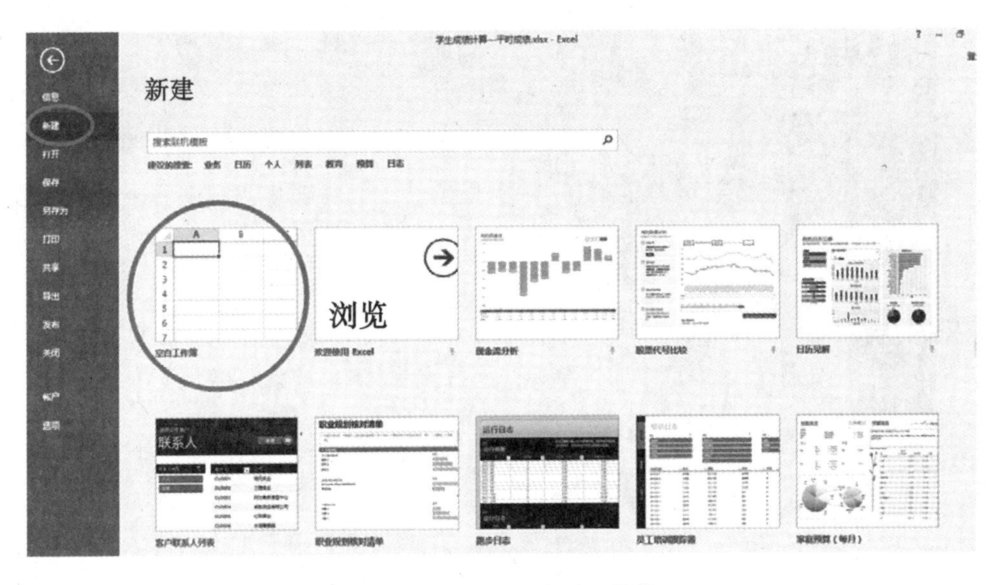

图 5.2　Excel 2016 新建工作簿

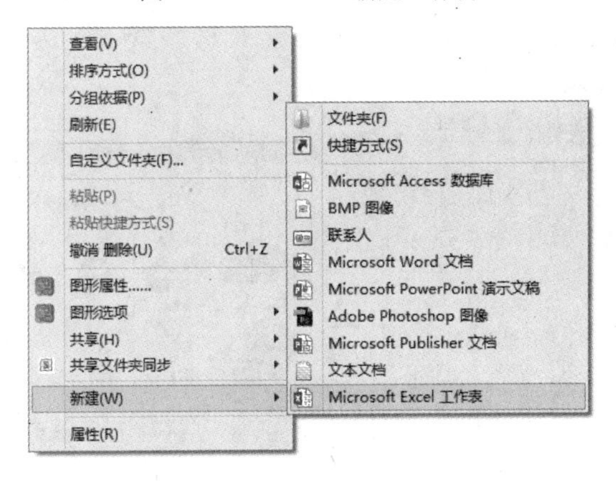

图 5.3　Excel 2016 右键新建工作表

②使用快捷键【Ctrl+S】快捷保存工作簿。

③以另一个工作簿的方式保存，单击“文件”按钮，在选项列表中选择“另存为”按钮，进一步选择存储位置、存储名称来进行另存为新的工作簿，如图 5.5 所示。

(3)**工作簿的保护**

在 Excel 中，对工作表进行数据操作分析、处理后，可以选择对工作表或者工作簿进行保护。保护工作簿的方法有两种：

①通过“审阅”选项卡，在“更改”组中进行工作簿保护选项的选择，如图 5.6 所示。

②通过“文件”选项卡，在“信息”选项中的右侧选择“保护工作簿”按钮，进行保护方式的选择，如图 5.7 所示。

(4)**工作表的插入、删除和移动复制**

在工作标签右方单击“+”，可以插入新的空白工作表，如图 5.8 所示。

在需要删除的工作表名称上，单击鼠标右键，进行删除，如图 5.9 所示。

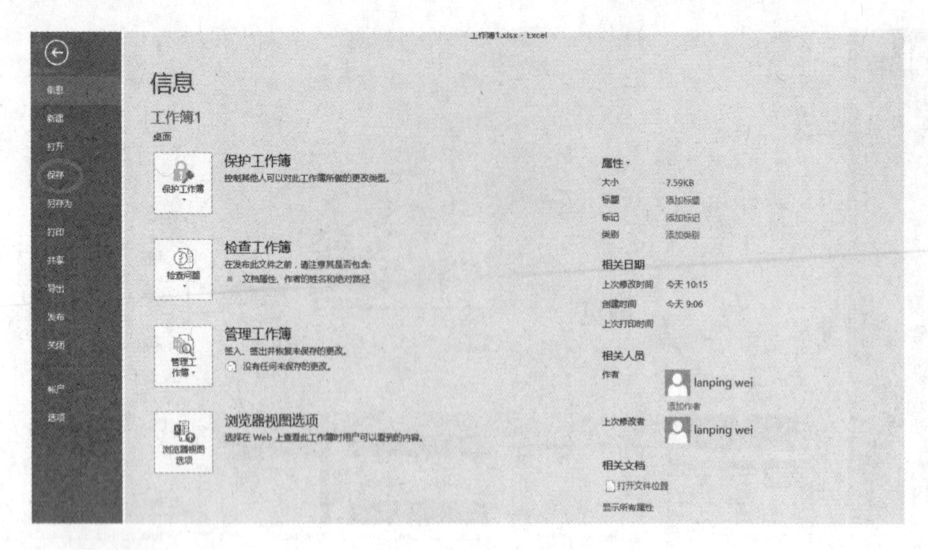

图 5.4　保存工作簿

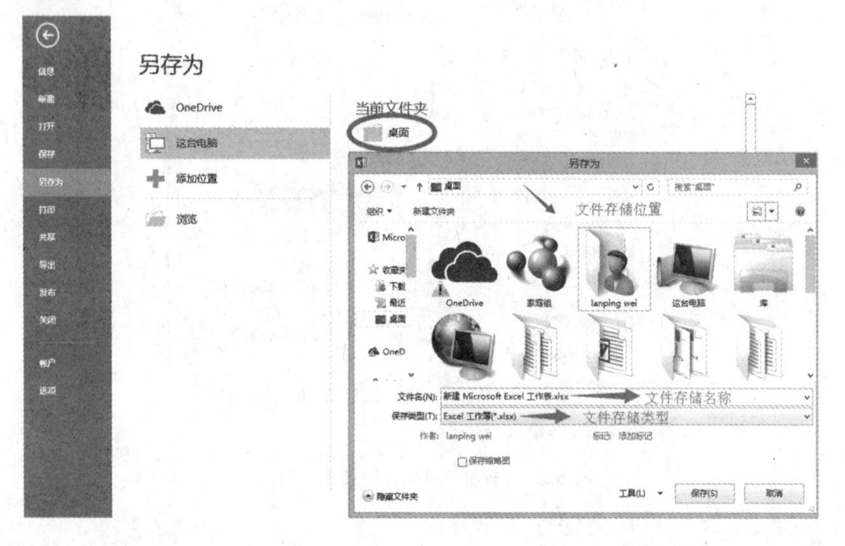

图 5.5　另存为新的工作簿

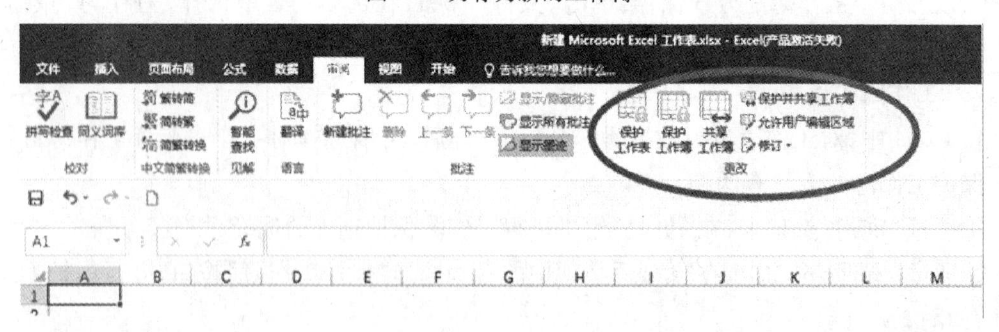

图 5.6　“审阅”选项卡保护工作簿

在需要移动、复制的工作表名称上，单击鼠标右键，选取“移动或复制”，单击确定。

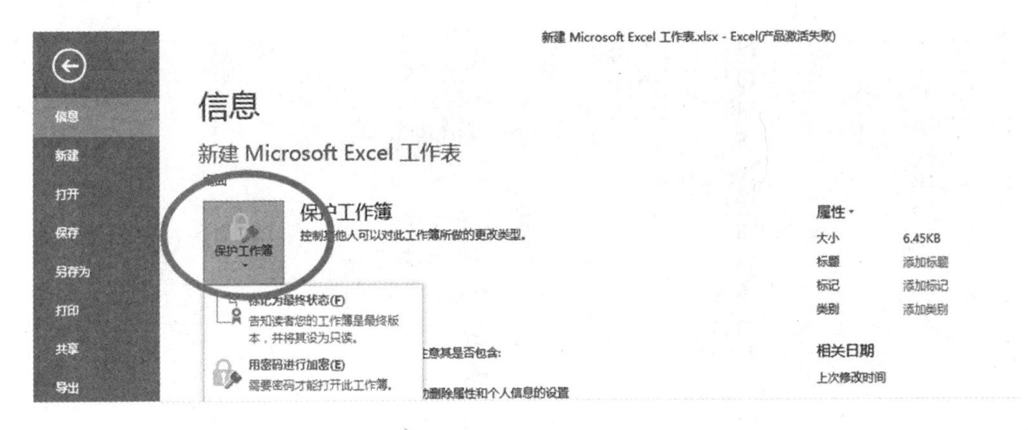

图 5.7　“文件”选项卡保护工作簿

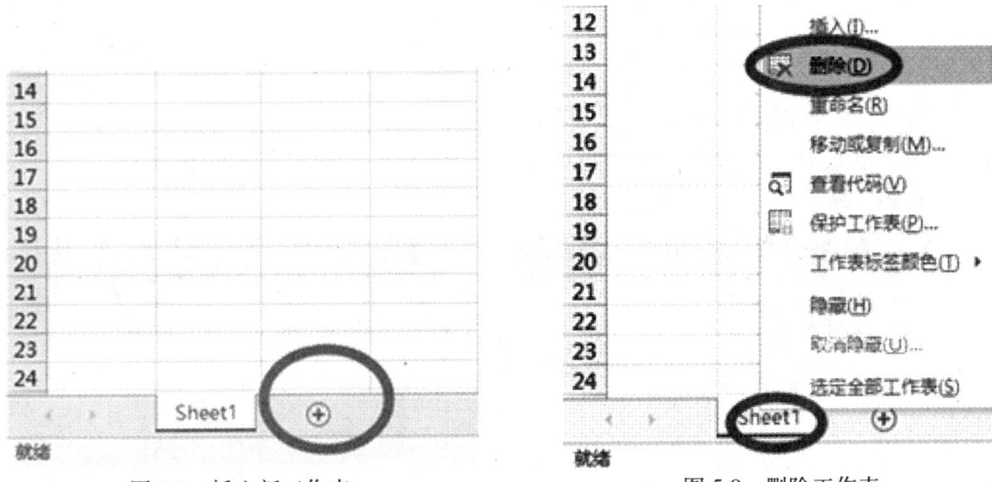

图 5.8　插入新工作表　　图 5.9　删除工作表

(5)**工作表命名**

如需修改工作表的名称可以通过如下两种方法：

①双击工作表标签名，标签名由白色变为灰色选中状态后，直接输入需要更改的名称，进行更改。

②在工作表标签处单击鼠标右键，选择重命名，进行更改，如图 5.10 所示。

5.1.3　行、列与单元格

对工作表进行格式化的数据录入和编辑时，需要学习对单元格、行、列和区域进行一系列的操作，如选择、插入、删除、移动和格式调整等。

(1)**选取单元格**

选取单个单元格的方式有如下 3 种。

①单个单元格选取，鼠标直接单击要选择的单元格。

②在名称框中输入需要选择的单元格地址。

③在“开始”功能选项卡的“编辑”组中找到“查找和选择”下拉单中的“转到”，打开“定位”对话框，在“引用位置”中输入要选择的单元格地址，单击“确定”按钮，如图 5.11 所示。

图 5.10　更改工作表名称

如果需要选定连续单元格区域,可以先用鼠标单击第一个单元格,然后按住鼠标左键,拖动到最后一个单元格。而选定不连续的单元格区域,需要在按住 Ctrl 键的同时,逐个单击选取连续单元格区域。

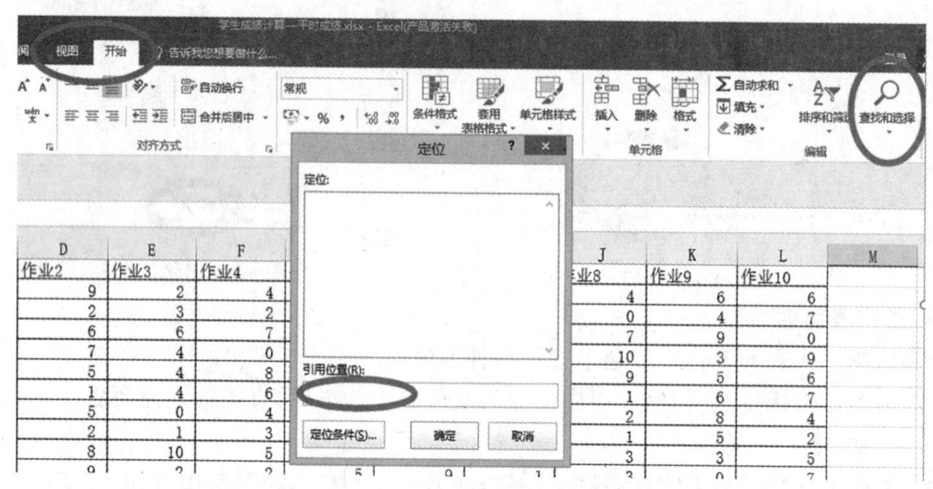

图 5.11　定位选取单元格

(2)**选取行、列和工作表**

选定单行(列),在工作表上直接单击该行(列)的行(列)号即可。

选定连续行(列)区域,在选取的第一行(列)处的行(列)号单击,然后按住【Shift】键单击选取的最后一行(列)的行号(列号)。

选定不连续的行、列区域,按住【Ctrl】键,随后单击需要的行(列)号。

选定整个工作表有两种方式:一是单击工作表左上角行号与列号的相交处的◢按钮;二是使用快捷键【Ctrl+A】。

(3)**单元格、行和列的插入**

选择操作对象后,可以使用不同的方式在选择对象的位置插入新的单元格、行或列,如在工作表中选择单元格 A1 或者第一行，单击鼠标右键，在弹出的右键菜单中选择“插入”命令，打开“插入”对话框，在其中选择插入对象的类型（单元格、行或列），这里单击选中“整行”，单击“确定”按钮即可在 A1 单元格的上方插入空白的一行，原先工作表中的所有内容将自动下移一行，如图 5.12 所示。

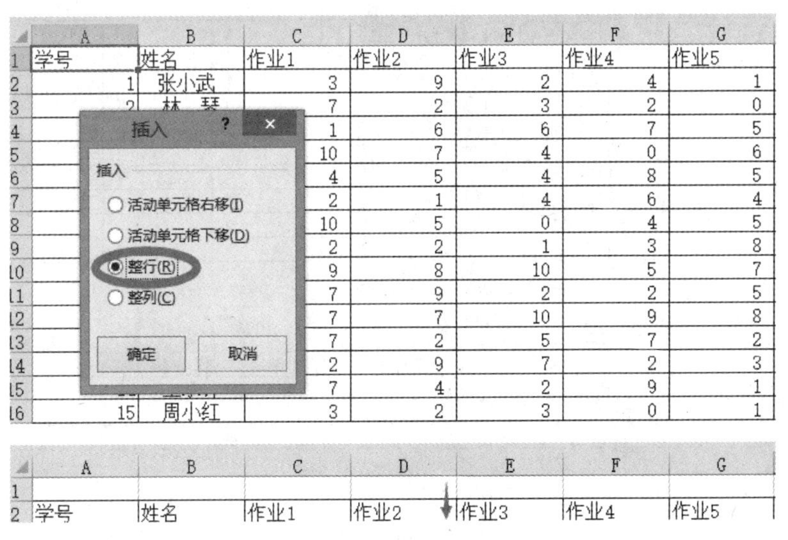

图 5.12　在工作表第一行插入行

(4)**单元格、行和列的删除**

选择操作对象后，可以使用不同的方式在选择对象的位置删除单元格、行或列，如在工作表中选择单元格 B3，单击鼠标右键，在弹出的右键菜单中选择“删除”命令，打开“删除”对话框，在其中选择插入对象的类型（单元格、行或列），这里单击选中“下方单元格上移”，单击“确定”按钮即可删除 B3 单元格所在的行，B3 单元格所在的行下方的所有内容将自动上移一行，如图 5.13 所示。

(5)**单元格、行和列的隐藏**

为了方便数据的阅读，有时需要将工作表中的某一行或某一列隐藏起来不予显示，这里以隐藏 C 列为例，在列标签 C 单元格单击鼠标右键，选择“隐藏”，如图 5.14 所示。如需要取消隐藏并重新显示 C 列的内容，则可选择整个工作表区域（Ctrl+A），然后在 C 列处单击鼠标右键，在下拉列表中，选择 “取消隐藏列”命令，如图 5.15 所示。

(6)**单元格的合并居中**

为了突出一些重要的内容（如标题），必要时可以将多个单元格合并到一起进行显示，如图 5.16 所示，选择 A1:K1，在“开始”菜单栏下找到“对齐方式”选项，单击“合并后居中”，进行合并和居中。

(7)**设置单元格格式**

为了使表格美观、明了，必要时可以对单元格进行格式设置。

【例 5.1】　为使表格达到如图 5.17 所示的效果，操作步骤如下。

①标题“学生平时成绩表”的字体设为“华文新魏”，字号为“24”，颜色为“深蓝”。如图 5.18所示。

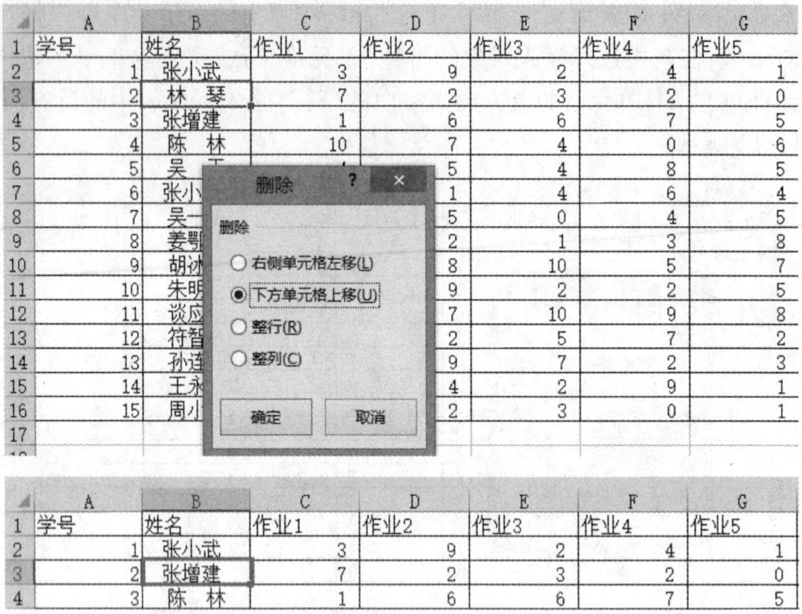

	A	B	C	D	E	F	G
1	学号	姓名	作业1	作业2	作业3	作业4	作业5
2	1	张小武	3	9	2	4	1
3	2	林　琴	7	2	3	2	0
4	3	张增建	1	6	6	7	5
5	4	陈　林	10	7	4	0	6
6	5	吴		5	4	8	5
7	6	张小		1	4	6	4
8	7	吴一		5	0	4	5
9	8	姜鄂		2	1	3	8
10	9	胡冰		8	10	5	7
11	10	朱明		9	2	2	5
12	11	谈应		7	10	9	8
13	12	符智		2	5	7	2
14	13	孙连		9	7	2	3
15	14	王永		4	2	9	1
16	15	周小		2	3	0	1
17							

删除 ? ×
删除
○右侧单元格左移(L)
◉下方单元格上移(U)
○整行(R)
○整列(C)
确定 取消

	A	B	C	D	E	F	G
1	学号	姓名	作业1	作业2	作业3	作业4	作业5
2	1	张小武	3	9	2	4	1
3	2	张增建	7	2	3	2	0
4	3	陈　林	1	6	6	7	5

图 5.13　删除原工作表第二行

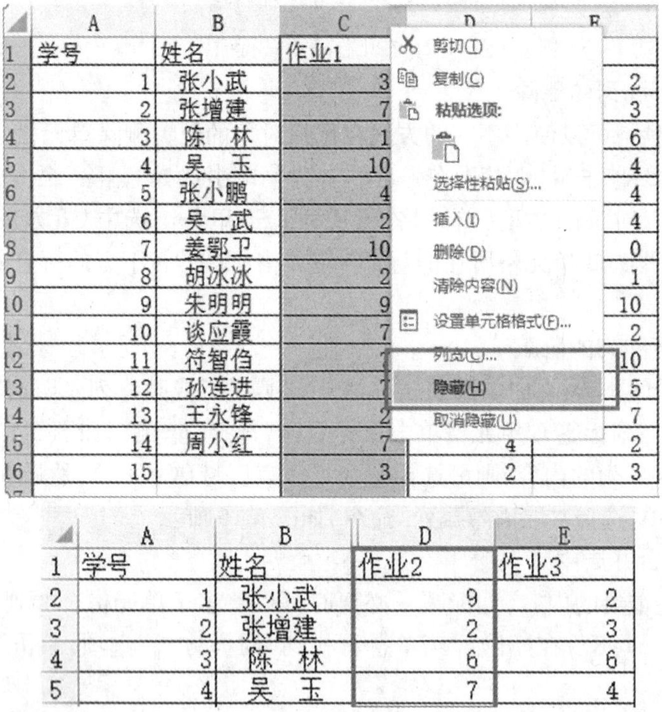

	A	B	C	D	E
1	学号	姓名	作业1		
2	1	张小武	3		2
3	2	张增建	7		3
4	3	陈　林	1		6
5	4	吴　玉	10		4
6	5	张小鹏	4		4
7	6	吴一武	2		4
8	7	姜鄂卫	10		0
9	8	胡冰冰	2		1
10	9	朱明明	9		10
11	10	谈应霞	7		2
12	11	符智伍	7		10
13	12	孙连进	7		5
14	13	王永锋	2		7
15	14	周小红	7	4	2
16	15		3	2	3

剪切(T)
复制(C)
粘贴选项:
选择性粘贴(S)...
插入(I)
删除(D)
清除内容(N)
设置单元格格式(F)...
列宽(C)...
隐藏(H)
取消隐藏(U)

	A	B	D	E
1	学号	姓名	作业2	作业3
2	1	张小武	9	2
3	2	张增建	2	3
4	3	陈　林	6	6
5	4	吴　玉	7	4

图 5.14　隐藏工作列表 C 列

②列名的字体设为“华文琥珀”，字号为“12”，颜色为“红色”。

③其他区域的字体设为“黑体”，字号为“14”，颜色为“橙色”。

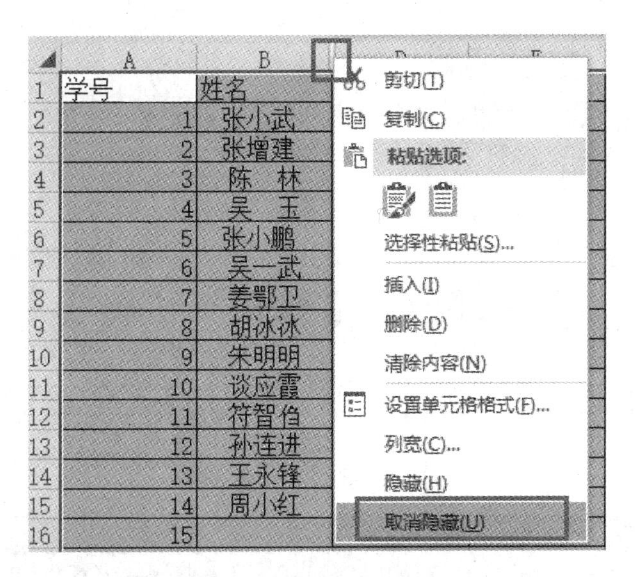

图 5.15　取消隐藏工作表 C 列

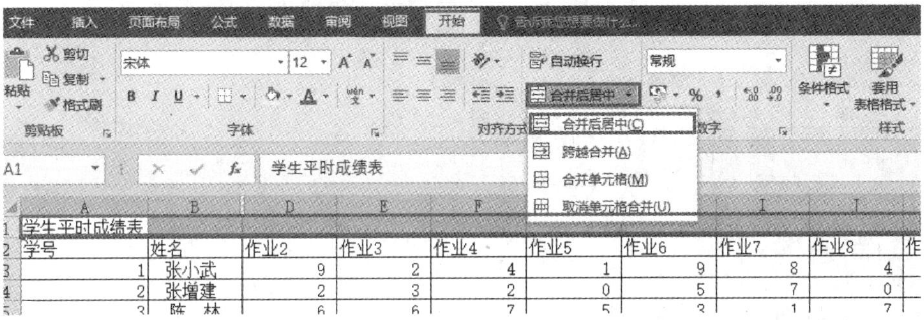

图 5.16　合并后居中

学生平时成绩表										
学号	姓名	作业2	作业3	作业4	作业5	作业6	作业7	作业8	作业9	作业10
1	张小武	9	2	4	1	9	8	4	6	6
2	张增建	2	3	2	0	5	7	0	4	7
3	陈　林	6	6	7	5	3	1	7	9	0
4	吴　玉	7	4	0	6	3	1	10	3	9
5	张小鹏	5	4	8	5	9	4	9	5	6
6	吴一武	1	4	6	4	3	4	1	6	7
7	姜鄂卫	5	0	4	5	2	5	2	8	4
8	胡冰冰	2	1	3	8	6	4	1	5	2
9	朱明明	8	10	5	7	7	7	3	3	5
10	谈应霞	9	2	2	5	9	1	3	0	7
11	符智	7	10	9	8	6	8	4	3	7
12	孙连进	2	5	7	2	6	6	0	4	10
13	王永锋	9	7	2	3	9	2	1	2	10
14	周小红	4	2	9	1	9	7	8	5	1
15	刘义	2	3	0	1	0	6	7	2	7

图 5.17　案例效果

④对整个表格进行对齐操作，选择需要调整的整个表格，选择“开始”菜单下的“对齐方式”选项组右下角的 按钮，选择居中对齐，如图 5.19 所示。

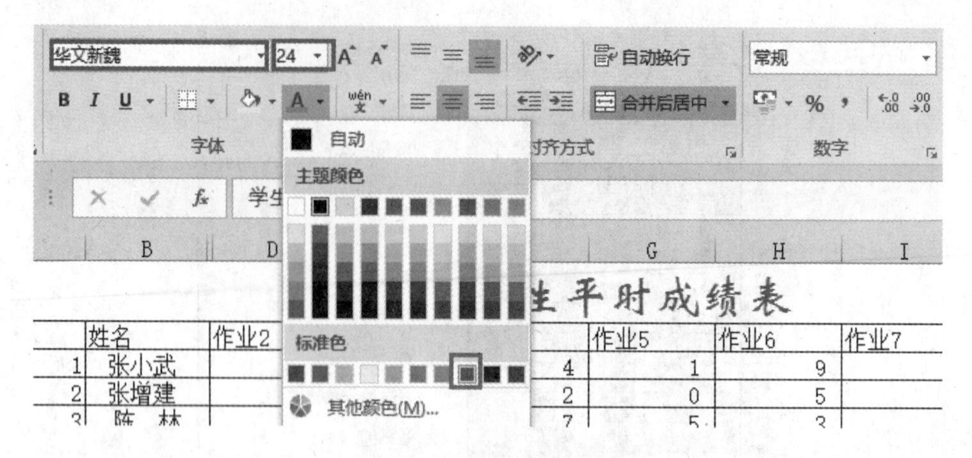

图 5.18　单元格字体调整

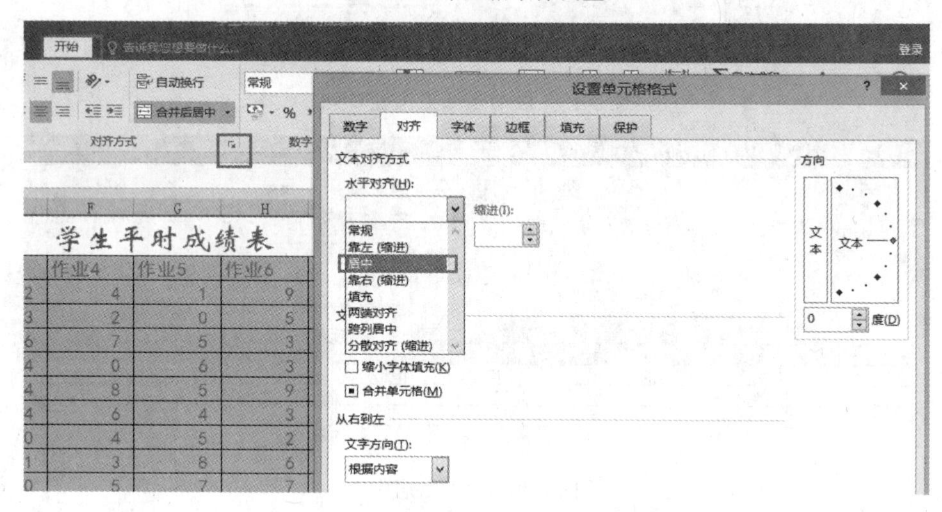

图 5.19　居中对齐

5.1.4　录入和编辑数据

(1)数据录入

在 Excel 2016 工作表中有多种数据输入的方式,最简单的是选定单元格输入后,单击【Enter】键就完成输入。同时,Excel 2016 可以输入的数据类型有多种,包括数字型、日期型、文本型、时间型等。如果要输入的数据是序列数据,还可以通过序列数据自动填充的方式完成数据的输入。输入时应注意如下要点,可以参看图 5.20 中所示的样式。

①输入数字超过 12 位,自动按照科学计数法显示,如 265345117895415621 输入,会变成“2.65345E+17”。

②输入负数,如-20,可以输入“-20”,也可输入“(20)”。

③想把输入的数字作为文本处理,可在数字前加单引号;或者先输入等号,再输入两端加双引号的数字,即'010 与=“010”效果一样,可保持首位的 0 正常显示,也可避免科学计数法显示。

④输入日期数据时，Excel 先匹配日，最后匹配年，如果没有输入年，默认为当前年，如输入 2017 年 2 月 21 日应该输入“2017-2-21”。Ctrl+组合键，显示当前日期；Ctrl+Shift+组合键，显示当前时间。

⑤输入时间数据时，系统默认 24 小时制，若要修改成 12 小时制，需在后面添加 AM 或 PM，如“4:14　AM”。

⑥一个单元格最多可包含 32 000 个字符，需要显示多行文本时，一是自动换行，选中单元格，单击鼠标右键选择“设置单元格格式”进入“单元格格式”对话框，单击“对齐”选项卡，选择“自动换行”复选框；二是将光标放于需要换行处，使用快捷键 Alt+Enter 键。

⑦分数输入前加数字“0”和空格。

	A	B	C
2	输入	显示为	说明
3	135	135	正常显示
4	123456789012	1.23457E+11	科学技术无法显示
5	(20)	-20	负数输入法1
6	-39	-39	负数输入法2
7	‘123456789012	‘123456789012	数字转化成文本
8	10:30	10:30	时间输入法
9	10:30	10:30 AM	设置时间显示格式
10	=TODAY()	2017/2/21	显示当天日期
11	=NOW()	2017/2/21 16:32	显示现在时间
12	2017/2/21	2017年2月21日	设置日期显示格式
13	3/34	3/34	显示为文本
14	0 13/33	13/33	显示为分数
15	中共中央十八届三中全会即将召开		自动向右延伸
16	中共中央十八届三中全会 即将召开		按下AIT+回车换行
17	中共中央十八届三中全会即将召开		设置了自动换行

图 5.20　数据输入样例

(2)**数据填充**

Excel 2016 通过选定相应的单元格并拖动填充柄，可以快速填充多种类型的数据序列。另外，基于在第一个单元格所建立的格式，Excel 可以自动延续一系列数字、数字/文本组合、日期或时间段。

①简单数据填充。简单数据填充是通过选择数据然后拖动填充柄填充，但选中一个数据和选择两个数据填充得到的效果是不同的，如图 5.21 所示。

②系统序列填充。以等比序列为例，如图 5.22 所示。在起始单元格 C1 输入 1，然后选定区域 C1:C13，在“开始”菜单下的“编辑”组选择“填充”按钮，在列表中选择“序列”选项，打开“序列”对话框，如图 5.23 所示，产生步长值为 4 的等比数列。

输入第一个数据，然后选中并向下拖动即可得到规律数据

2013年1月5日	A2-301	第1届运动会	序号1	星期一
2013年1月6日	A2-302	第2届运动会	序号2	星期二
2013年1月7日	A2-303	第3届运动会	序号3	星期三
2013年1月8日	A2-304	第4届运动会	序号4	星期四
2013年1月9日	A2-305	第5届运动会	序号5	星期五
2013年1月10日	A2-306	第6届运动会	序号6	星期六
2013年1月11日	A2-307	第7届运动会	序号7	星期日
2013年1月12日	A2-308	第8届运动会	序号8	星期一
2013年1月13日	A2-309	第9届运动会	序号9	星期二
2013年1月14日	A2-310	第10届运动会	序号10	星期三

图 5.21　选择一个数据拖动填充柄填充

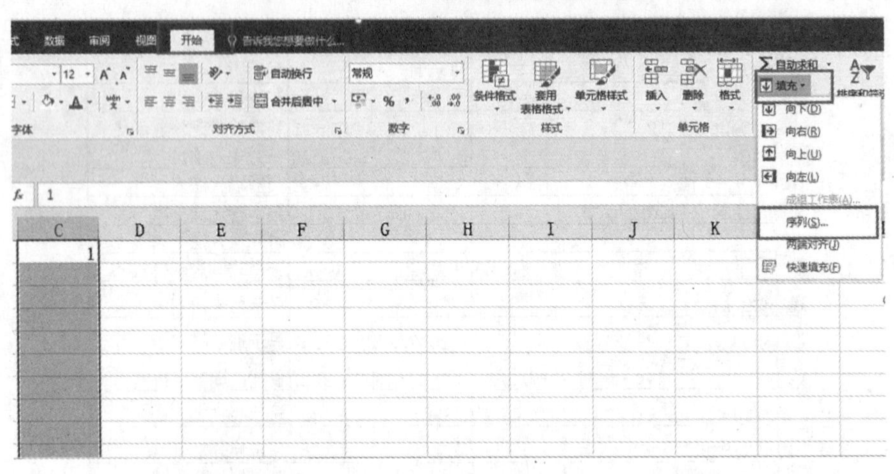

图 5.22　填充柄的运用

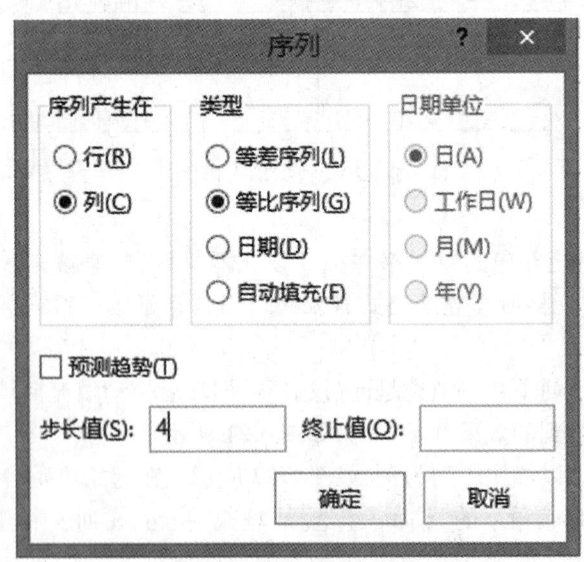

	A	B	C	D	E	F	G
1			1				
2			4				
3			16				
4			64				
5			256				
6			1024				
7			4096				
8			16384				
9			65536				
10			262144				
11			1048576				
12			4194304				
13			16777216				
14			67108864				

图 5.23　序列按钮的运用结果

③自定义序列填充。Excel 除了系统本身的序列外,还可以根据自己的需求,把经常需要用到的序列定义为自己的数据序列。单击"文件"按钮选择"选项",在选项窗口中选择"高级",之后在"常规"选项中选择"编辑自定义列表"按钮,打开"自定义序列"对话框如图 5.24 所示。

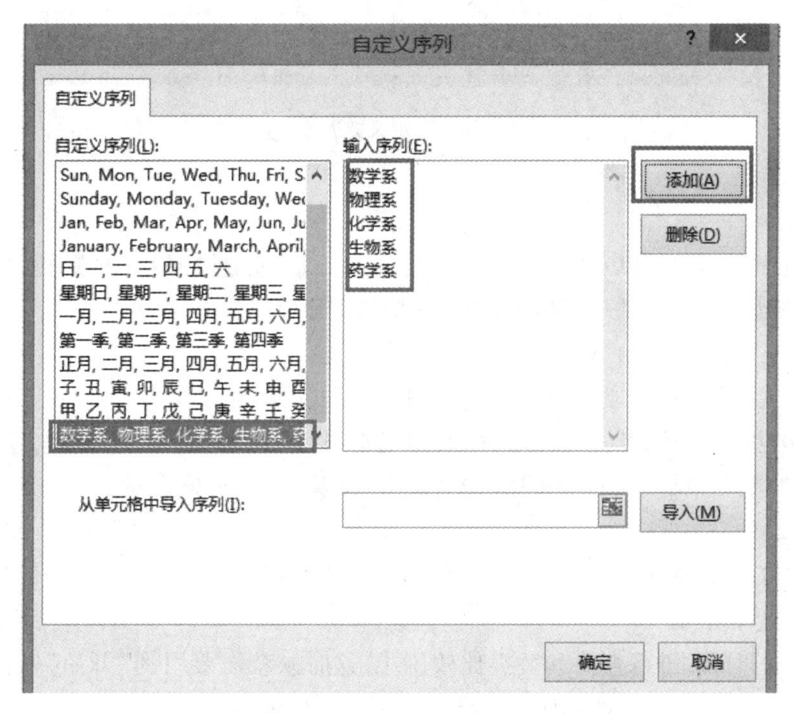

图 5.24　自定义序列填充

④自定义数字格式。当需要处理一些有特定格式的数字或符号,如准考证号、学号、身份证号、银行卡号等。例如,某校有 500 名学生,学号依次为:658126500001,658126500002,…,658126500500。加单引号变为文本数据,无法用填充柄,因此只能用自定义数字格式的方法,如图 5.25 所示。

图 5.25　自定义数字格式

(3)**数据编辑**

1)复制数据

选中需要复制数据的单元格,第一种方法是在“开始”功能选项卡“剪贴板”组中选择“复制”;第二种方法是在选择的单元格上,单击鼠标右键复制。

2)粘贴数据

第一种方法:在“开始”功能选项卡“剪贴板”组中选择“粘贴”。

第二种方法:选择性粘贴。将 B2:B4 数据复制到 F2:F4 中,选中 D2 复制,选中 F2:F4,单击鼠标右键,“选择性粘贴”,在面板中选中“加”法运算,如图 5.26 所示。

3)清除数据

单击“开始”功能选项卡,在“编辑”组的“清除”下拉单中选择需要的清除的项目。

4)查找和替换数据

数据较多的时候,进行查找和替换比较困难,这时候就需要用到“开始”功能选项卡,在“编辑”组的“查找和替换”下拉单中进行选择,如图 5.27 所示。

使用“替换”按钮,可以将查找到的数据进行一次性替换,例如,将表中只要出现“销售额”都替换成“ ¥”,如图 5.28 所示。

5.1.5　页面设置

完成了对工作表的分析、处理和格式化处理后,可以将表格中的内容打印输出。要打印

图 5.26　选择性粘贴

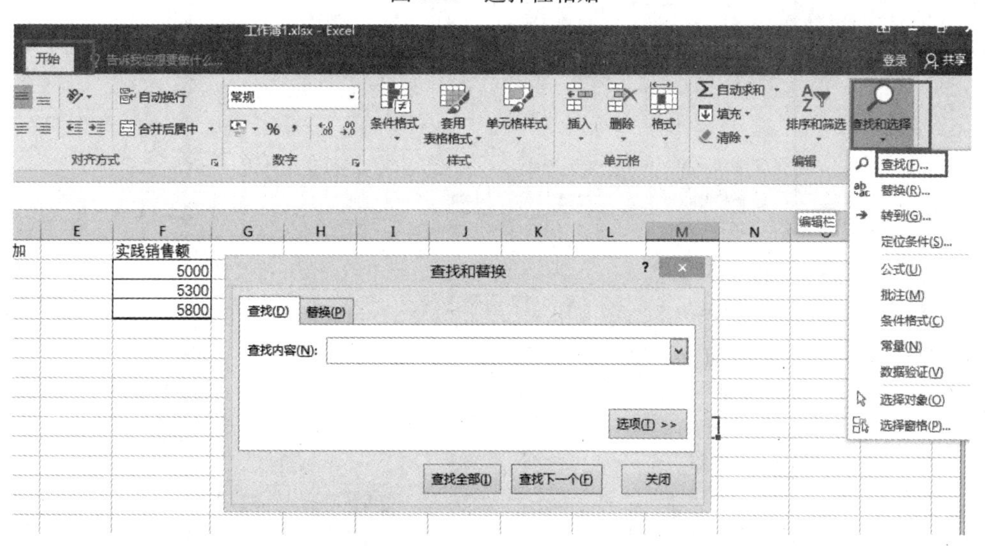

图 5.27　数据查找

一张工作表，首先需要对打印的页面进行设置。以图 5.31 中的工作表为例，页面设置操作如下。

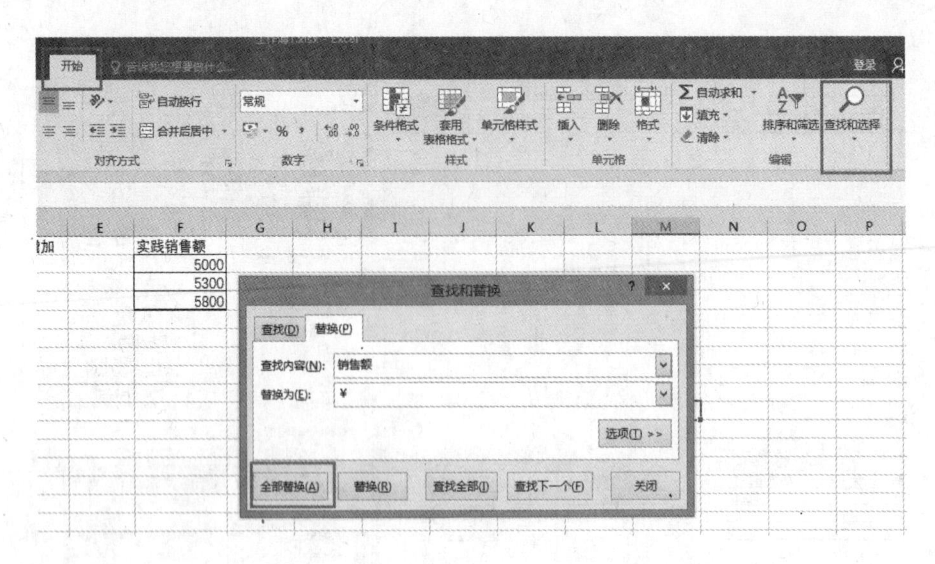

图 5.28 数据全部替换

(1)**页面设置**

在“页面布局”选项卡中的“页面设置”组中单击右下方的按钮,打开“页面设置”对话框,如图 5.29 所示。在对话框中可以对页面的页边距、纸张方向、大小等参数进行设置,方法与电子文档的页面设置类似。这里设置纸张方向为“纵向”,纸张大小为“A3”,设置 4 个方向的页边距均为“1.9 厘米”,居中方式为“水平”。

图 5.29 页面设置对话框

（2）**页眉页脚**

在“页眉/页脚”选项卡中为页面添加页眉，这里单击“自定义页眉”按钮，打开“页眉”对话框，如图 5.30 所示。在“中”框中输入页眉内容“平时成绩”，单击“确定”按钮完成页眉的添加。在“工作表”选项卡中，在“打印区域”框中设置打印的范围，这里选择工作表“员工基本信息”的数据范围 A1:L17，这样该区域以外的空白单元格将不会打印，如图 5.31 所示。

（3）**打印预览**

页面设置完成后，即可单击“页面预览”按钮进入“打印预览”窗口，如图 5.32 所示。在窗口右侧显示了要打印页面的预览效果，如果对预览效果表示满意，则可以在左侧设置打印的份数、打印机等参数，单击上方的“打印”按钮进行打印。如果还需要进一步调整，单击其他的选项卡标签即可回到工作表编辑窗口。

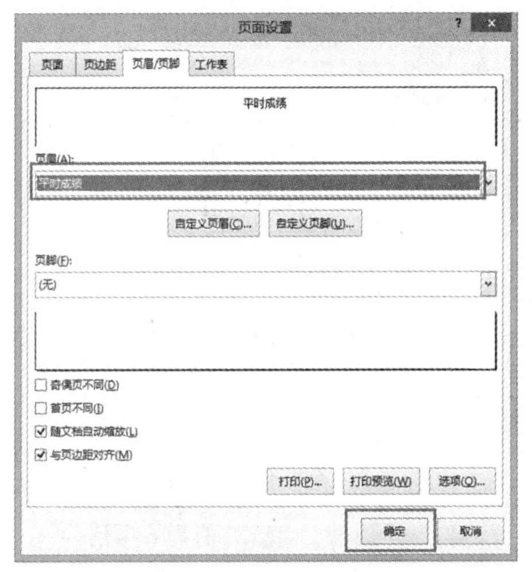

图 5.30　页眉/页脚设置

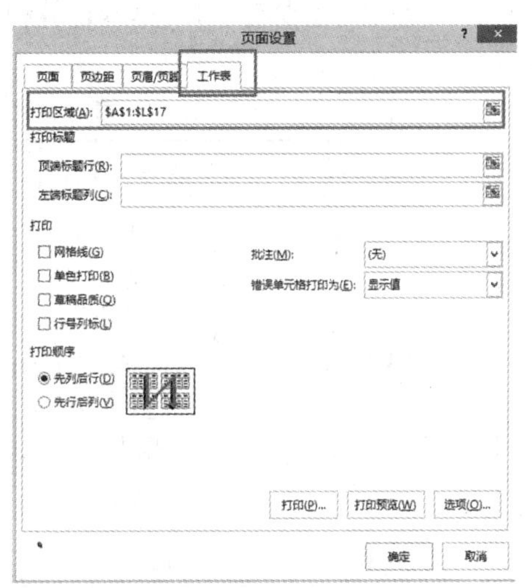

图 5.31　打印区域设置

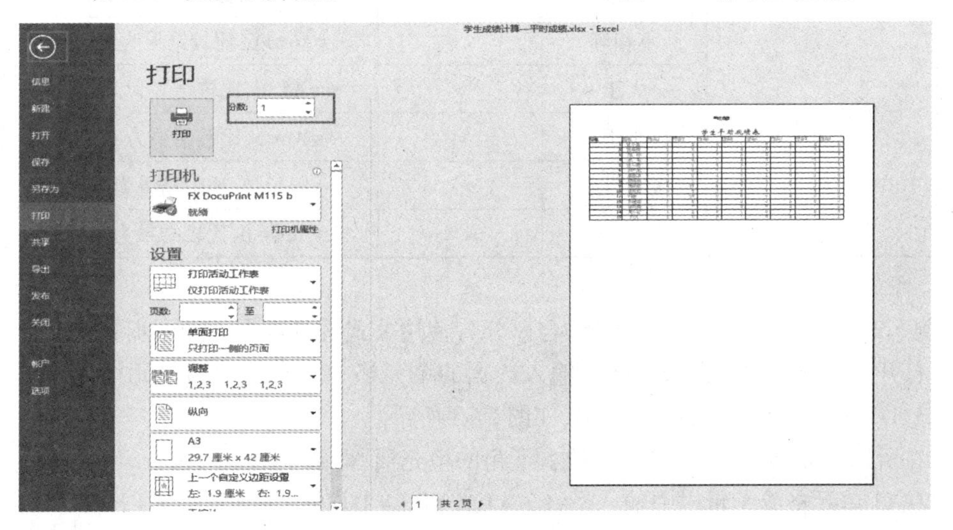

图 5.32　打印预览

5.2 公式和函数

Excel 2016 在数据处理的过程中需要运算,Excel 提供了大量不同类型的函数,这些函数可以与各类运算符一起构成各种公式满足数据处理的需要,从而简化表格数据计算过程,从而快速、准确地统计数据。

5.2.1 使用公式

公式本质是用运算符将常量、单元格引用和函数、各运算数等连接在一起的式子,以“=”开头。公式运算符主要有 3 种:算术运算符、关系运算符和文本运算符,假设 B6 的值为 6,不同运算的结果见表 5.1。

表 5.1 常见公式运算结果

类　别	运算类别	运算符号	示　例
算术运算符	加	+	=3+A6,值为 9
	减	-	=A6-3,值为 3
	乘	*	=3 * A6,值为 12
	除	/	=3/A6,值为 0.5
	乘方	^	=3^A6,值为 729
	百分比	%	=A6%,值为 6%
文本运算符	连接符	&	=A6&“生活”,值为 6 生活
关系运算符	相等	=	=A6=6,比较结果为 TRUE
	不相等	<>	=A6<>6,比较结果为 FALSE
	大于	>	=A6>6,比较结果为 FALSE
	小于	<	=A6<6,比较结果为 FALSE
	大于等于	>=	=A6>=6,比较结果为 TRUE
	小于等于	<=	=A6<=6,比较结果为 TRUE

【例 5.2】 求表中的“总分”和“综合评分”,使用公式进行填充。操作步骤如下。

①打开工作簿,求总分,选中准备输入数据的单元格 H3,在选中的单元格或编辑栏中输入“=C3+D3+E3+F3+G3”,按 Enter 键,如图 5.33 所示。

②在所选单元格中显示结果,拖拉右下角的填充柄,得到全部人的总分。

③在 I3 单元格或编辑栏中输入“=C3 * C12+D3 * D12+E3 * E12+F3 * F12+G3 * G12”,按 Enter 键,如图 5.34 所示。

④在所选单元格中显示结果,拖拉右下角的填充柄,得到全部人的综合评分。

期末成绩表							
姓名	数学	语文	英语	物理	化学	总分	综合评分
李宏伟	88	85	80	90	96	=C3+D3+E3+F3+G3	
任风	90	89	92	85	92		
曹真	79	76	80	77	83		
张小慧	86	90	88	83	92		
宁远	94	90	87	89	95		
王鹏	69	68	66	60	70		
杨欣	76	78	80	79	83		
孙青	95	90	87	88	93		
		各科在综评中所占比例					
	25%	25%	15%	20%	15%		

图 5.33　使用公式求总分

期末成绩表							
姓名	数学	语文	英语	物理	化学	总分	综合评分
李宏伟	88	85	80	90	96	439	=C3*C12+D3*D12+E3*E12+F3*F12+G3*G12
任风	90	89	92	85	92	448	
曹真	79	76	80	77	83	395	
张小慧	86	90	88	83	92	439	
宁远	94	90	87	89	95	455	
王鹏	69	68	66	60	70	333	
杨欣	76	78	80	79	83	396	
孙青	95	90	87	88	93	453	
		各科在综评中所占比例					
	25%	25%	15%	20%	15%		

图 5.34　使用公式求综合评分

5.2.2　引用单元格

使用公式运算时,常常需要借助引用单元格地址来引用其中的数据,因此,单元格引用是 Excel 中最常用的运算对象,引用分为 3 种。

(1)相对引用

同时也称相对单元格引用,相对引用中的单元格地址引用地址伴随目标位置的变化而变化。

(2)绝对引用

与相对引用不同,绝对引用与包含公式的单元格的位置无关。单元格的绝对引用是指在单元格标识符的行号和列号前都加上“ $”符号,表示将行列冻结,不再发生位置的变化,如图 5.35 所示。

(3)混合引用

混合引用是指引用行或列中的某一项被冻结的情况,即行号固定、列号可变,或列号固定、行号可变,如图 5.36 所示。

5.2.3　函数的使用

在 Excel 中,有 300 多个内部函数,它们涉及许多应用领域,例如,财务、工程、统计、数据库、时间处理、数学运算等,可分为数学与三角函数、日期与时间函数、文本函数、逻辑函数、信息函数、统计函数、财务函数、数据库函数、查找与引用函数和工程函数等 10 大类,常见的函数见表 5.2。

A	B	C	D	E	F	G	H	I
员工编号	奶粉品牌	平均单价	数量	销售金额	销售提成		提成率	3.50%
1	雀巢	¥1,529	423	=C2*D2	=E2*$I$1			
2	惠氏	¥2,301	280	=C3*D3	=E3*$I$1			
3	雅培	¥2,313	470	¥1,087,110	¥38,049			
4	多美滋	¥1,694	462	¥782,628	¥27,392			
5	美素	¥1,529	354	¥541,266	¥18,944			
6	美赞臣	¥2,301	452	¥1,040,052	¥36,402			
7	贝因美	¥2,313	357	¥825,741	¥28,901			
8	合生元	¥1,694	456	¥772,464	¥27,036			
				'=C2*D2	' =E2*$I$1			
				相对引用	绝对引用			

图 5.35　相对引用和绝对引用的对比

费用分配表

本月产量	水费	电费	其他	合计
2200.00	=$B3/$B$6*C$6	=$B3/$B$6*D$6	2588.24	2588.24
3000.00	=$B4/$B$6*C$6	14117.65	3529.41	17647.06
1600.00	4705.88	7529.41	1882.35	14117.65
6800.00	20000.00	32000.00	8000.00	34352.94

图 5.36　混合引用

表 5.2　常见函数示例

类　别	典型函数示例
财务	NPV 投资净现值计算函数,RATE 实际利率计算函数
逻辑	IF 条件判断函数,AND 与逻辑判断函数,OR 或逻辑判断函数
文本	LEFT/RIGHT 从左/右侧截取字符串函数,TRIM 删除字符串收尾空格函数,LEN 返回字符串长度函数
日期和时间	DATE 获取日期函数,NOW 获取当前日期和时间函数
查找和引用	VLOOKUP 垂直查询函数,HLOOKUP 水平查询函数
数学和三角函数	SUM 求和函数,LOG 对数函数,SIN 正弦函数,COS 余弦函数,INT 取整函数,ROUND 四舍五入函数
统计	AVERAGE 平均值函数,COUNT 计数函数,MAX/MIN 最大值/最小值函数,RANK.EQ 排名函数
工程	CONVERT 度量系统转换函数
多维数据集	CUBEVALUE 多维数据集汇总返回函数
信息函数	TYPE 数据类型查看函数,ISBLANK 空值判断函数
兼容性	RANK 排名函数(早期版本)

【例 5.3】 将“工资”一列用函数进行数据填充,需要使用 SUM 函数。操作步骤如下。

①打开工作簿,选中准备输入工资的单元格 G2。

②单击按钮 *fx* 插入函数,出现“插入函数”对话框;或者选中 G2 后,单击“函数”功能选项卡,在“函数库”组中选择函数,如图 5.37 所示。

③在“Number1”处输入需要求和的数据地址 C2:F2,如图 5.38 所示。或者单击折叠按钮通过拖曳鼠标选择单元格地址。

④单击确定,得到 G2 中的值,拖拉 G2 的右下角填充柄,得到 G 列的值。

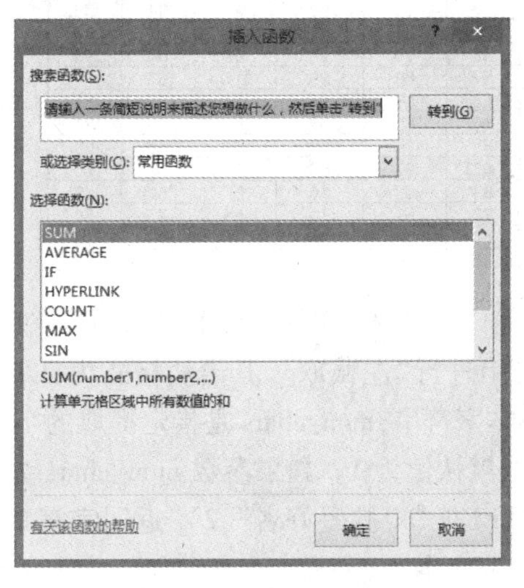

图 5.37　选择 SUM 函数

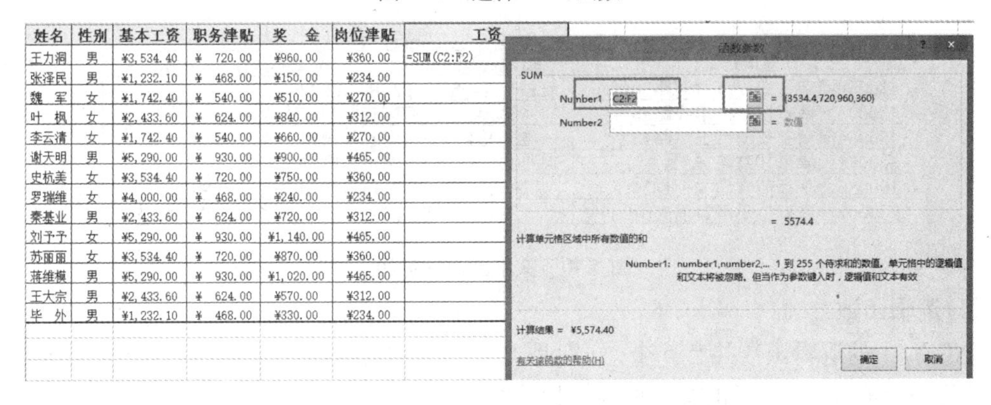

姓名	性别	基本工资	职务津贴	奖　金	岗位津贴	工资
王力洞	男	¥3,534.40	¥　720.00	¥960.00	¥360.00	=SUM(C2:F2)
张泽民	男	¥1,232.10	¥　468.00	¥150.00	¥234.00	
魏　军	女	¥1,742.40	¥　540.00	¥510.00	¥270.00	
叶　枫	女	¥2,433.60	¥　624.00	¥840.00	¥312.00	
李云清	女	¥1,742.40	¥　540.00	¥660.00	¥270.00	
谢天明	男	¥5,290.00	¥　930.00	¥900.00	¥465.00	
史杭美	女	¥3,534.40	¥　720.00	¥750.00	¥360.00	
罗瑞维	女	¥4,000.00	¥　468.00	¥240.00	¥234.00	
秦基业	男	¥2,433.60	¥　624.00	¥720.00	¥312.00	
刘予予	女	¥5,290.00	¥　930.00	¥1,140.00	¥465.00	
苏丽丽	女	¥3,534.40	¥　720.00	¥870.00	¥360.00	
蒋维模	男	¥5,290.00	¥　930.00	¥1,020.00	¥465.00	
王大宗	男	¥2,433.60	¥　624.00	¥570.00	¥312.00	
毕　外	男	¥1,232.10	¥　468.00	¥330.00	¥234.00	

图 5.38　SUM 函数参数单元格地址选择

(1)**条件计数函数**

COUNTIF 函数的表达式为 COUNTIF(range,criteria),包含两个必需参数:一是 range 用来确定要计数的单元格区域。二是 criteria 表示计数的条件,可以为数字、表达式、单元格引用等,如“2000”则表示记录 range 内等于 2000 的值的个数。

例如,需要统计计算机基础考试不及格的人数。则应该在需要输入数据的 J4 单元格中输入“=COUNTIF(C2:C16,"<60")”后,之后按【Enter】键,就可以得出人数。如图 5.39 所示。

(2)**文本函数**

LEN 函数的功能是返回文本字符串中的字符数。其语法格式为:LEN(text)其中参数 text 为要查找其长度的文本,空格也将作为字符进行计数。如果 A1 单元格中字符串为“电脑爱好者”,则公式“=LEN(A1)”返回 6。

LEFT 函数的功能是根据所指定的字符数从文本字符串左边取出第一个或前几个字符。

A	B	C	D	E	F	G	H	I	J
学号	姓名	计算机基础	英语	数学	微机原理	体育	法律	会计	
1	赵雪晴	55	96	100	52	91	78	99	
2	杨灿	90	84	87	96	62	69	71	
3	刘钰维	54	63	98	66	94	81	92	计算机不及格的人数
4	陈莹	76		70	69	90	94	58	=COUNTIF(C2:C16,"<60")
5	汤渠江	51	81	64	82	72		84	
6	郁波	80	88	99		67	56	96	
7	刘迭玺		57	80	89	100	87		
8	陈鑫	68	68	68	68	54	73	52	
9	范烨	59	66	85	65	89	60	81	
10	张溢锋	50	85		62	54	55	65	
11	丁柯	83	63	91	53	98		90	
12	肖翰	81	84	53	76	51	52	53	
13	任泽	59	72	51	70	54	75	56	
14	梁仁奕	52	64	52	55	81	93	74	
15	王倩	64	85	50	56	76	87	77	

图 5.39　COUNTIF 函数的运用

也就是说，LEFT 函数对字符串进行“左截取”，其语法格式为：LEFT(text,num_chars)。其中参数 text 是要提取字符的文本字符串；num_chars 是指定提取的字符个数，它必须大于或等于 0。如果省略参数 num_chars，默认值为 1。如果参数 num_chars 大于文本长度，则 LEFT 函数返回所有文本。例：公式“=LEFT(“电脑爱好者”,2)”返回字符串“电脑”。RIGHT 函数结构和 LEFT 一致，只是从右边截取文本。

运用 LEN 和 LEFT 函数，将通讯地址中的邮编和地址分开，具体运用如图 5.40 所示。

A	B	C
通讯地址	邮政编码	详细地址
450052河南省郑州市黄河路30号	=LEFT(A2,6)	=RIGHT(A2,LEN(A2)-6)
450005河南省郑州市丰收路35号	450005	河南省郑州市丰收路35号
450034河南省郑州市卫生路132号	450034	河南省郑州市卫生路132号
300071天津市甘肃路133号	300071	天津市甘肃路133号
100086北京市前安门大街1334号	100086	北京市前安门大街1334号
730002甘肃省兰州市黄河大街235号	730002	甘肃省兰州市黄河大街235号

图 5.40　文本函数的运用

(3)逻辑函数

EXCEL 中的逻辑函数共有 6 个，分别是 IF、AND、OR、NOT、TRUE 和 FALSE，另外，IS 类函数作为信息判断的函数，也有逻辑判断的功能。

IF 函数也称条件函数，其功能是对指定的条件判断真假，根据参数的真假值，返回不同结果。数据处理中，经常利用 IF 函数对公式和数值进行条件检测。其语法格式如下：IF(logical_test,value_if_true,value_if_false)。其中，参数 logical_test 是一个条件表达式，可以是比较表达式和逻辑判断表达式，其结果返回值为 TRUE 和 FALSE；value_if_true 表示 logical_test 为 TRUE 时的显示内容；Value_if_false 表示当 logical_test 为 FALSE 时的显示内容。

AND，OR，NOT 3 个函数的语法格式：AND(logical1，logical2，…)，OR(logical1，logical2，…)，NOT(logical)。其中，AND 和 OR 函数中参数 logical1，logical2 表示待测试的条件值或表达式，其结果可为 TRUE 或 FALSE，最多不超过 30 个。当使用 AND 函数时，只有当运算对象都为 TRUE 的情况下，运算结果才为 TRUE，否则为 FALSE；当执行 OR 运算时，只有当运算对象都为 FALSE 的情况下，运算结果才为 FALSE，否则为 TRUE。NOT 函数中的 Logical 可以是能计算出 TRUE 或 FALSE 的逻辑值或逻辑表达式。NOT 函数的功能是对该表达式运算结果取相反值。

TRUE 函数和 FALSE 函数都是无参函数,其结果分别是返回逻辑值“TRUE”和“FALSE”。其实,可以直接在单元格或公式中键入“TRUE””或“FALSE”值,而不使用这两个函数。引入这两个函数的主要目的是用于与其他电子表格程序兼容。

IS 类函数属于信息判断函数,其功能是检验数值的类型,并且根据参数的值返回 TRUE 或 FALSE,从而也可以起到一定的逻辑判断和条件检测功能。IS 类函数总共包括用来检验数值或引用类型的 9 个工作表函数,分别为:ISBLANK 函数、ISERR 函数、ISERROR 函数、ISLOGICAL 函数、ISNA 函数、ISNONTEXT 函数、ISNUMBER 函数、ISREF 函数和 ISTEXT 函数,它们具有以下相同的语法格式:IS 函数名(value)。其中,IS 函数名代表任一 IS 类函数名称,value 是需要进行检验的参数,可以是空白单元格、错误值、逻辑值、文本、数字、引用值或对于以上任意参数的名称引用。

【例 5.4】 判断学生的计算机成绩等级,判断标准:总分 250 分以上为优秀,225~250 为良好,200~225 为中等,180 以下为不及格。操作步骤如下。

①在准备输出的单元格 F3 中输入“=SUM(C3:E3)”,按 Enter 键,求出第一个人的计算机总分,然后用填充柄,向下拖曳,求出每个人的总分。

②在准备输出判断等级的 G3 中输入“=IF(F3>=250,"优秀",IF(F3>=225,"良好",IF(F3>=200,"中等",IF(F3>=180,"及格","不及格"))))”,按 Enter 键,判断出第一个人的等级,然后用填充柄,向下拖曳,得出每个人的等级。如图 5.41 所示。

G3　=IF(F3>=250,"优秀",IF(F3>=225,"良好",IF(F3>=200,"中等",IF(F3>=180,"及格","不及格"))))

计算机考试成绩表

学号	姓名	平时成绩	期末理论	期末上机	总分	总分等级
20080201001	郑柏青	93	66	77	=SUM(C3:E3)	优秀
20080201002	王秀明	41	68	54	163	不及格
20080201003	贺东	78	72	74	224	中等
20080201004	裴少华	26	88	45	159	不及格
20080201005	张群义	88	68	87	243	良好
20080201006	张亚英	78	50	56	184	及格
20080201007	张武	71	78	60	209	中等
20080201008	林桂琴	80	85	62	227	良好
20080201009	张增建	54	93	66	213	中等
20080201010	陈玉林	74	41	68	183	及格
20080201011	吴正玉	45	78	72	195	及格
20080201012	张鹏	87	26	88	201	中等
20080201013	吴绪武	56	88	68	212	中等
20080201014	姜鄂卫	60	41	68	169	不及格
20080201015	胡冰	26	78	72	176	不及格

图 5.41　逻辑函数的运用

(4)**出错信息**

在 EXCEL 中使用公式和函数不当会导致错误,常见的错误形式见表 5.3。

表 5.3　Excel 常见出错表

错　误	含　义	常见原因
######	单元格中公式产生的结果太长，单元格容纳不下	拖动鼠标指针更改列宽
#DIV/O!	除数为 0	把除数改为非零值，或用 IF 函数进行控制
#VALUE!	在需要数字或逻辑值时错输入文本；或者在对需要赋予单一数据的运算符或函数时，赋予了一个数值区域等	更正相关数据或参数类型
#NAME!	使用了不能识别的文本	根据具体公式，逐步分析，改正
#NUM	公式或函数中某个数字有问题	根据具体公式，逐步分析，改正
#REF	单元格引用无效	避免无效操作，找错误
#N/A	函数或公式中没有可用数值	检查被查找的值，使之确实存在于查找的数据表中的第一列

5.3　数据分析和处理

Excel 中数据的排序、筛选、汇总等分析和处理操作以工作表中的数据清单为对象，因此在进行数据分析和处理操作前，必需构建符合要求的数据清单。图 5.42 中使用了一个数据清单，为企业员工的年度工会竞赛成绩汇总数据。

某公司员工年度工会竞赛成绩汇总

员工编号	员工姓名	部门	跑步比赛	跳远比赛	朗诵比赛	年度总成绩
1001	陈燕	人事部	91.75	92.75	93.75	93.05
1002	杜儒	行政部	87.75	90.75	84.25	86.90
1003	杜珍梅	财务部	94.25	93	92	92.75
1004	何旋一	销售部	93.5	94.5	92.5	93.30
1005	扈鑫	业务部	88.25	94.25	89.75	90.80
1006	江奔	人事部	90.75	83.25	84.75	85.50
1007	靳仁	行政部	94.25	93	88.25	90.88
1008	鞠涛	财务部	91.5	91.75	89	90.33
1009	寇容	销售部	93.25	91.25	94	93.03
1010	李琪	业务部	89	90.75	92.25	91.15
1011	李瑞好	财务部	94.75	94.5	94	94.30
1012	李凤	销售部	92	93.5	91.75	92.33
1013	李彬	业务部	91.5	92.5	93.25	92.68
1014	林茜	人事部	93.75	94	93.75	93.83
1015	刘安迪	行政部	90.75	92	83.25	87.38
1016	刘艳	财务部	91.25	91.5	91.25	91.33
1017	刘彦里	销售部	86.75	91	93	91.15
1018	刘忠国	业务部	91.5	89.5	93.25	91.78

图 5.42　原始数据表

5.3.1　排序

对数据进行排序有助于快速直观地显示数据并更好地理解数据内容，有助于分析和决策。利用 Excel 提供的排序功能，可以使用不同的方式对数据清单的内容进行排序。

(1)简单的排序

设定排序的关键字，使用单列简单排序工具可以快速地对数据清单中的内容按照某一列的信息进行排序。

【例 5.5】　将图 5.42 中的“某公司员工年度工会竞赛成绩汇总”表中的“年度总成绩”按升序排列。操作步骤如下。

①选中关键词，将光标位于“年度总成绩”所在列的任意单元格。

②单击鼠标右键，在下拉列表中选择“排序”组，选择“升序”排列；或者“开始”菜单栏，“编辑”组中，“排序和筛选”组中“升序”按钮，如图 5.43 所示。

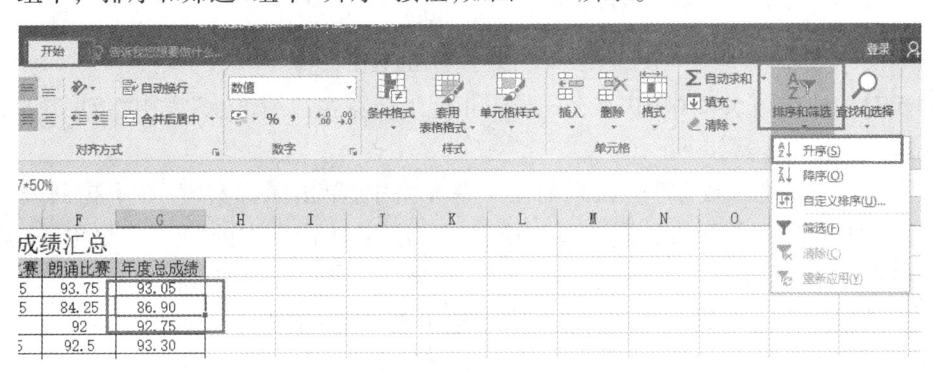

图 5.43　简单的排序

(2)复杂的排序

简单的排序只能有一个关键字，为了满足需要，在复杂排序中，可以进行多个关键字的排序。

【例 5.6】　将图 5.42 中的“某公司员工年度工会竞赛成绩汇总”表中“跑步比赛”作为第一关键字降序排列，“朗诵比赛”作为第二关键字降序排列。操作步骤如下。

①将光标位于数据区的任一单元格，选择“数据”菜单栏中的“排序和筛选”组中的排序。

②在排序面板中选择第一关键词“跑步比赛”作为主要关键词，按降序排列，然后点击添加条件，增加次要关键词“朗诵比赛”，按降序排列，如图 5.44 所示。最后将得到复杂排序的结果。

5.3.2　筛选

筛选是数据处理最常用的方式之一，一般分为自动筛选和高级筛选两种。

(1)自动筛选

自动筛选采用简单的条件快速筛选数据，将不能满足条件的数据隐藏起来，只显示满足条件的数据。

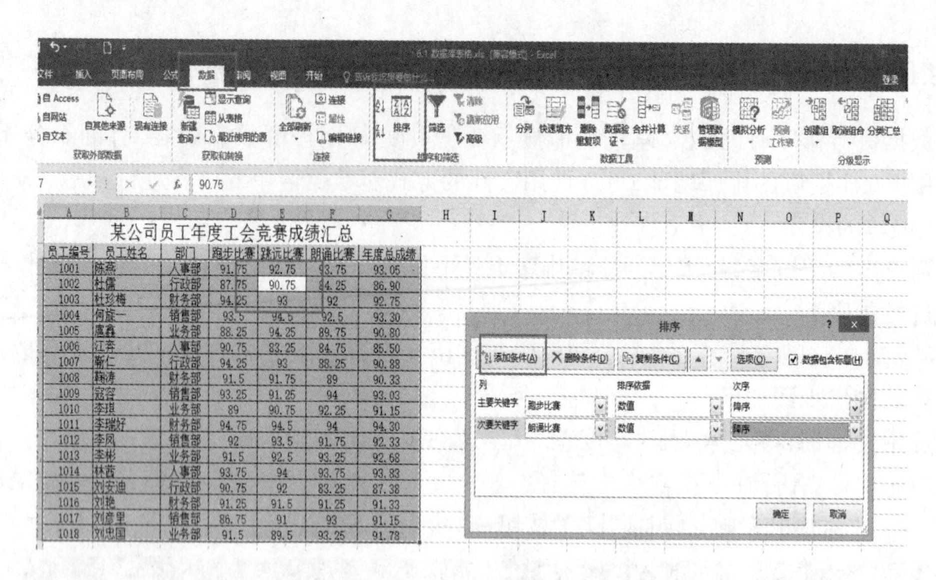

某公司员工年度工会竞赛成绩汇总						
员工编号	员工姓名	部门	跑步比赛	跳远比赛	朗诵比赛	年度总成绩
1001	陈燕	人事部	91.75	92.75	93.75	93.05
1002	杜儒	行政部	87.75	90.75	84.25	86.90
1003	杜珍梅	财务部	94.25	93	92	92.75
1004	何旋一	销售部	93.5	94.5	92.5	93.30
1005	鹰鑫	业务部	88.25	94.25	89.75	90.80
1006	江奔	人事部	90.75	83.25	84.75	85.50
1007	靳仁	行政部	94.25	93	88.25	90.88
1008	鞠涛	财务部	91.5	91.75	89	90.33
1009	寇容	销售部	93.25	91.25	94	93.03
1010	李琪	业务部	89	90.75	92.25	91.15
1011	李瑞好	财务部	94.75	94.5	94	94.30
1012	李凤	销售部	92	93.5	91.75	92.33
1013	李彬	业务部	91.5	92.5	93.25	92.68
1014	林茜	人事部	93.75	94	93.75	93.83
1015	刘安迪	行政部	90.75	92	83.25	87.38
1016	刘艳	财务部	91.25	91.5	91.25	91.33
1017	刘彦里	销售部	86.75	91	93	91.15
1018	刘忠国	业务部	91.5	89.5	93.25	91.78

图 5.44　复杂排序过程图

【例 5.7】　选出图 5.42 中的“某公司员工年度工会竞赛成绩汇总”表中“年度总成绩”低于 90 分的人。操作步骤如下。

①光标位于“年度总成绩”所在列的任一单元格中，单击鼠标右键，在下拉列表中选择“筛选”组中的“按所选单元格的值筛选”，或者“开始”功能选项中的“编辑”组中的“排序与筛选”下拉菜单中的“筛选”。

②此时数据区域的标题栏中的每个字段右边出现一个下拉箭头，点击“年度总成绩”所在列的下拉箭头，选出 90 分以下的成绩，如图 5.45 所示。

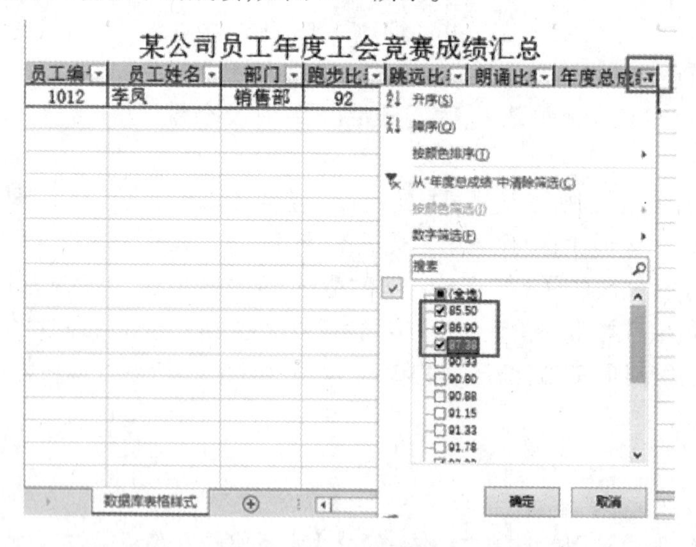

图 5.45　设置自动筛选

(2)高级筛选

使用自动筛选功能可以满足数据清单中大部分的筛选需要，但部分条件较为复杂的筛选需求，则需要通过“高级筛选”功能来完成。

高级筛选在进行筛选时，需要建立条件区域。条件区域的规则如图 5.46 所示。

(a)		(b)		(c)		(d)	
A	B	A	B	A	B	A	B
A1		A1	B1	A1		A1	B1
A2					B2	A2	B2
(a) 筛选字段 A 中符合 A1 条件或 A2 条件的所有记录		(b) 筛选字段 A 中符合 A1 条件并且字段 B 中符合 B1 条件的所有记录		(c) 筛选字段 A 中符合 A1 条件或字段 B 中符合 B2 条件的所有记录		(d) 筛选字段 A 中符合 A1 条件且字段 B 中符合 B1 条件以及字段 A 中符合 A2 条件且字段 B 中符合 B2 条件的所有记录	

图 5.46　高级筛选条件区域规则

【例 5.8】　筛选出图 5.42 中的“某公司员工年度工会竞赛成绩汇总”表中“跑步比赛”高于 90 分并且“跳远比赛”低于 90 分的人。操作步骤如下。

①光标位于数据区任一单元格，“数据”选项卡中“排序和筛选”组中的“高级”按钮。

②在高级筛选面板中条件区域用符号选取“高级筛选条件区域”表头以外的全部单元格，如图 5.47 所示。

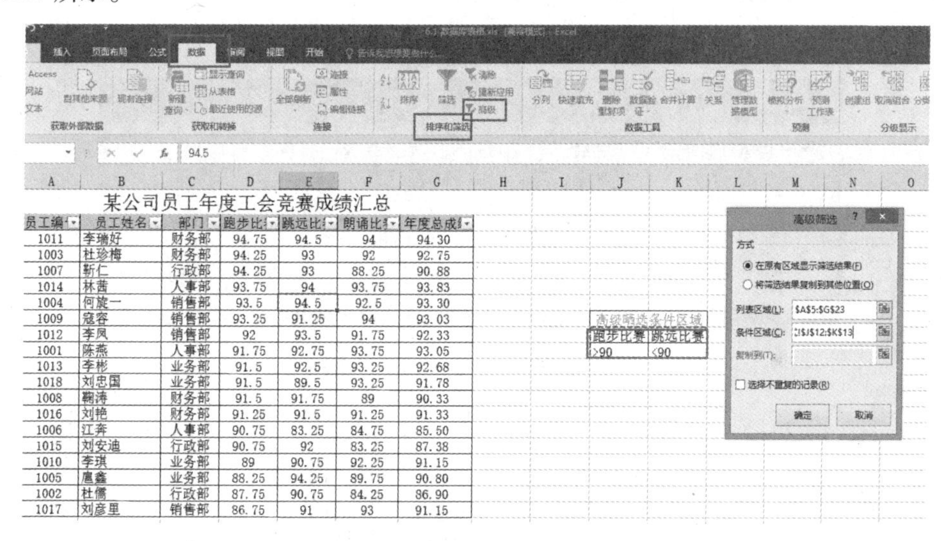

员工编号	员工姓名	部门	跑步比赛	跳远比赛	朗诵比赛	年度总成绩
1011	李瑞好	财务部	94.75	94.5	94	94.30
1003	杜珍梅	财务部	94.25	93	92	92.75
1007	靳仁	行政部	94.25	93	88.25	90.88
1014	林茜	人事部	93.75	94	93.75	93.83
1004	何旋一	销售部	93.5	94.5	92.5	93.30
1009	寇容	销售部	93.25	91.25	94	93.03
1012	李凤	销售部	92	93.5	91.75	92.33
1001	陈燕	人事部	91.75	92.75	93.75	93.05
1013	李彬	业务部	91.5	92.5	93.25	92.68
1018	刘忠国	业务部	91.5	89.5	93.25	91.78
1008	鞠涛	财务部	91.5	91.75	89	90.33
1016	刘艳	财务部	91.25	91.5	91.25	91.33
1006	江奔	人事部	90.75	83.25	84.75	85.50
1015	刘安迪	行政部	90.75	92	83.25	87.38
1010	李琪	业务部	89	90.75	92.25	91.15
1005	扈鑫	业务部	88.25	94.25	89.75	90.80
1002	杜儒	行政部	87.75	90.75	84.25	86.90
1017	刘彦里	销售部	86.75	91	93	91.15

图 5.47　高级筛选过程

5.3.3　条件格式

除了筛选外，Excel 2016 还能通过进行条件格式的设置，使数据变得清晰明了起来。条件格式是指当数据满足条件时，Excel 自动将设置的特定格式应用于指定单元格。

【例 5.9】　将图 5.42 中的“某公司员工年度工会竞赛成绩汇总”表中“跑步比赛”低于 90 分的人所在单元格变为浅红色。操作步骤如下。

①选中“跑步比赛”所在列全部单元格，“开始”选项卡中“样式”组中的“条件格式”下拉列表中的“突出显示单元格规则”中的“小于”，如图 5.48 所示。

②填入 90，用浅红色填充，如图 5.49 所示。

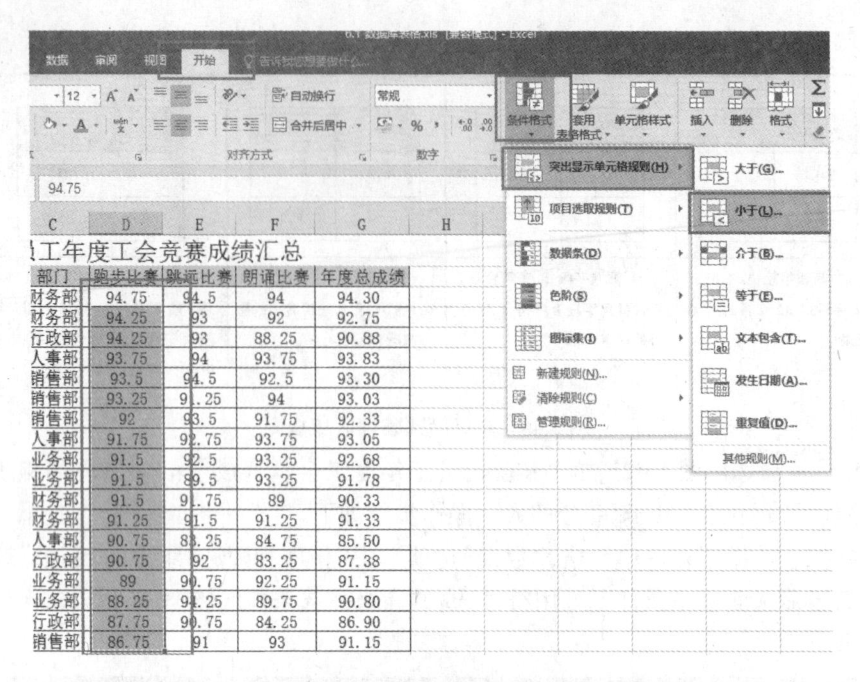

图 5.48　条件格式选取

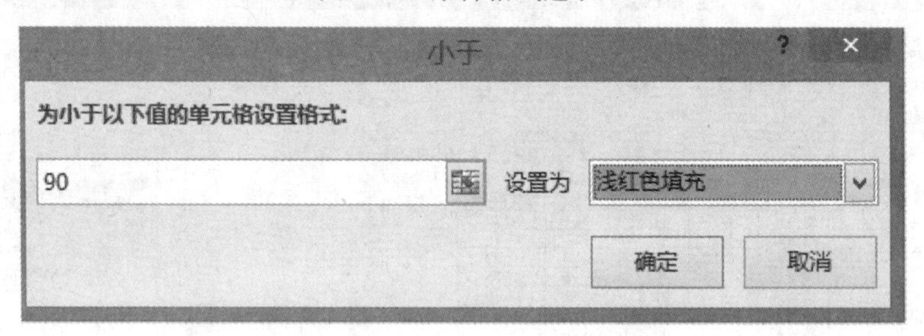

图 5.49　项目选取规则小于范围

5.3.4　分类汇总

在 Excel 中进行数据处理时，数据汇总是最频繁的操作之一。分类汇总首先对数据进行分类，之后按照分类分别进行汇总。汇总之前必选先按类别字段进行排序。

【例 5.10】　对数据进行分类汇总，要求查看表中不同“性别”的“年终考核”的总和。操作步骤如下。

①将原始数据表复制到另外一个工作表中，取名为“分类汇总”。如图 5.50 所示。

②将数据按照“性别”进行排序，结果如图 5.51 所示。

③然后进行汇总，将光标置于数据区的任一单元格，选择“数据”选项卡中的“分级显示”中的“分类汇总”对话框，在分类汇总面板中，分类字段为“性别”，汇总方式为“求和”，选定汇总项为“年终考核”，然后点击“确定”按钮即可，如图 5.52 所示。

④最后，得到汇总后的数据，如图 5.53 所示。若想取消汇总，选择“全部删除”按钮。汇总后的数据，左边出现“+”“-”符号，点击“+”可以展开数据，点击“-”可以收缩数据。

空军部队信息表											
军人证编号	姓名	性别	学历	出生日期	参军日期	身份证号码	联系电话	家庭住址	邮政编码	是否在籍	年终考核
KJ1501	王乾徽	男	本科	1995-12-19	2013	510824199512197018	13778849267	四川省广元市苍溪县	628400	在籍	85.60
KJ1502	杨林	女	高中	1996-08-18	2011	511025199608180660	18380175312	四川省内江市资中县	641200	在籍	93.10
KJ1503	席彬	男	硕士	1996-05-08	2014	420984199605082711	15881469969	湖北省孝感市汉川市	432300	在籍	78.60
KJ1504	文蕾	女	高中	1997-06-12	2012	500223199706127033	18780011970	重庆市潼南区	402660	退休	69.40
KJ1505	操妍豪	女	中专	1997-11-16	2011	510121199711168829	18702828840	四川省成都市金堂县	610400	在籍	81.50
KJ1506	刘敏	女	大专	1998-04-03	2015	421022199804030028	18782432276	湖北省荆州市公安县	434300	退休	69.70
KJ1507	豆燕	女	本科	1998-07-30	2014	35042419980730049	15281289969	福建省三明市宁化县	365400	在籍	73.83
KJ1508	陈袁园	女	本科	1994-09-08	2011	510722199409082556	15108459063	四川省绵阳市三台县	621100	退休	73.98
KJ1509	蒲睿	女	本科	1998-02-28	2010	510723199802282075	17780627704	四川省绵阳市盐亭县	621600	退休	74.13
KJ1510	吕美秀	女	高中	1997-11-05	2011	350304199711053089	17828289287	福建省莆田市荔城区	351106	在籍	65.10
KJ1511	巨怡静	女	高中	1997-03-15	2010	210403199703153021	15196650879	辽宁省东洲区	113000	在籍	96.50
KJ1512	罗智辉	男	大专	1996-06-28	2011	511923199606280059	18747875942	四川省巴中市平昌县	636400	在籍	74.58
KJ1513	吴黄微	女	博士	1995-10-28	2011	511623199510288163	14799310269	四川省广安市邻水县	638500	退休	74.73
KJ1514	杨艺	女	硕士	1998-09-01	2010	510923199809010022	17796400719	四川省遂宁市大英县	629300	在籍	83.62
KJ1515	徐钥	女	本科	1997-10-05	2010	510683199710053321	15927877866	四川省德阳市绵竹市	618200	在籍	75.03
KJ1516	李小凤	女	大专	1998-06-16	2012	510704199806162522	18059466920	四川省绵阳市游仙区	621000	在籍	75.18
KJ1517	张雪萍	女	高中	1996-08-31	2014	511123199608310026	18782431839	四川省乐山市犍为县	614400	在籍	99.06
KJ1518	曾世强	男	中专	1996-06-16	2014	51112619960616292X	17780637142	四川省乐山市夹江县	614100	退休	75.48
KJ1519	杨万成	男	中专	1997-09-20	2016	511527199709204027	18514065925	四川省宜宾市筠连县	645250	在籍	83.65

原始数据表　分类汇总

图 5.50　分类汇总原始数据表复制

空军部队信息表											
军人证编号	姓名	性别	学历	出生日期	参军日期	身份证号码	联系电话	家庭住址	邮政编码	是否在籍	年终考核
KJ1501	王乾徽	男	本科	1995-12-19	2011	510824199512197018	13778849267	四川省广元市苍溪县	628400	在籍	85.60
KJ1503	席彬	男	硕士	1996-05-08	2011	420984199605082711	15881469969	湖北省孝感市汉川市	432300	在籍	78.60
KJ1512	罗智辉	男	大专	1996-06-28	2011	511923199606280059	18747875942	四川省巴中市平昌县	636400	在籍	74.58
KJ1518	曾世强	男	中专	1996-06-16	2010	51112619960616292X	17780637142	四川省乐山市夹江县	614100	退休	75.48
KJ1519	杨万成	男	中专	1997-09-20	2012	511527199709204027	18514065925	四川省宜宾市筠连县	645250	在籍	83.65
KJ1502	杨林	女	高中	1996-08-18	2010	511025199608180660	18380175312	四川省内江市资中县	641200	在籍	93.10
KJ1504	文蕾	女	高中	1997-06-12	2014	500223199706127033	18780011970	重庆市潼南区	402660	退休	69.40
KJ1505	操妍豪	女	中专	1997-11-16	2015	510121199711168829	18702828840	四川省成都市金堂县	610400	在籍	81.50
KJ1506	刘敏	女	大专	1998-04-03	2015	421022199804030028	18782432276	湖北省荆州市公安县	434300	退休	69.70
KJ1507	豆燕	女	本科	1998-07-30	2016	35042419980730049	15281289969	福建省三明市宁化县	365400	在籍	73.83
KJ1508	陈袁园	女	本科	1994-09-08	2012	510722199409082556	15108459063	四川省绵阳市三台县	621100	退休	73.98
KJ1509	蒲睿	女	本科	1998-02-28	2014	510723199802282075	17780627704	四川省绵阳市盐亭县	621600	退休	74.13
KJ1510	吕美秀	女	高中	1997-11-05	2016	350304199711053089	17828289287	福建省莆田市荔城区	351106	在籍	65.10
KJ1511	巨怡静	女	高中	1997-03-15	2013	210403199703153021	15196650879	辽宁省东洲区	113000	在籍	96.50
KJ1513	吴黄微	女	博士	1995-10-28	2016	511623199510288163	14799310269	四川省广安市邻水县	638500	退休	74.73
KJ1514	杨艺	女	硕士	1998-09-01	2012	510923199809010022	17796400719	四川省遂宁市大英县	629300	在籍	83.62
KJ1515	徐钥	女	本科	1997-10-05	2010	510683199710053321	15927877866	四川省德阳市绵竹市	618200	在籍	75.03
KJ1516	李小凤	女	大专	1998-06-16	2010	510704199806162522	18059466920	四川省绵阳市游仙区	621000	在籍	75.18
KJ1517	张雪萍	女	高中	1996-08-31	2016	511123199608310026	18782431839	四川省乐山市犍为县	614400	在籍	99.06

原始数据表　分类汇总

图 5.51　按性别排序后的结果

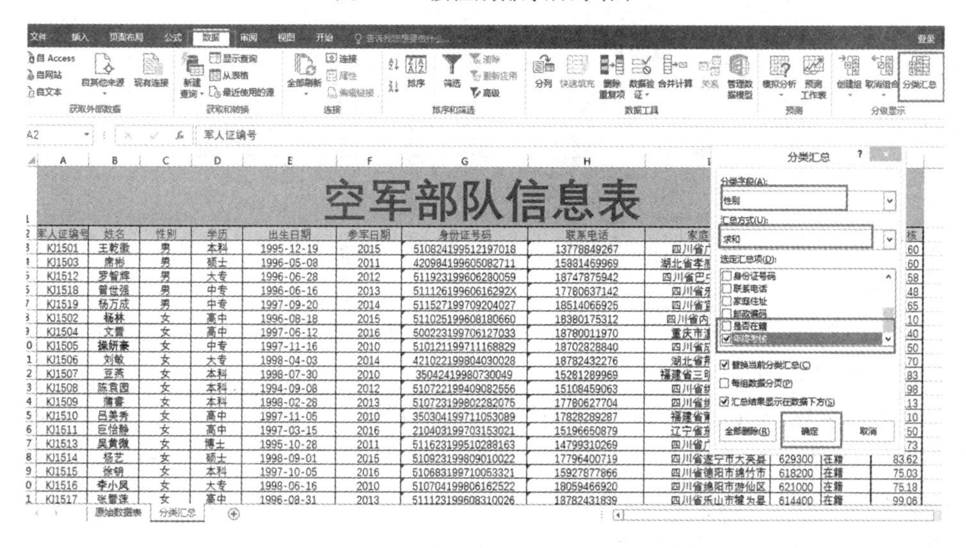

图 5.52　分类汇总设置

空军部队信息表

	军人证编号	姓名	性别	学历	出生日期	参军日期	身份证号码	联系电话	家庭住址	邮政编码	是否在籍	年终考核
3	KJ1501	王乾徽	男	本科	1995-12-19	2014	510824199512197018	13778849267	四川省广元市苍溪县	628400	在籍	85.60
4	KJ1503	席彬	男	硕士	1996-05-08	2016	420984199605082711	15881469969	湖北省孝感市汉川市	432300	在籍	78.60
5	KJ1512	罗智辉	男	大专	1996-06-28	2014	511923199606280059	18747875942	四川省巴中市平昌县	636400	在籍	74.58
6	KJ1518	曾世强	男	中专	1996-06-16	2014	51112619960616292X	17780637142	四川省乐山市夹江县	614100	退休	75.48
7	KJ1519	杨万成	男	中专	1997-09-20	2012	511527199709204027	18514065925	四川省宜宾市筠连县	645250	在籍	83.65
8			男 汇总									397.92
9	KJ1502	杨林	女	高中	1996-08-18	2011	511025199608180660	18380175312	四川省内江市资中县	641200	在籍	93.10
10	KJ1504	文雪	女	高中	1997-06-12	2015	500223199706127033	18780011970	重庆市潼南区	402660	退休	69.40
11	KJ1505	操妍豪	女	中专	1997-11-16	2013	510121199711168829	18702828840	四川省成都市金堂县	610400	在籍	81.50
12	KJ1506	刘敏	女	大专	1998-04-03	2010	421022199804030028	18782432276	湖北省荆州市公安县	434300	退休	69.70
13	KJ1507	豆燕	女	本科	1998-07-30	2014	35042419980730049	15281289969	福建省三明市宁化县	365400	在籍	73.83
14	KJ1508	陈袁园	女	本科	1994-09-08	2012	510722199409082556	15108459063	四川省绵阳市三台县	621100	退休	73.98
15	KJ1509	清睿	女	本科	1998-02-28	2013	510723199802282075	17780627704	四川省绵阳市盐亭县	621600	退休	74.13
16	KJ1510	吕美秀	女	高中	1997-11-05	2012	350304199711053089	17828289287	福建省莆田市荔城区	351106	在籍	65.10
17	KJ1511	巨怡静	女	高中	1997-03-15	2011	210403199703153021	15196650879	辽宁省东洲区	113000	在籍	96.50
18	KJ1513	吴黄微	女	博士	1995-10-28	2016	511623199510288163	14799310269	四川省广安市邻水县	638500	退休	74.73
19	KJ1514	杨艺	女	硕士	1998-09-01	2016	510923199809010022	17796400719	四川省遂宁市大英县	629300	在籍	83.62
20	KJ1515	徐钥	女	本科	1997-10-05	2015	510683199710053321	15927877866	四川省德阳市绵竹市	618200	在籍	75.03
21	KJ1516	李小凤	女	大专	1998-06-16	2011	510704199806162522	18059466920	四川省绵阳市游仙区	621000	在籍	75.18
22	KJ1517	张雪莲	女	高中	1996-08-31	2012	511123199608310026	18782431839	四川省乐山市犍为县	614400	在籍	99.06
23			女 汇总									1104.88
24			总计									1502.80

图 5.53　分类汇总效果图

5.3.5　数据有效性

在 Excel 中进行数据输入时,有些输入内容是需要进行审核的,不是任何数据都能输入。为此,Excel 提供了“数据有效性”工具。通过这个工具,可以在数据录入时发出警告,也可以限制数据的文本长度或者格式等。

【例 5.11】　在填写如图 5.54 所示的空军部队信息表时,要求该数据表要满足以下输入条件:①“年终考核”必须是 0~100 的整数;②输入时单元格提示“请输入 0~100 的整数”;③当超出范围时,提示“数据超过范围,请重新填写!”。操作步骤如下。

空军部队信息表

	A	B	C	D	E	F
2	军人证编号	姓名	性别	出生日期	身份证号码	年终考核
3	KJ1505	操妍豪	女	1997-11-16	510121199711168829	82
4	KJ1510	吕美秀	女	1997-11-05	350304199711053089	65
5	KJ1519	杨万成	男	1997-09-20	511527199709204027	84
6	KJ1502	杨林	女	1996-08-18	511025199608180660	0
7	KJ1506	刘敏	女	1998-04-03	421022199804030028	70
8	KJ1513	吴黄微	女	1995-10-28	511623199510288163	75
9	KJ1515	徐钥	女	1997-10-05	510683199710053321	100
10	KJ1504	文雪	女	1997-06-12	500223199706127033	69
11						
12						
13						
14						

图 5.54　原始信息表

①选中“年终考核”所在列的单元格,选择“数据”选项卡中的“数据工具”中的“数据验证”组中的“数据验证”。

②在“数据验证”面板中的“设置”中:允许为“整数”,数据为“介于”,最小值为“0”,最大值为“100”,如图 5.55 所示。

③在“数据验证”面板中的“输入信息”中:标题为“请输入成绩”,输入信息为“请输入 0~100 的整数”,如图 5.56 所示。

④在“数据验证”面板中的“输入信息”中:标题为“输入错误”,错误信息为“数据超过范围,请重新填写!”,如图 5.57 所示。

图 5.55　数据取值范围限制

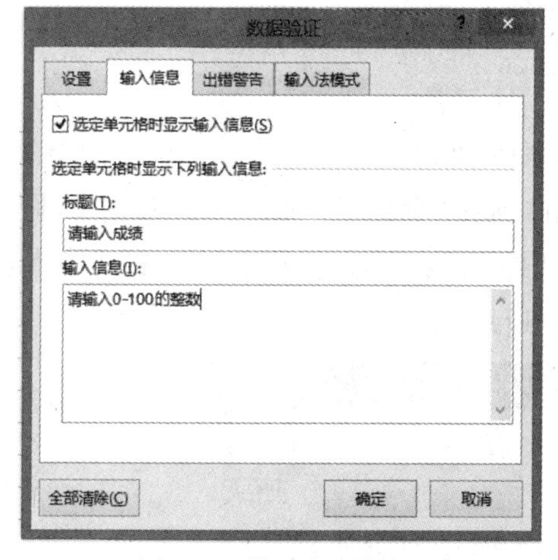

图 5.56　输入提示设置

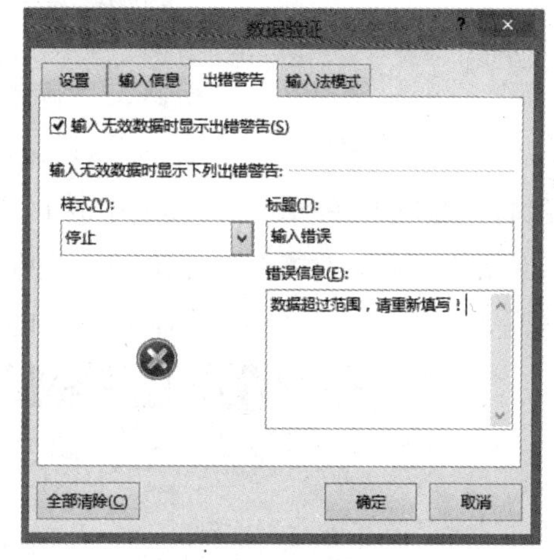

图 5.57　出错警告设置

⑤单击确定,得到设置数据有效性的效果,如图 5.58 所示。

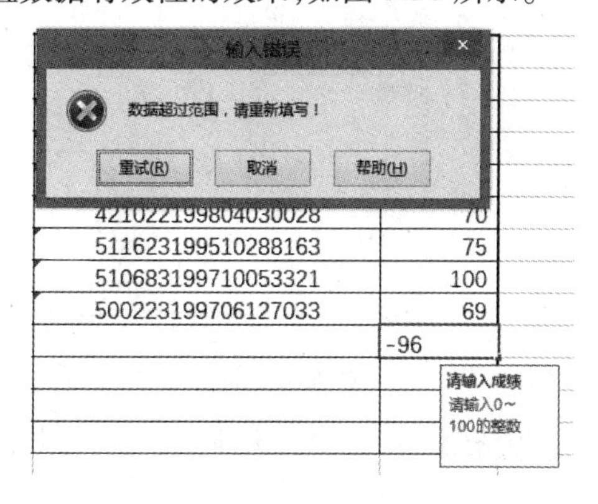

图 5.58　数据有效性设置结果

如需要在“数据验证”面板“设置”中的“允许”的下拉列表中进行选择,可进行限制文本长度、日期等操作。

5.3.6 合并计算

除了前面学习过的运用 SUM 函数或直接引用单元格地址相加外,Excel 还能够运用本身的“合并计算”进行跨表格的运算。便于进行数据的汇总和分析。

【例 5.12】 已知 3 个月的手机销售数据,求一个季度各品牌手机的销售额的汇总。操作步骤如下。

①首先制作格式化的 1~3 月的销售额电子表单(即行和列表头的内容和位置完全一致,只有销售金额有月份差别),以 3 月为例,如图 5.59 所示。

	A	B	C
1	三月各品牌手机销售额		
2	苹果	15651313	
3	三星	26654635	
4	诺基亚	26568645	
5	摩托罗拉	2563222	
6	OPPO	486653356	
7	步步高	5653115536	

1月销售额 | 2月销售额 | 3月销售额 | 一个季度汇总

图 5.59 格式化标准的销售图

②将光标位于“一季度汇总”表中的 B2 单元格,选择“数据”选项卡中的“数据工具”中的“合并计算”,“合并计算”面板中的引用位置,用右侧的▣按钮去选择“‘1 月销售额’!$B $2:$B $7”,然后单击“添加”按钮,如图 5.60 所示。

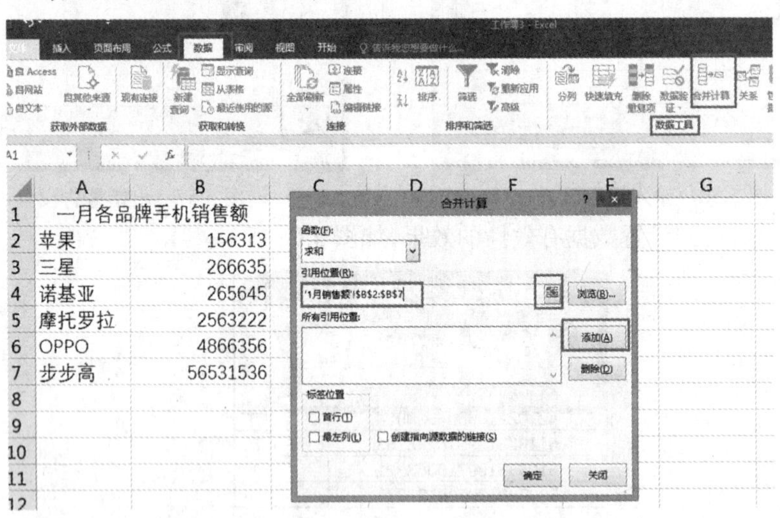

图 5.60 添加合并计算数据

③重复用引用位置右侧的▣按钮去选择 2 月和 3 月的销售额,得到如图 5.61 所示的结果。

④单击确定,得到合并求和的结果,如图 5.62 所示。

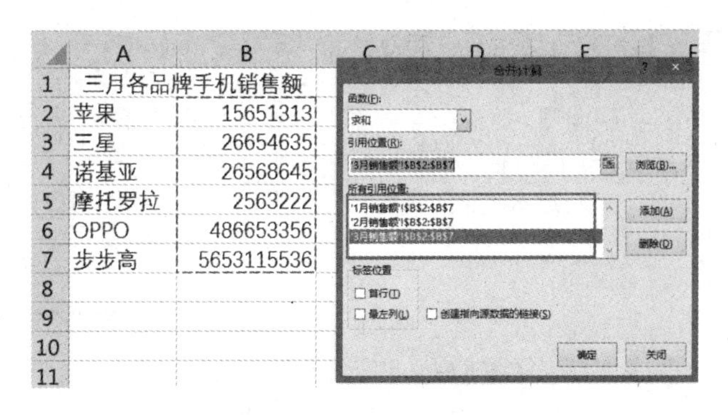

	A	B
1	三月各品牌手机销售额	
2	苹果	15651313
3	三星	26654635
4	诺基亚	26568645
5	摩托罗拉	2563222
6	OPPO	486653356
7	步步高	5653115536

图 5.61　添加其他引用数据

	A	B
1	一季度各品牌手机销售额	
2	苹果	15963939
3	三星	27187905
4	诺基亚	27099935
5	摩托罗拉	7689666
6	OPPO	496386068
7	步步高	5766178608

图 5.62　合并计算结果

5.3.7　模拟分析

模拟分析是指利用 Excel 通过对公式所引用的单元格值的变化分析所有可能的结果。运用单变量求解、方案管理器和模拟运算表去支持决策过程。

【例 5.13】　已知某公司为在 2017 年达到利润 1 000 万元，在 2016 年已知的每件商品单价为 60 元/件，成本为 35 元/件的情况下，对 2017 的销售数量进行评估。使用的是模拟分析中的单变量求解功能，操作步骤如下。

①建立如图 5.63 的原始表，D2 中输入公式"=(A2-B2) * C2"，因为 C2 的值未知，所以 D2 初始值为 0。

	A	B	C	D
1	单价	成本	数量	利润
2	60	35		=(A2-B2)*C2

图 5.63　模拟分析初始设置

②选择"数据"选项卡中的"预测"中的"模拟分析"组中的"单变量求解"，在"单变量求解"面板中，目标单元格为"D2"，目标值为"10000000"，可变单元格为"C2"，如图 5.64 所示。

③单击"确定"，得到单变量求解模拟分析结果，如图 5.65 所示。

若需要方案管理器和模拟运算表去支持决策过程，在"数据"选项卡中的"预测"中的"模拟分析"组中去进行选择。

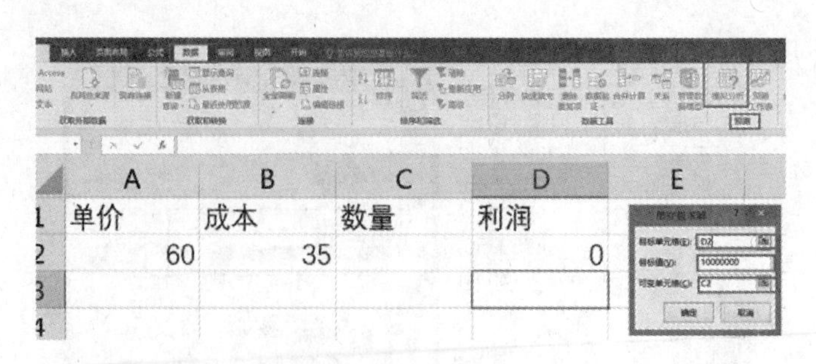

图 5.64　单变量求解设置

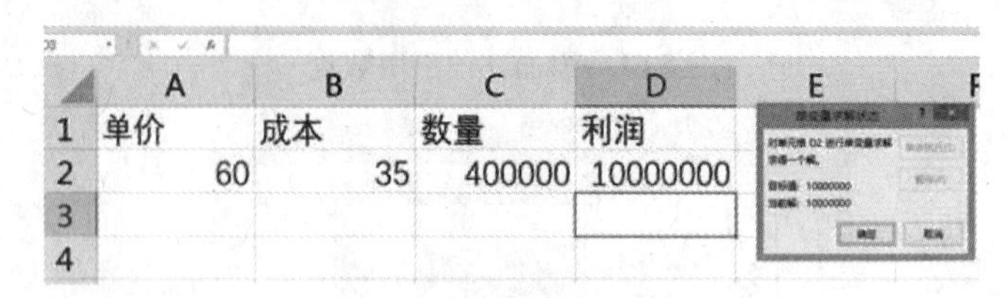

图 5.65　单变量求解结果

5.4　图表和透视图表

Excel 2016 图表和数据透视图表是数据的可视化表示,通过图表能够直观地显示工作表中的数据,形象地反映数据的差异、发展趋势。

5.4.1　图表

	A	B
1	一月各品牌手机销售额	
2	苹果	156313
3	三星	266635
4	诺基亚	265645
5	摩托罗拉	263222
6	OPPO	486256
7	步步高	565336

图 5.66　图表原始数据表

在 Excel 中,图表是指将工作表中的数据用图形表示出来。图表可以使数据更加有趣、吸引人、易于阅读和评价。它们也可以帮助我们分析和比较数据。建立了图表后,可以通过增加图表项,如数据标记,图例、标题、文字、趋势线、误差线及网格线来美化图表及强调某些信息。

【例 5.14】　将一月份各品牌手机销售额表,以柱形图的形式展示,数据如图 5.66 所示。操作步骤如下。

①选中除表头外的全部数据区,选择“插入”选项卡中的“图表”中的“柱形图”图标,如图 5.67 所示。

②单击“确定”按钮后,进入“设计”中,在“设计”的最左端,是“添加图表元素”组,可根据需要选择,如图 5.68 所示。

③如想快速得到多个元素的图形,可在“设计”中的“快速布局”中选择,如图 5.69 所示。

④输入图表标题和纵坐标轴的名称,可在图表右侧对名称文字进行修改、填充或增加边框等,如图 5.70 所示。

⑤为图表选择“切换行/列”,然后选择“更改图表类型”,之后可在“更改图表类型”面板

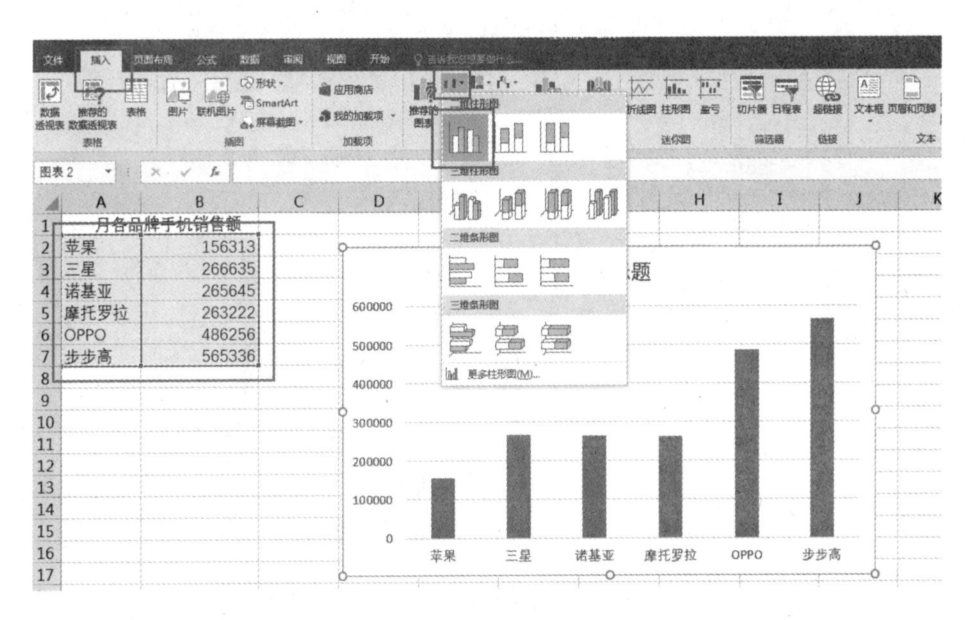

图 5.67　插入柱形图

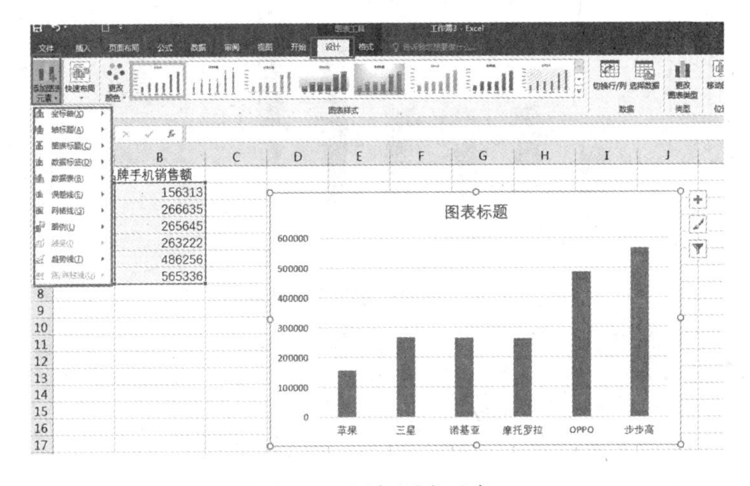

图 5.68　添加图表元素

中更换成其他需要的图表类型。

5.4.2　数据透视表

Excel 数据透视表是数据汇总、优化数据显示和数据处理的强大工具。之所以称为数据透视表，是因为可以动态地改变它们的版面布置，以便按照不同方式分析数据，也可以重新安排行号、列标和页字段。每一次改变版面布置时，数据透视表会立即按照新的布置重新计算数据。另外，如果原始数据发生更改，则可以更新数据透视表。

【例 5.15】　以图 5.71 中第一分公司的销售数据为基础生成数据透视表。操作步骤如下。

①将光标置于数据区任一单元格，选择“插入”选项卡中的“表格”中的“数据透视表”，会跳出“创建数据透视表”面板。面板中的“表/区域”会自动选取整个数据区，在选择放置数据

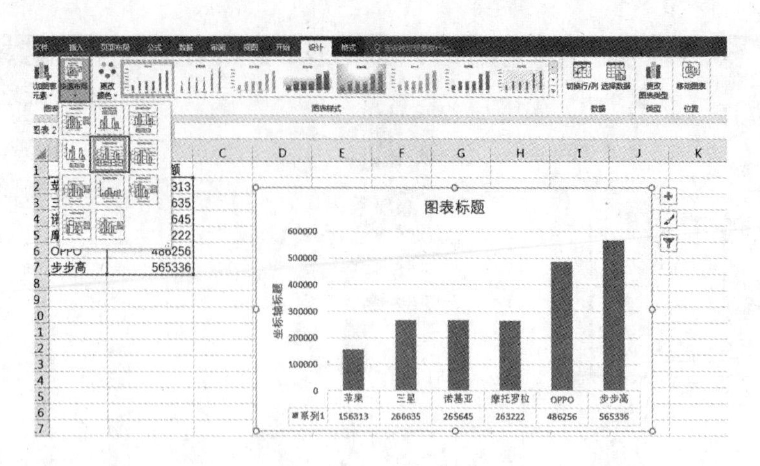

图 5.69　选择快速布局

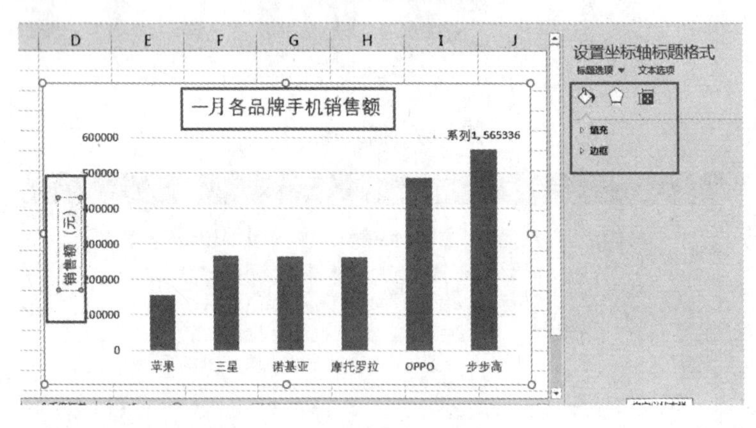

图 5.70　更改图表和纵坐标标题

月份	销售收入	生产成本	销售费用	税前利润	上缴税金	净利润
1月	¥602, 436. 00	¥271, 096. 20	¥90, 365. 40	¥240, 974. 40	¥50, 604. 62	¥190, 369. 78
2月	¥278, 041. 00	¥125, 118. 45	¥41, 706. 15	¥111, 216. 40	¥23, 355. 44	¥87, 860. 96
3月	¥612, 089. 00	¥275, 440. 05	¥91, 813. 35	¥244, 835. 60	¥51, 415. 48	¥193, 420. 12
4月	¥421, 596. 00	¥189, 718. 20	¥63, 239. 40	¥168, 638. 40	¥35, 414. 06	¥133, 224. 34
5月	¥616, 748. 00	¥277, 536. 60	¥92, 512. 20	¥246, 699. 20	¥51, 806. 83	¥194, 892. 37
6月	¥327, 613. 00	¥147, 425. 85	¥49, 141. 95	¥131, 045. 20	¥27, 519. 49	¥103, 525. 71
7月	¥540, 167. 00	¥243, 075. 15	¥81, 025. 05	¥216, 066. 80	¥45, 374. 03	¥170, 692. 77
8月	¥508, 769. 00	¥228, 946. 05	¥76, 315. 35	¥203, 507. 60	¥42, 736. 60	¥160, 771. 00
9月	¥425, 167. 00	¥191, 325. 15	¥63, 775. 05	¥170, 066. 80	¥35, 714. 03	¥134, 352. 77
10月	¥328, 441. 00	¥147, 798. 45	¥49, 266. 15	¥131, 376. 40	¥27, 589. 04	¥103, 787. 36
11月	¥254, 689. 00	¥114, 610. 05	¥38, 203. 35	¥101, 875. 60	¥21, 393. 88	¥80, 481. 72
12月	¥461, 262. 00	¥207, 567. 90	¥69, 189. 30	¥184, 504. 80	¥38, 746. 01	¥145, 758. 79

第一分公司

图 5.71　数据透视表原始图

透视表中，选择新工作表会插入一个新的工作表，否则将覆盖“第一分公司”表。以新工作表为例，如图 5.72 所示，单击确定后，得到新表中的数据透视表。

②在数据透视表右侧进行筛选器为“月份”、列为“生产成本”、行为“销售收入”、值为“净

利润”的透视表设置,如图 5.73 所示。数据透视表字段可以根据具体的需要进行选择。

	A	B	C	D	E
1	月份	销售收入	生产成本	销售费用	税前利润
2	1月	¥602,436.00	¥271,096.20	¥90,365.40	¥240,974.4
3	2月	¥278,041.00	¥125,118.45	¥41,706.15	¥111,216.4
4	3月	¥612,089.00	¥275,440.05	¥91,813.35	¥244,835.6
5	4月	¥421,596.00	¥189,718.20	¥63,239.40	¥168,638.4
6	5月	¥616,748.00	¥277,536.60	¥92,512.20	¥246,699.2
7	6月	¥327,613.00	¥147,425.85	¥49,141.95	¥131,045.2
8	7月	¥540,167.00	¥243,075.15	¥81,025.05	¥216,066.8
9	8月	¥508,769.00	¥228,946.05	¥76,315.35	¥203,507.6

图 5.72　数据透视表创建图

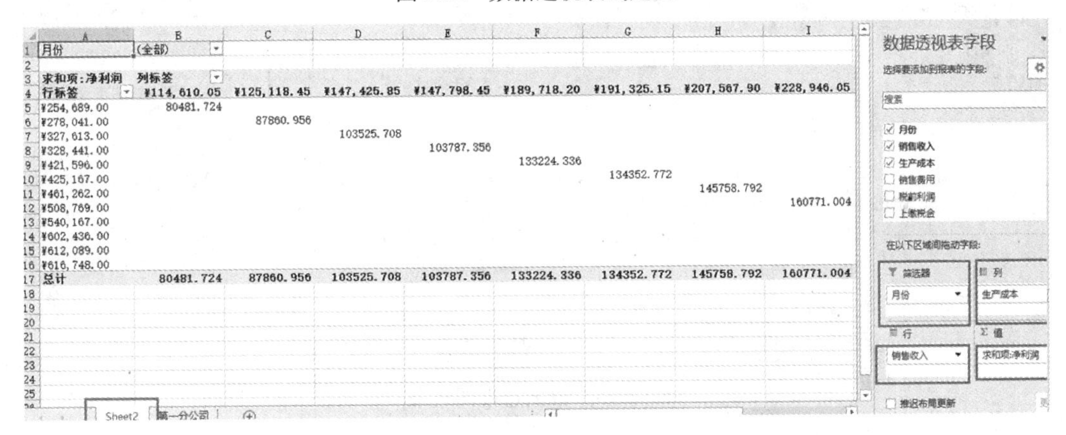

求和项:净利润	列标签							
行标签	¥114,610.05	¥125,118.45	¥147,425.85	¥147,798.45	¥189,718.20	¥191,325.15	¥207,567.90	¥228,946.05
¥254,689.00	80481.724							
¥278,041.00		87860.956						
¥327,613.00			103525.708					
¥328,441.00				103787.356				
¥421,596.00					133224.336			
¥425,167.00						134352.772		
¥461,262.00							145758.792	
¥508,769.00								160771.004
¥540,167.00								
¥602,436.00								
¥612,089.00								
¥616,748.00								
总计	80481.724	87860.956	103525.708	103787.356	133224.336	134352.772	145758.792	160771.004

图 5.73　数据透视表创建结果

5.4.3　数据透视图

数据透视图是在数据透视表的基础上,将表转化成图的形式,让我们更直观明了地观看数据的情况。

【例 5.16】　以上述数据为基础,生成数据透视图。操作步骤如下。

①将光标置于数据区任一单元格,选择“插入”选项卡中的“图表”中的“插入数据透视图”,单击“确定”按钮,得到和创建数据透视表相似的界面,如图 5.74 所示。

②在数据透视表右侧进行筛选器为“月份”、图列为“生产成本”、轴为“销售费用”、值为“净利润”的透视图设置,如图 5.75 所示。

当需要同时创建数据透视表和数据透视图时,可将光标置于数据区任意单元格,选择“插入”选项卡中的“图表”中的“插入数据透视图和数据透视表”。

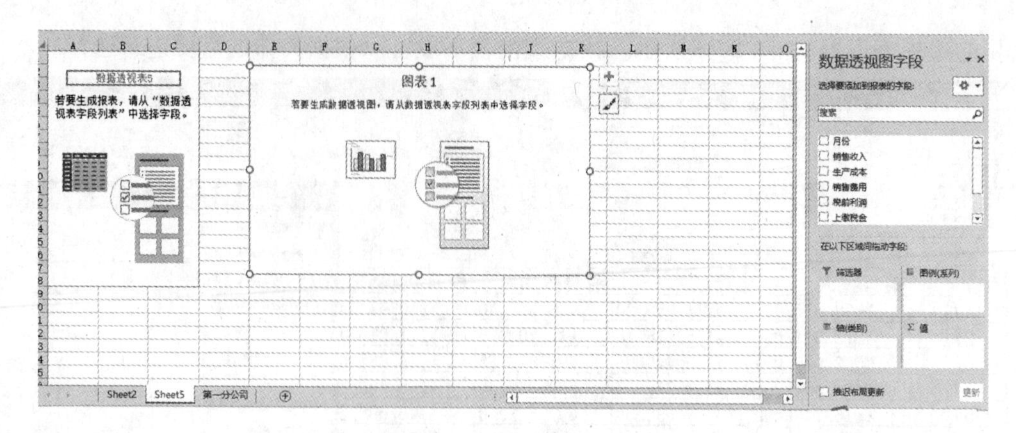

图 5.74　插入数据透视图

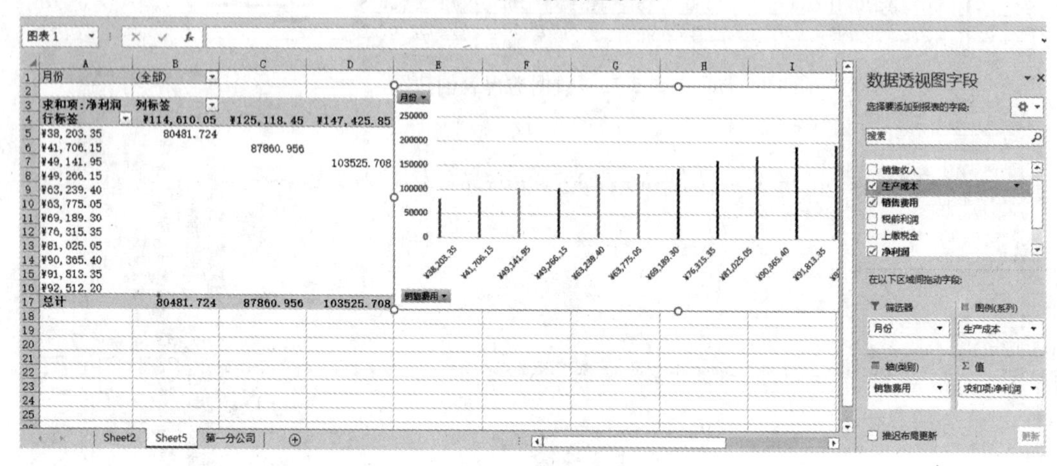

图 5.75　数据透视图效果

5.5　数据保护

Excel 的数据保护包括多个方面，主要是通过保护工作簿、工作表和限制编辑达到目的。

5.5.1　保护工作簿

如果不希望他人随意地修改工作簿中的内容，可以对工作簿的窗口、结构以及工作簿中的数据进行保护。

(1)保护工作簿窗口和结构

打开需要保护的工作簿，单击“审阅”选项卡“更改”组中的“保护工作簿”按钮，打开“保护结构和窗口”对话框，如图 5.76 所示。在对话框中可以根据需要勾选“结构”和“窗口”复选框，单击“确定”按钮实现对工作簿窗口和结构的保护。

若“结构”复选框被勾选：任何对工作簿结构的更改将被阻止，包括工作簿及其包含的工作表的删除、重命名、插入、移动或复制等操作。

	A	B	C	D	E	F	G
1	月份	销售收入	生产成本	销售费用	税前利润	上缴税金	净利润
2	1月	¥602,436.00	¥271,096.20	¥90,365.40	¥240,974.40	¥50	
3	2月	¥278,041.00	¥125,118.45	¥41,706.15	¥111,216.40	¥23	
4	3月	¥612,089.00	¥275,440.05	¥91,813.35	¥244,835.60	¥51	
5	4月	¥421,596.00	¥189,718.20	¥63,239.40	¥168,638.40	¥35	
6	5月	¥616,748.00	¥277,536.60	¥92,512.20	¥246,699.20	¥51	
7	6月	¥327,613.00	¥147,425.85	¥49,141.95	¥131,045.20	¥27	

图 5.76　保护工作簿

若“窗口”复选框被勾选：任何对工作簿窗口的更改将被阻止，包括更改工作簿窗口的大小、位置以及关闭窗口等操作。

(2) **限制打开工作簿**

如果需要对工作簿中的所有数据进行保护，可以对打开工作簿的权限进行加密限制，加密后的工作簿在打开时需要输入密码，只有正确输入密码后才能进入工作簿。若要加密工作簿，可以在“文件”选项卡中单击“另存为”命令，打开“另存为”对话框。单击该对话框下方的“工具”命令按钮，然后单击弹出菜单中的“常规选项”命令，打开“常规选项”对话框，如图5.77所示。在“常规选项”对话框中完成工作簿密码的设置。完成工作簿另存操作后，打开另存的工作簿文件时将弹出输入密码对话框。

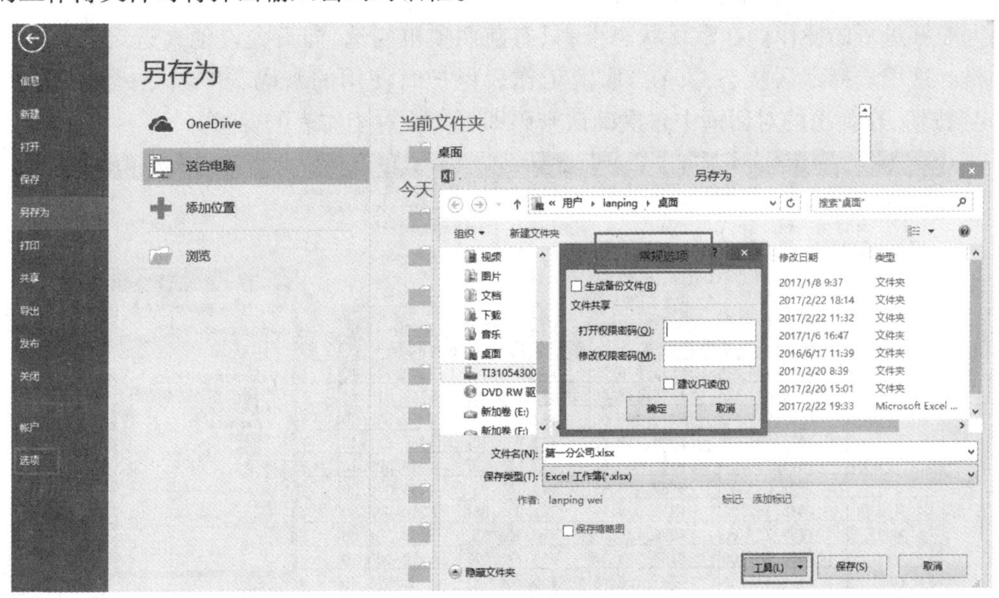

图 5.77　限制打开工作簿

(3) **取消保护工作簿**

如果要取消对工作簿的保护，只需要再次单击“审阅”选项卡“更改”组中的“保护工作簿”按钮即可。如果要防止他人随意取消对工作簿的保护，可以在保护工作簿时在“保护结构和窗口”对话框的“密码(可选)”框中输入密码,单击“确定”按钮,在弹出的对话框中再次输入相同的密码确认。这样如果需要取消对工作簿的保护,则会弹出对话框要求进行密码验证,如图 5.78 所示。

图 5.78　取消保护工作簿

5.5.2　保护工作表

为了防止工作表中的内容被他人随意更改,可以对工作表设定保护。

(1)**启动保护工作表**

打开需要保护的工作表,在“审阅”选项卡中的“更改”组中,单击“保护工作表”按钮,打开“保护工作表”对话框,如图 5.79 所示。在“允许此工作表的所有用户进行”列表中,选择允许他人能够进行的操作。在默认状态下,只有前两项被勾选,即只允许他人选定工作表中的单元格。这里选择默认状态,并在“取消工作表保护时使用的密码”中输入一组密码,单击“确定”按钮,在弹出的对话框中再次确认密码即可完成对工作表的保护。

月份	销售收入	生产成本	销售费用	税前利润	上缴
1月	¥602,436.00	¥271,096.20	¥90,365.40	¥240,974.40	¥
2月	¥278,041.00	¥125,118.45	¥41,706.15	¥111,216.40	¥
3月	¥612,089.00	¥275,440.05	¥91,813.35	¥244,835.60	¥
4月	¥421,596.00	¥189,718.20	¥63,239.40	¥168,638.40	¥
5月	¥616,748.00	¥277,536.60	¥92,512.20	¥246,699.20	¥
6月	¥327,613.00	¥147,425.85	¥49,141.95	¥131,045.20	¥
7月	¥540,167.00	¥243,075.15	¥81,025.05	¥216,066.80	¥
8月	¥508,769.00	¥228,946.05	¥76,315.35	¥203,507.60	¥
9月	¥425,167.00	¥191,325.15	¥63,775.05	¥170,066.80	¥
10月	¥328,441.00	¥147,798.45	¥49,266.15	¥131,376.40	¥27,589.04
11月	¥254,689.00	¥114,610.05	¥38,203.35	¥101,875.60	¥21,393.88
12月	¥461,262.00	¥207,567.90	¥69,189.30	¥184,504.80	¥38,746.01

保护工作表
保护工作表及锁定的单元格内容(C)
取消工作表保护时使用的密码(P):
允许此工作表的所有用户进行(O):
选定锁定单元格
选定未锁定的单元格
设置单元格格式
设置列格式
设置行格式
插入列
插入行
插入超链接
删除列
删除行
确定
取消

图 5.79　保护工作表

(2)**取消保护工作表**

如果需要取消对工作表的保护,则可以单击“审阅”选项卡的“更改”组中的“撤销工作表保护”按钮,由于在进行工作表保护的时候设置了密码,因此在这里会弹出密码输入框,完成密码验证后即可取消对工作表的保护,如图 5.80 所示。

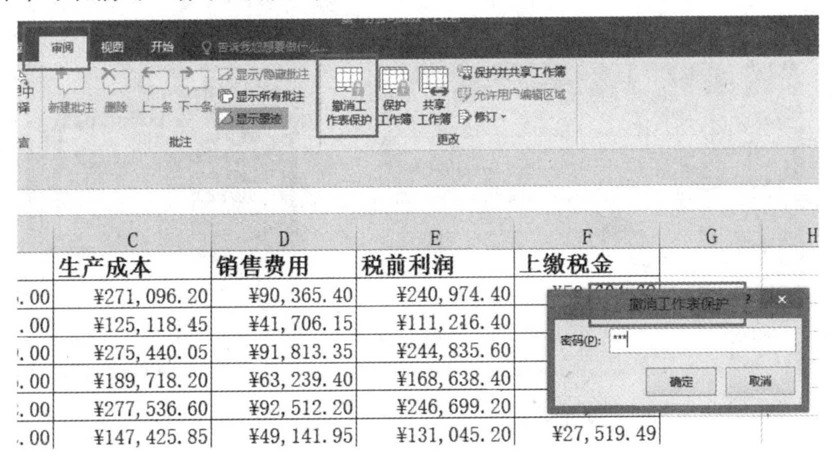

图 5.80　取消保护工作表

5.5.3　限制编辑

在协同工作中,有时不希望其他用户编辑某些单元格区域,而只能编辑指定的区域,以避免弄丢工作表中的重要数据。

【例 5.17】　对表设置限制编辑,操作步骤如下。

①打开“第一分公司.xlsx”中的工作表 “第一分公司”,在“审阅”选项卡中的“更改”组中,单击“允许用户编辑区域”按钮,打开“允许用户编辑区域”对话框,如图 5.81 所示。

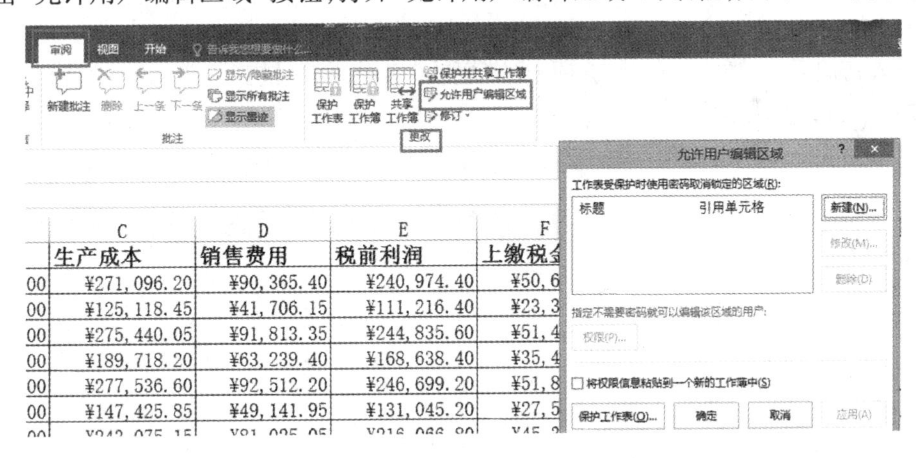

图 5.81　打开“允许用户编辑区域”对话框

②单击“新建”按钮,在“新区域”对话框中,标题为“净利润”,引用的单元格为“=G2:G13”,输入密码“123”,如图 5.82 所示。

③单击确定,确认密码依然输入“123”,返回“允许用户编辑区域”对话框,单击左下角的“保护工作表”按钮,如图 5.83 所示。

④再次输入密码“123”单击“确定”按钮,再次输入密码完成。

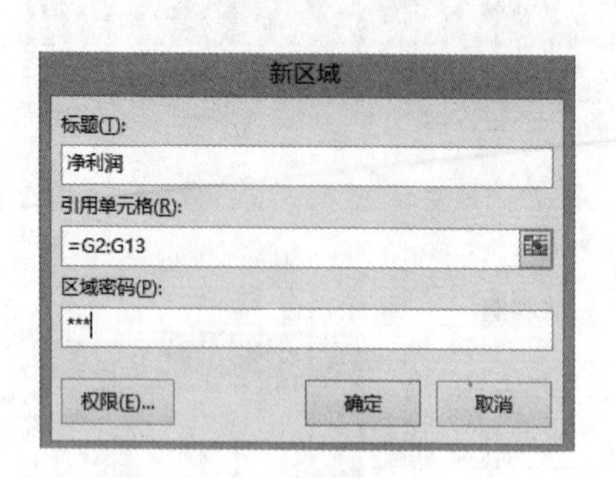

图 5.82　设置新区域

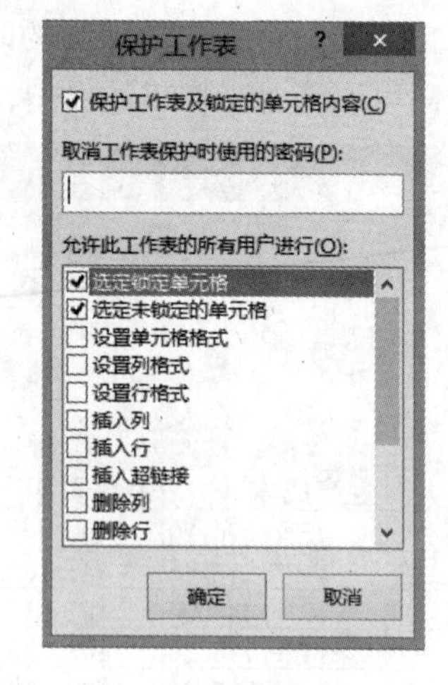

图 5.83　设置允许内容

⑤这时单击“净利润”所在列的任意单元格，结果如图 5.84 所示。

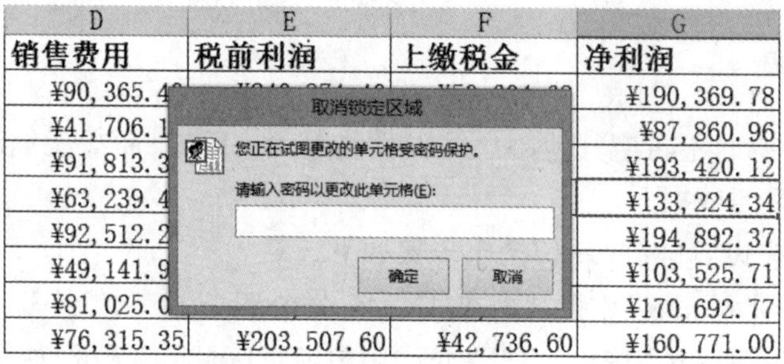

D	E	F	G
销售费用	税前利润	上缴税金	净利润
¥90, 365. 4			¥190, 369. 78
¥41, 706. 1			¥87, 860. 96
¥91, 813. 3			¥193, 420. 12
¥63, 239. 4			¥133, 224. 34
¥92, 512. 2			¥194, 892. 37
¥49, 141. 9			¥103, 525. 71
¥81, 025. 0			¥170, 692. 77
¥76, 315. 35	¥203, 507. 60	¥42, 736. 60	¥160, 771. 00

取消锁定区域
您正在试图更改的单元格受密码保护。
请输入密码以更改此单元格(E):
确定　取消

图 5.84　阻止编辑修改

⑥输入密码后，可单击“审阅”选项卡的“更改”组中的“撤销工作表保护”按钮，再次输入密码“123”后，可撤销保护。

第 6 章 演示文稿 PowerPoint 2016

【学习目标】

通过本章的学习应掌握如下内容：

- PowerPoint 2016 的工作环境
- 幻灯片主题的设置与修改
- 幻灯片对象的设置与编辑
- 幻灯片母版的作用
- 幻灯片的切换及动画设置
- 演示文稿的保存和放映

在信息化程度高度发达的今天，演示文稿日益成为人们学习和工作的重要帮手。无论是制作多媒体课件，还是进行会议报告、讲演，又或是产品展示、广告宣传等，一份优秀的演示文稿不仅可以帮助我们清晰、简明地表达想法，还可以生动、灵活地展示结果。熟练掌握演示文稿的制作已经成为很多人职业生涯中的一项重要技能。

Microsoft Office PowerPoint 是一款用于制作和展示演示文稿的专业软件，是微软公司Office套件中重要的组成部分。PowerPoint 软件制作的成果被称为演示文稿，其文件格式有 PPT 和 PPTX 两种，还可以另存为 PDF 文件或图片文件。演示文稿包括一张或若干张幻灯片，幻灯片通常由标题和内容两部分构成，在幻灯片页面内可以将文本、图形图像、统计图表、声音、视频等多种元素进行有机组合。目前 PowerPoint 常见的版本有 PowerPoint 2003、PowerPoint 2007、PowerPoint 2010、PowerPoint 2013 和 PowerPoint 2016。本章将以 PowerPoint 2016 为例，介绍演示文稿的制作和放映。

6.1 PowerPoint 2016 基本操作

PowerPoint 2016 基本沿用了 PowerPoint 2013 的界面风格，但在其基础上添加和完善了智能搜索、协同办公、屏幕录制和墨迹书写等功能，并且新增了树状图、箱形图、旭日图、直方图、瀑布图5个图表类型和对EPS矢量文件的支持。智能搜索不仅能提供功能和操作的检索,还能直接搜索互联网资源。屏幕录制可以将屏幕的操作录制成视频并直接插入演示文稿中,生成的视频具有高清晰、体积小的特点,非常适合计算机操作步骤演示的制作。墨迹书写可以方便用户在触控设备上更加灵活地使用各类形状,并设计有将绘图转换为形状的选项,还添加有墨迹公式输入。

PowerPoint 2016 的程序界面主要由如下7个部分构成:快速访问工具栏、标题栏、窗口控制菜单、功能选项卡和功能区组、任务窗格、幻灯片窗格和状态栏等,程序界面如图6.1所示。

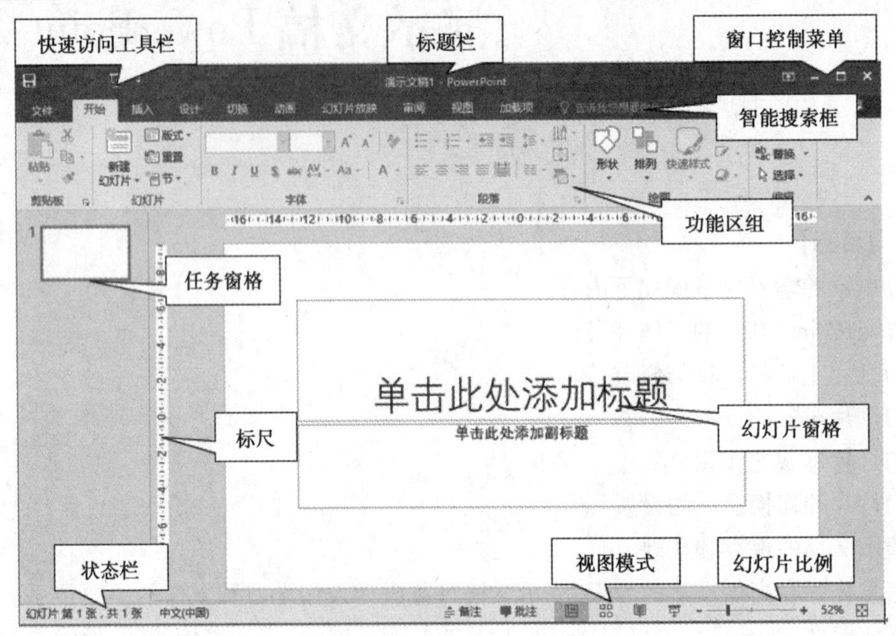

图6.1 PowerPoint 2016 程序界面

在快速访问工具栏中放置有软件常用的功能键,默认有保存、撤销、恢复和打开4个,其他常用功能可通过自定义灵活设置。标题栏显示文档标题、文件后缀名及文档状况。演示文稿如处于受保护的视图模式或者兼容模式,可在"文件"选项卡的"信息"页面中单击"启用编辑"或"转换"。窗口控制菜单可以实现窗口的最小化、最大化、向下还原和关闭,还可以设置功能区域显示选项。功能区域由选项卡和功能区组两部分组成,软件的主要功能都被分类归集到9大选项卡中,选项卡右侧即为智能搜索框,可以搜索并执行相应功能。功能区组中凡带有"↘"标志的表示可以单击打开窗口进行详细设置。大纲窗格中会显示演示文稿中所有幻灯片的缩略图和演示文稿的大纲内容。对幻灯片的编辑和修改主要在幻灯片窗格内完成。状态栏显示当前幻灯片页数和总页数,显示备注、批注,切换视图模式和设置幻灯片显示比例。

6.1.1 设置幻灯片主题

幻灯片主题指的是幻灯片的界面风格,包括窗口的色彩、控件的布局、图标样式等内容,决定了幻灯片的整体视觉效果。通过设置幻灯片主题可以简化幻灯片的设计,并达到美化演示文稿的目的。

当通过开始菜单或桌面快捷方式启动 PowerPoint 2016 后，软件会呈现如图 6.2 所示的界面。在开始界面中，软件提供了内置的 20 多个模板和主题以供选择，只需要单击自己喜欢的主题，并在随后的预览界面中单击“创建”按钮即可。

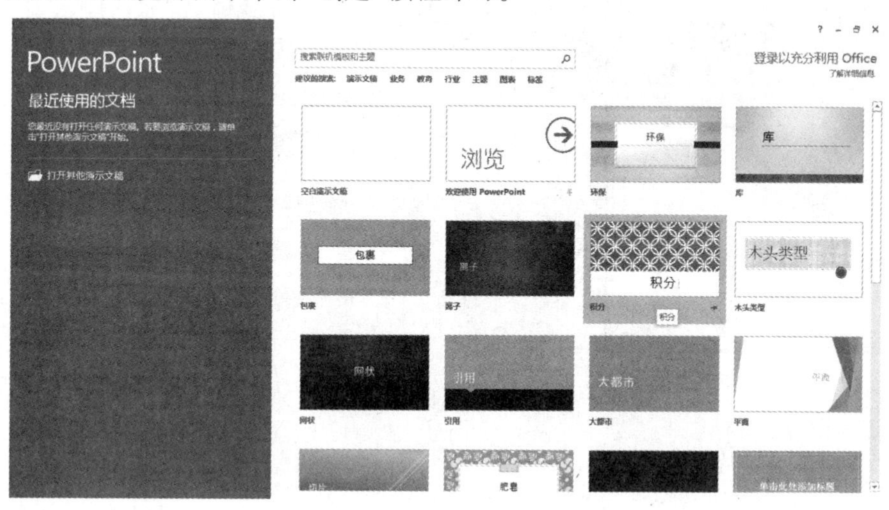

图 6.2　PowerPoint 2016 开始界面

如果其中没有满意的主题，可在联机情况下，搜索想要的主题词（例如“教育”），软件会提供获得若干在线模板和主题以供下载，如图 6.3 所示。如果不想设置任何主题，可直接单击空白演示文稿，软件将进入图 6.1 所示的界面当中。

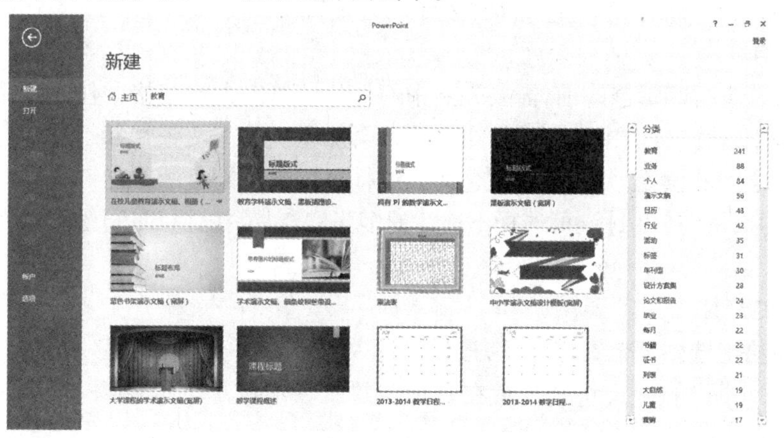

图 6.3　联机搜索主题

进入软件的主界面后仍可继续选择或修改主题，该功能主要集中于“设计”选项卡当中。“设计”选项卡的设计部分提供了整套的主题方案，并可以通过单击“浏览主题”选择导入本地的模板文件，或者是通过单击“保存当前主题”将本文档的主题方案保存到本地，主题方案的文件类型为.thmx。如果需要对主题中的颜色、字体、形状效果或者背景格式中的一项或者多项进行修改，可以选择使用“设计”选项卡中的变体功能。除了已有的方案外，颜色、字体还有背景格式均可以自定义设置,如图 6.4 所示。另外在“设计”选项卡中,还可以设置幻灯片的大小。

图 6.4　主题自定义设置

6.1.2　管理幻灯片

演示文稿是由一张或多张幻灯片构成,在制作演示文稿的过程中需要新建、选择、移动、删除或是重用幻灯片。

(1)新建幻灯片

在“开始”选项卡和“插入”选项卡中均设置有“新建幻灯片”功能,单击该按钮,从弹出的版式菜单中单击所需版式即可,如图 6.5 所示。复制文档内的某张幻灯片需要先选中被复制的幻灯片,然后单击“新建幻灯片”中的“复制幻灯片”。

(2)选择幻灯片

在对幻灯片进行编辑修改前,需要先选中幻灯片。单击大纲窗格中任意一张幻灯片缩略图即可选中该幻灯片,被选中的幻灯片边框线条会加粗。单击两张相邻幻灯片的空隙可以选择两张幻灯片之间的位置,并有一根红色的实线标志。单击键盘的方向键可以向上或向下选择相邻的幻灯片,按住【Ctrl】键可选择不连续的多张幻灯片,按住【Shift】键可选择连续的多张幻灯片。

(3)移动幻灯片

在大纲窗格中选中某个幻灯片后,按住鼠标左键不放可直接将其移动到目标位置,或者是用“剪切”+“粘贴”的方式将其放置在目标位置。在幻灯片浏览视图下,移动幻灯片更为方便。

(4)删除幻灯片

选中某幻灯片后,按【Delete】键或者单击鼠标右键并在弹出菜单中选择“删除幻灯片”即可删除该幻灯片。

(5)重用幻灯片

重用幻灯片可以方便地将其他演示文稿中的幻灯片导入本文档中。方法是单击“新建幻灯片”,在如图 6.5 所示的弹窗中选择“重用幻灯片”。然后在“重用幻灯片”窗格中,单击“打开 PowerPoint 文件”，在浏览对话框中找到并打开所需的文档。“重用幻灯片”窗格中会显示该演示文稿中的全部幻灯片，如图 6.6 所示，只需要单击所需的幻灯片即可导入该幻灯片。默认情况下仅导入该幻灯片内容，选择“保留源格式”选项可以保留幻灯片的源格式。

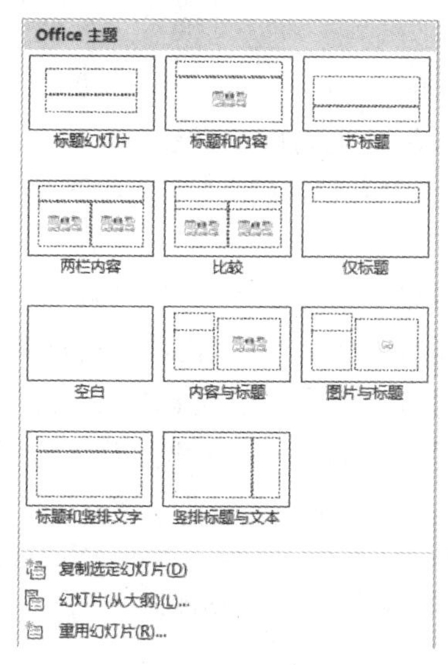

图 6.5　新建幻灯片

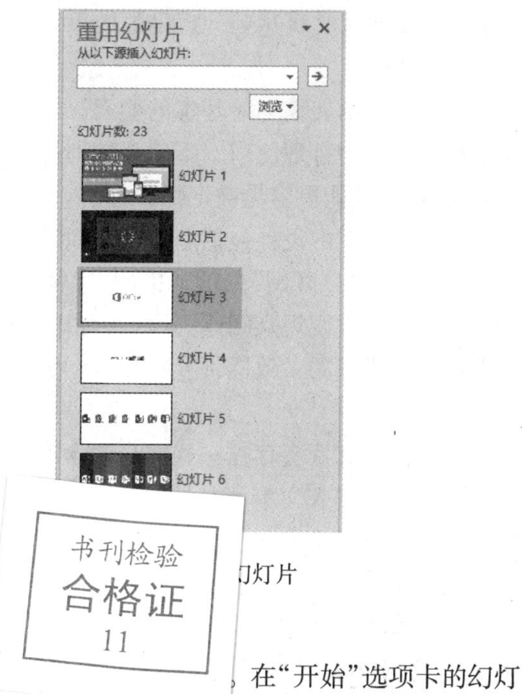

幻灯片

（6）**幻灯片分节**

为方便对幻灯片的管理，可对演示文稿中的　　　　。在“开始”选项卡的幻灯片功能组中有专门的分节管理按钮，单击其中的“新增节”可在所选幻灯片前方添加新的节，其中还有节的重命名和删除等功能。幻灯片分节后，“幻灯片浏览”视图将会按节显示幻灯片，如图 6.7 所示。这样可以更为清晰地查看幻灯片的层次结构，并可以以节为单位移动幻灯片。

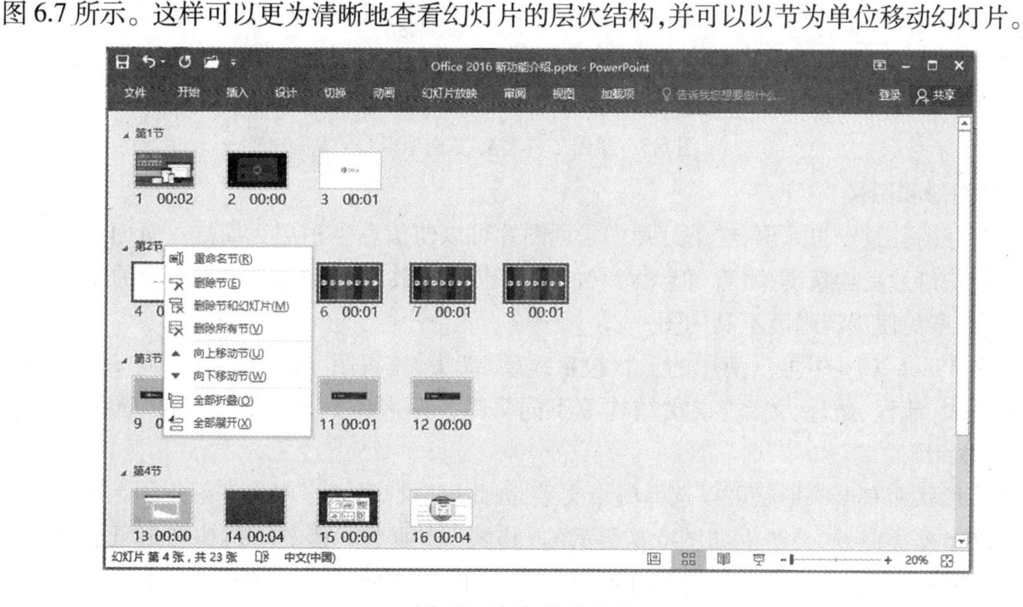

图 6.7　幻灯片分节显示

6.1.3 使用幻灯片对象

幻灯片是集文字、图形图像、表格图表、音频视频的综合体,需要合理地使用这些幻灯片对象才能使演示文稿达到理想中的效果。

(1)**文本**

文本是演示文稿中最基本的要素,虽然不如图片生动形象,但表意准确,信息密度大,应在幻灯片页面中合理使用。不建议在幻灯片页面内大段使用文字,只需要精练概括本页面的核心内容,使其能更容易被记忆和理解。

幻灯片中文本设计包括字体、字号和文本效果 3 个方面。和 Word 和 Excel 一样,文本格式的设置主要在"开始"选项卡中的"字体"功能组内完成,文本内的段落设置通过"段落"功能组实现。以方便观众阅读为原则,可以通过字体和字号的变化以区分内容的层次,但应尽量保持文本设置的一致性,还应注意字号的设置不宜过小,字体颜色应与背景颜色存在区分度等。

大多数幻灯片会存在一些本身包含有文字的文本框,这些文本框被称为文本占位符,可以在其中直接输入文本。或是在"插入"选项卡中单击"文本"功能组中的"文本框"按钮插入横排文本框或竖排文本框。

当选中文本框时,选项卡中会多出一个"格式"选项卡,如图 6.8 所示。在"格式"选项卡中,"形状样式"功能组可以设置文本框的显示效果,文本内容的艺术效果由"艺术字样式"功能组设置,文本框的位置和大小通过最右侧的"大小"功能组设定。

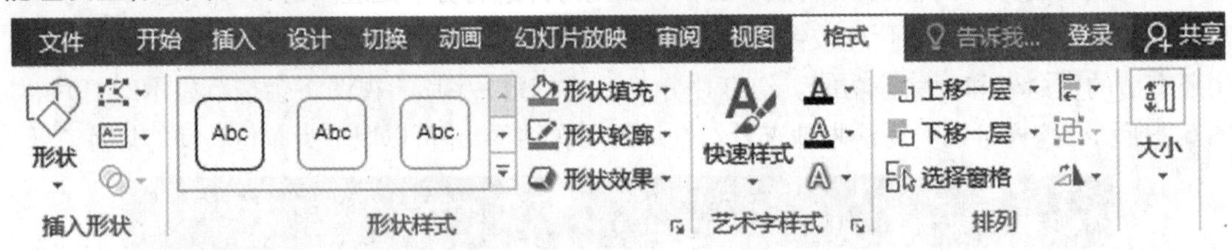

图 6.8　绘图工具"格式"选项卡

(2)**图形和图像**

一张好图胜过千言万语,在幻灯片中采用图片可以使信息表达更为简洁。页面中精美的图片会使幻灯片更加精美、耐看,但无意义的图片也会分散观众的注意力。图片的使用应紧扣主题,且避免使用清晰度不高的图片。

PowerPoint 2016 中可以使用的形状包括线条、箭头、流程图、基本形状等,而 SmartArt 图形支持列表、流程、循环、关系、层次结构等不同类型。两者的插入均在"插入"选项卡中的"插图"功能组。

插入形状后右击该形状可以选择编辑文字,因此可以把形状当作文本框使用。选中形状和选中文本框类似,均会产生如图 6.8 所示的"格式"选项卡。其中排列功能组可以旋转形状,设定不同形状的显示层级并将其进行组合。另外形状也支持顶点编辑,产生更为丰富的形状。

在幻灯片页面内使用 SmartArt 图形能使幻灯片内容拥有更为清晰明了的结构。

PowerPoint 2016 可以直接将文本转化为 SmartArt 图形，转换按钮在“开始”选项卡的“段落”功能组中。针对 SmartArt 图形有专门的“设计”和“格式”选项卡，“格式”选项卡与形状的“格式”选项卡类似。“设计”选项卡如图 6.9 所示，如需添加新的形状可单击“添加形状”按钮，如需编辑文本可单击“文本窗格”按钮，修改形状的层级关系可单击“升级”或“降级”按钮，改变形状顺序需单击“上移”或“下移”按钮，如需更改版式、颜色及样式只需要在对应位置重新选择即可。

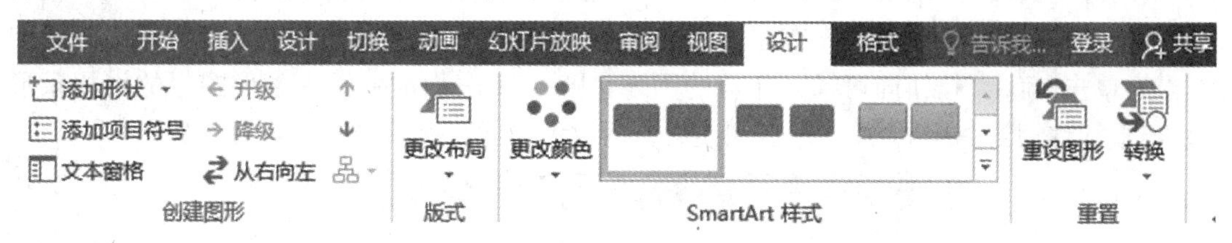

图 6.9　SmartArt“设计”选项卡

PowerPoint 2016 没有剪切画库，但支持从本地导入图片，也支持从互联网上直接搜索下载图片。插入图像功能在“插入”选项卡中的“图像”功能组中，其中还有“屏幕截图”和“相册”制作的功能。选中插入的图片后，选项卡中会多出一个图片工具“格式”选项卡，如图 6.10 所示。直接插入的图片大小、位置和形状通常都不符合需求，可以通过最右端的“大小”功能组进行调整，其中裁剪功能可将图片裁剪为任意形状。如果需要对图片亮度、颜色及艺术效果进行调整可以直接单击“调整”功能组中的相应功能。如果需要删除图片背景可以选择“删除背景”功能，或者选择颜色中的“设置透明色”功能。图片工具“格式”选项卡中另一个重要功能是“图片样式”功能区，其中已经预设了若干样式可供直接选择使用。如需单独调整边框可单击图片边框按钮设置，如需让图片形成阴影、映像、发光、棱台、柔化边缘和三维旋转等效果可设置相应的图片效果，为图片配置文本说明可选择设置图片版式。

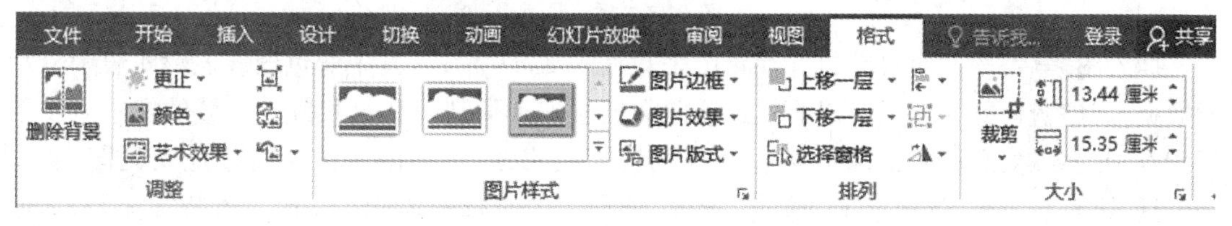

图 6.10　图片工具“格式”选项卡

(3) **表格和图表**

在幻灯片中使用表格可以更有效地组织和表现数据，使用各式各样的图表可以让数据以更直观的方式表现，帮助观众更好地理解数据含义。PowerPoint 2016 支持的图表类型有 15 种之多，每种类型又有不同的表现形式，为准确表示数据意图应合理选择图表类型及表现形式。例如，饼状图适合表现部分在整体中的占比，柱形图和条形图适合多个数据的比较，而折线图适合表现数据随时间的变化。另外，因为一页幻灯片的空间有限，不应在一页幻灯片内使用过多的图表。

通过“插入”选项卡中的“表格”功能组可以向幻灯片页面内插入表格。如果表格大小小于 8 行 10 列，可直接使用快速表格的方式插入。超过这个大小则需要打开“插入表格”对话框设定表格的行列数量。因为 Excel 才是更为专业的表格处理软件，如需使用 Excel 软件的功能可以向幻灯片页面内插入“Excel 电子表格”。用户还可以选择手绘表格。

插入表格后,选项卡中会出现表格的“设计”选项卡和“布局”选项卡。其中,“设计”选项卡用于修改表格样式,设置表格内文本艺术字样式和绘制边框;“布局”选项卡用于行和列的插入、删除,单元格的拆分、合并,表格及单元格大小的设置以及表格文字方向和对齐方式的设定。表格样式选项需要配合表格样式使用。

向幻灯片页面内插入图表需要单击“插入”选项卡中“插图”功能组的“图表”功能。在弹出的“插入图表”对话框中,首先在左侧中选择图表类型,然后在该类型中选择所需的图表样式,最后单击“确定”按钮即可插入相应的图表。图 6.11 表示准备插入条形图中的堆积条形图。当鼠标移动到图表上方时,示例图表会自动放大以便观察所选中图表的细节。

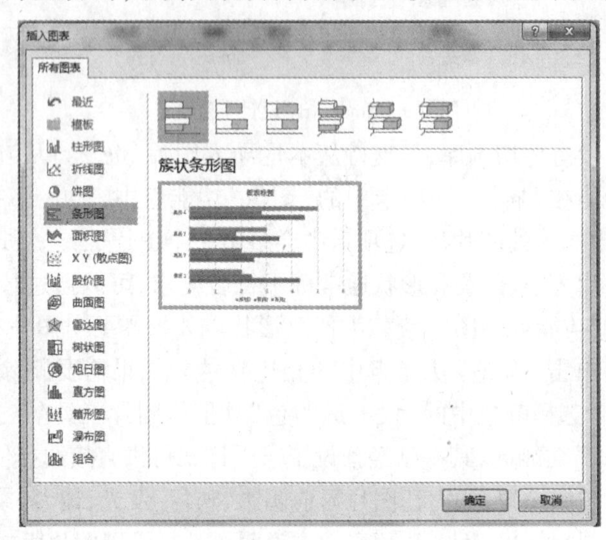

图 6.11　插入图表

插入图表后,软件会自动打开编辑图表数据的 Excel 窗口,其中蓝色框线表示图表中显示的数据,调整蓝色框线范围可以添加或删除数据系列和类别。红色和紫色区域的文本表示系列和类别的名称,和蓝色区域的数据一样均可直接修改,所做的修改会直接反映到图表中。修改后,可直接关闭 Excel 窗口,通过“设计”选项卡中的“编辑数据”功能可重新打开 Excel 窗口编辑。图表其他元素诸如图例、坐标轴、网格线、轴标题、图表标题、数据标签和图表样式等均可在图表工具的“设计”选项卡中设置。

(4)音频和视频

在幻灯片的播放过程中,添加美妙的背景音乐或是精彩的视频可以使演示文稿更加生动。但值得注意的是,PowerPoint 2016 所支持音频和视频格式有限,有些音频和视频需要先转码后才能插入幻灯片中。音频推荐使用 WMA 格式,另外,插入音频或视频后的演示文稿的文件大小也会显著增大。

向幻灯片中插入音频的方式有两种,一种是从本地导入已经存在的音频文件,另一种是用户录制。这两种方式均通过单击“插入”选项卡中“媒体”功能组中的“音频”功能实现。导入本地音频文件只需要通过“插入音频”对话框找到准备导入的音频文件再单击“确定”按钮即可。录制音频的方法也比较简单,选择“录制音频”后会弹出“录制声音”对话框,其中 3 个按钮分别对应“播放”“结束录制”和“开始录制”，录制完成后单击“确定”按钮即可完成录制。

插入音频后，幻灯片页面内会出现喇叭状的图形表示所导入的音频，并伴随有播放控制条，选项卡中新增音频工具的“格式”选项卡和“播放”选项卡。“格式”选项卡可以设置喇叭图形的图片效果，“播放”选项卡可以设置音频播放的相关设置。如需将音频作为幻灯片的背景音，可设置音频样式为“在后台播放”，音频选项会自动将开始方式设定为“自动”，并将“跨幻灯片播放”“循环播放，直到停止”和“放映时隐藏”3 个选项选中，如图 6.12 所示。“播放”选项卡中有裁剪音频的功能，但不能和“跨幻灯片播放”同时使用。

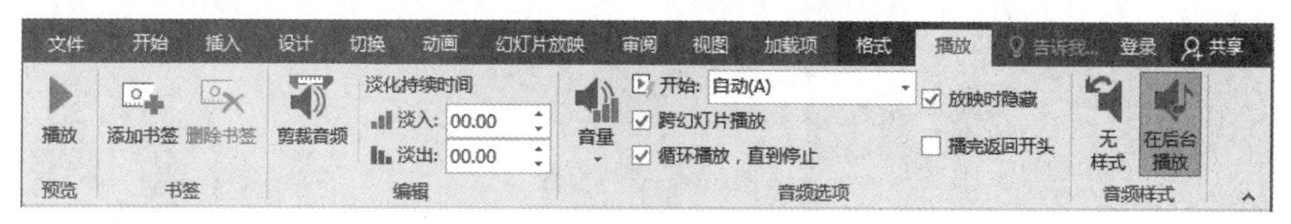

图 6.12　音频后台播放设置

幻灯片中插入的视频可以来源于本地或互联网。插入本地视频的方式和插入本地音频的方式类似，通过“插入视频文件”对话框找到目标视频即可。联机获取视频可以搜索 YouTube 网站或是将视频嵌入代码粘贴到对应位置。在线视频网站中的视频也可以先下载到本地后再插入幻灯片中。

和插入音频一样，插入视频后也会有“格式”选项卡和“播放”选项卡。功能和音频中的基本类似。其中“播放”选项卡中的“书签”功能能够标识音频和视频中的某个时刻，方便在音频和视频的播放及剪辑中快速跳转。添加书签可以先播放视频至需要插入标签的位置暂停，单击“添加书签”按钮，播放控制条会产生一个圆点即为所插入的书签。图 6.13 所示的播放控制条中有 3 个书签，通过组合键【Alt+Home】键（向前一个书签跳转）或【End】键（向后一个书签跳转）实现书签之间的跳转。选中书签后可以单击“删除书签”按钮删除书签。另外，“格式”选项卡中有添加“标牌框架”的功能可以为视频设置预览图像。

图 6.13　添加书签后的播放进度条

幻灯片内所包含的对象众多，通过“选择窗格”可以方便查看和选择幻灯片所拥有的对象。“选择窗格”的功能在“开始”选项卡右侧“编辑”功能组中的“选择”功能。“选择窗格”显示有当前页面内的全部对象以及对象之间的组合关系，每个对象或组合后有一个显示或隐藏状态的标识，单击标识可以实现对象显示和隐藏状态的切换。例如，在图 6.14 所示的窗格中，对象“标题 1”处于显示状态，对象“副标题 2”已经被隐藏。“选择窗格”还拥有“全部显示”和“全部隐藏”按钮，方便将所有对象设置为显示或隐藏状态；上下箭头按钮可以调整对象在选择窗格中的位置。单击“选择窗格”中对象即可选中该对象。

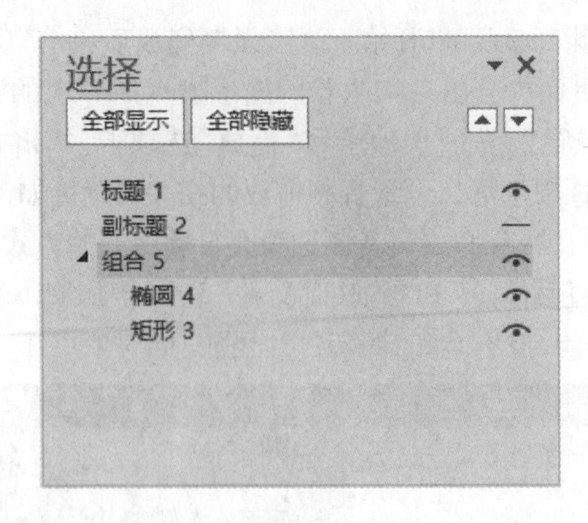

图 6.14 选择窗格

6.1.4 设置幻灯片母版

PowerPoint 2016 的母版类型有 3 类:幻灯片母版、讲义母版和备注母版,其中更为常用的是幻灯片母版。幻灯片母版存储有本演示文稿的主题信息和幻灯片的版式信息。修改幻灯片母版将改变基于该母版的全部幻灯片。

幻灯片版式是一种排版格式,通过占位符可以对幻灯片中的标题、内容和图表进行布局。“开始”选项卡的“幻灯片”功能组有“版式”功能,展开后会显示当前幻灯片所拥有的版式,单击可更换所选幻灯片的版式。幻灯片版式的创建和修改可以在幻灯片母版中进行。

在“视图”选项卡中单击“幻灯片母版”可以进入幻灯片母版的编辑界面,幻灯片母版编辑界面如图 6.15 所示。视图左侧显示当前演示文稿中的母版及其版式的缩略图,可查看幻灯片所应用的母版和版式;中心区域显示当前母版的格式或版式的格式;幻灯片母版的编辑功能主要集中在“幻灯片母版”选项卡中。创建幻灯片母版可以单击“插入幻灯片母版”按钮,创建幻灯片版式可以单击“插入版式”按钮,修改母版或版式中占位符的格式需在其他选项卡中设置完成。

在幻灯片母版及各个版式中已经为幻灯片的页眉页脚、日期时间和编号等预留了相应的占位符,但默认情况下幻灯片并不显示这些对象。如需显示这些对象,可以在“插入”选项卡中选择“页眉和页脚”“日期和时间”或“幻灯片编号”功能。这 3 个功能均会打开“页眉和页脚”对话框,如图 6.16 所示,单击即可显示相应对象。调整这 3 个对象的格式需要编辑和修改幻灯片母版中相应的占位符。另外,在幻灯片母版和版式中插入的图片只能在幻灯片母版视图下编辑,不能在普通模式下编辑。

6.2 动画和交互

PowerPoint 2016 提供了丰富的动画效果,用户可以将动画效果应用于幻灯片及幻灯片母版的各个对象上,不仅能控制幻灯片播放的流程,还能增强播放的趣味性。除了幻灯片内的

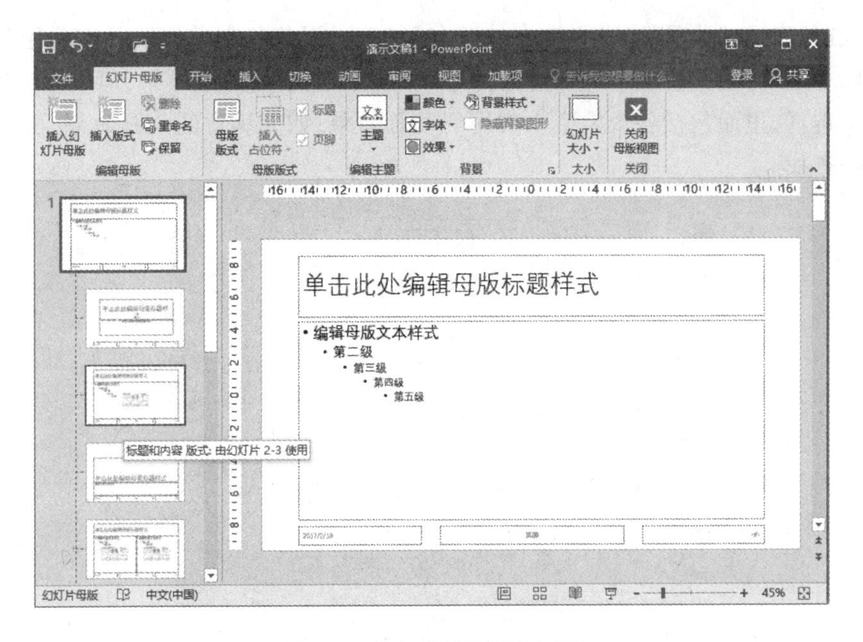

图 6.15　幻灯片母版编辑界面

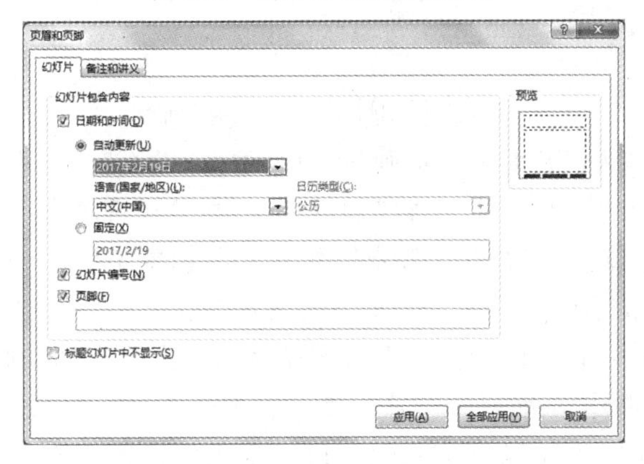

图 6.16　幻灯片页面和页脚对话框

动画效果外,在幻灯片切换的过程中也可以设置切换动画,使幻灯片的过渡衔接更加丰富生动。另外超链接和动作按钮的功能方便用户更灵活地控制幻灯片的放映和切换到其他内容,提高用户的交互体验。

6.2.1　设置动画效果

幻灯片的动画效果设置主要集中在"动画"选项卡中。在未选中任何对象之前,几乎所有动画功能均处于未激活状态。只有先选中幻灯片对象后,才能进一步为其设置动画效果。在"动画窗格"内可以查看和调整当前幻灯片页面内的动画设置。单击"动画"选项卡中"高级动画"功能组中的"动画窗格"即可打开动画窗格。

PowerPoint 2016 中有 4 种类型的动画效果:"进入"效果、"退出"效果、"强调"效果和"动作路径"。"进入"效果让对象进入幻灯片,在动画窗格中用绿色表示;"退出"效果实现对象的退出,用红色表示;“强调”效果让对象产生各类变化,用黄色表示;而“动作路径”让对象按照规定的路径运动,用蓝色表示。如需为幻灯片对象添加新的动画效果,可以在如图 6.17 所示的列表中选择,里面包括各个类型中常用的动画效果,如无满意的动画效果,可以单击“更多的××××”查找。

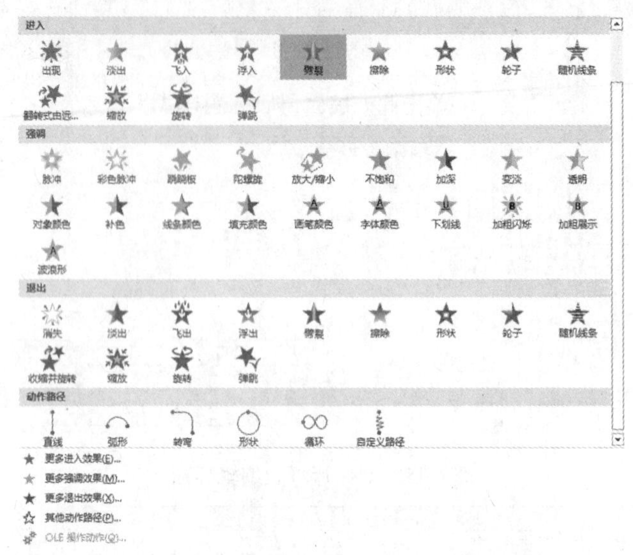

图 6.17　幻灯片“动画效果”列表

通过“动画效果”列表设置对象的动画效果后,单击“动画”选项卡中的“效果选项”按钮可以直接修改动画效果的属性。以“形状”效果为例,在效果选项中可以设置方向为“切入”或“切出”,设置形状为“圆形”“方框”“菱形”或“加号”,设置序列为“作为一个对象”“整批发送”或“按段落”。其他动画效果也有相应的效果设置内容。

在“动画效果”列表中设置的动画效果会替换该对象上已有的动画效果。单击“高级动画”功能组中的“添加动画”才能在幻灯片对象上叠加多个动画效果。当一个幻灯片页面或幻灯片对象上有多个动画效果时,可以通过“计时”功能组设置各个动画效果的开始时间、持续时间、延迟时间以及先后顺序,“计时”功能组功能布局如图 6.18 所示。

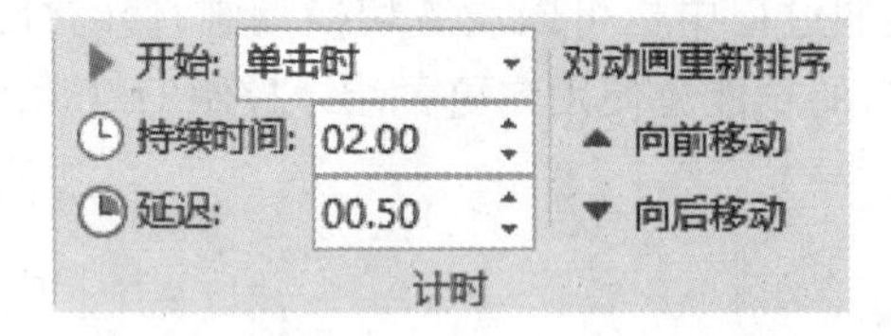

图 6.18　“动画效果”计时功能组

动画效果的开始方式有 3 种,一种是“单击时”,即单击鼠标触发,动画效果编号会增加;一种是“与上一动画同时”,动画开始时间与上一动画相同;还有“上一动画之后”,将在上一动画播放后开始。后两种开始方式的动画编号将与上一动画相同,调整动画顺序可能导致动画开始时间的变化。例如,图 6.19(a)中,所选动画的开始方式为“上一动画之后”,将在动画 2 播放后开始,但将其“向后移动”后,如图 6.19(b)所示,则变为在动画 3 播放后开始。“持续时间”表示动画播放所需的时间,在动画窗格内用形状的长短表示。“延迟”表示动画延迟播放时间，可推迟其开始时间。两个时间设置既可以使用向上和向下的三角进行微调，也可以直接输入数字进行设定，输入数字以秒为单位。要对动画的顺序进行重排只需要单击“向前移动”或“向后移动”按钮即可。

（a）调整前

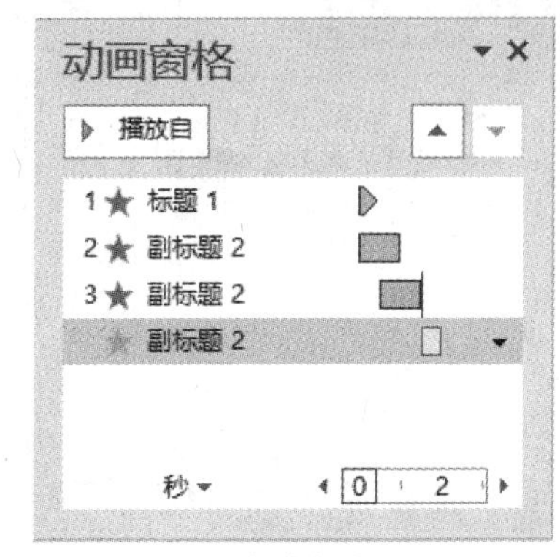

（b）调整后

图 6.19　动画顺序调整影响动画开始时间

幻灯片对象的动画效果还可以通过“触发”的方式启动。当为某个对象设置动画效果后，“触发”功能被激活。单击“触发按钮”可以设置该动画的触发条件。触发条件有“单击”和“书签”两种，“单击”表示当单击某个对象时会触发该动画效果播放，“书签”表示当音频或视频播放到某个标签时触发该动画。触发功能可以实现为动画在单击特定对象时激活或是为音频或视频的某一时点配上解释文字。例如，可以利用触发实现当单击某个图片时显示图片的说明文字，具体操作过程为：①选择说明文本并添加一个“进入”的动画效果；②选择触发功能为单击并选择单击对象为该图片，如图 6.20 所示。当播放幻灯片时，单击图片即可触发说明文本的“进入”动画效果。

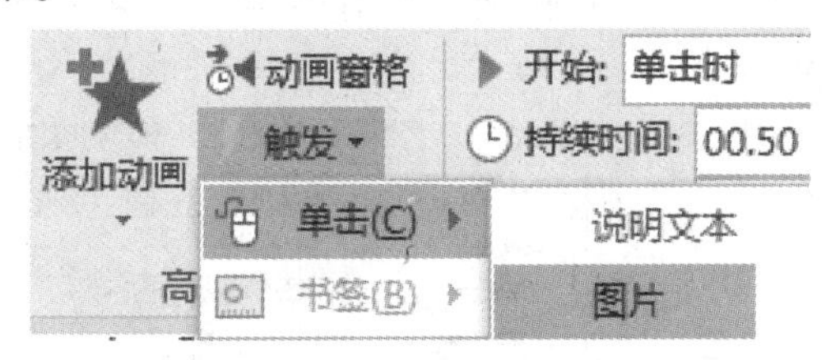

图 6.20　动画触发设置

如需对多个对象设置相同的动画效果，可以同时选中多个对象后再进行动画效果的设置，或是利用“动画刷”将一个对象上的动画效果复制到另一个对象上，这样可以大大节省动画设置的时间。“动画刷”的使用和“格式刷”类似，均需要先选中某个对象作为参考；然后，单击或者双击“动画刷”按钮；最后，只需将变为刷子状的鼠标点击目标对象即可实现动画效果的复制。单击“动画刷”仅能使用一次，双击可使用多次。

通过“效果选项”功能设置的动画属性相对较少。对某个动画效果进行更为详细的设计（例如，添加动画音效、设置动画重复出现等），需要在动画窗格中右击该动画选择“效果选项”功能，系统会弹出如图 6.21 所示的对话框。在“效果”标签页中可以设置动画的音效以及音效的音量大小，可以设置动画播放后隐藏或颜色变化，还可以设置动画文本的发送方式。

其中,动画文本的发送方式分为“整批发送”“按字/词发送”和“按字母发送”3 种。修改动画的重复次数在“计时”选项卡中完成。

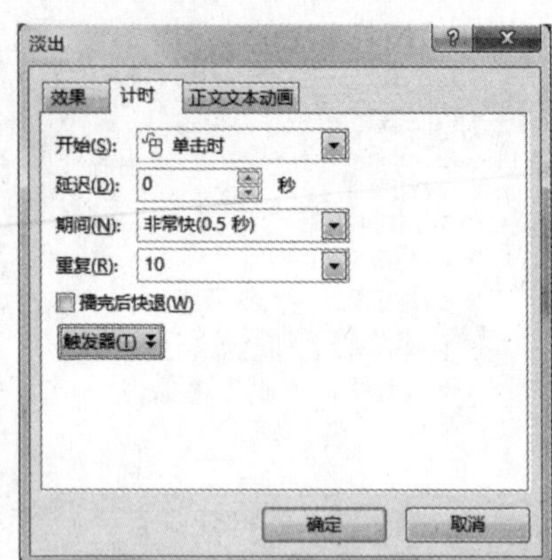

图 6.21　效果选项对话框

动画效果中动作路径的设计非常灵活。PowerPoint 2016 中每条路径都拥有一个绿色标识的起点和一个红色标识的终点。软件不仅有大量预设的动作路径,还提供用户编辑路径、锁定路径和反转路径等功能,如图 6.22 左侧所示。选择“编辑路径”,路径会变成一条由黑点和红线构成的线条。拖拽黑点或红线可以更改路径,右键单击黑点可以设置顶点类型或者删除该点,右键单击线条可以设置线段类型或删除线段。“开放路径”会将闭合路径中的起点和终点分开,“闭合路径”则将开放路径中的起点和终点连接到一起。路径“锁定”后,不会随着对象位置的变化而变化,“解除锁定”后的路径位置将跟随对象一同变化。“反转路径方向”会调换路径的起点和终点。“自动翻转”会让对象沿着动作路径原路返回,“平滑开始”和“平滑结束”功能决定了对象在路径开始和路径结束时的速度。这两项的设置需在图 6.22 右侧所示的动作路径设置对话框中设置。

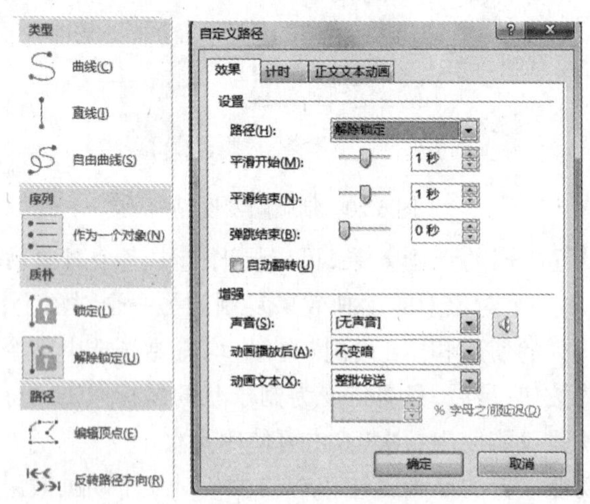

图 6.22　动作路径的设置

6.2.2　设置切换效果

切换是指演示文稿在播放时幻灯片进入和退出的方式，设置合适的幻灯片切换方式能让演示文稿的播放更加自然和流畅。PowerPoint 2016 拥有的切换效果可以分为“细微型”“华丽型”和“动态内容”3 类，和动画效果配合使用可以产生绚丽夺目的动画效果。切换效果的设置主要集中在“切换”选项卡当中。图 6.23 中显示了全部的切换效果。

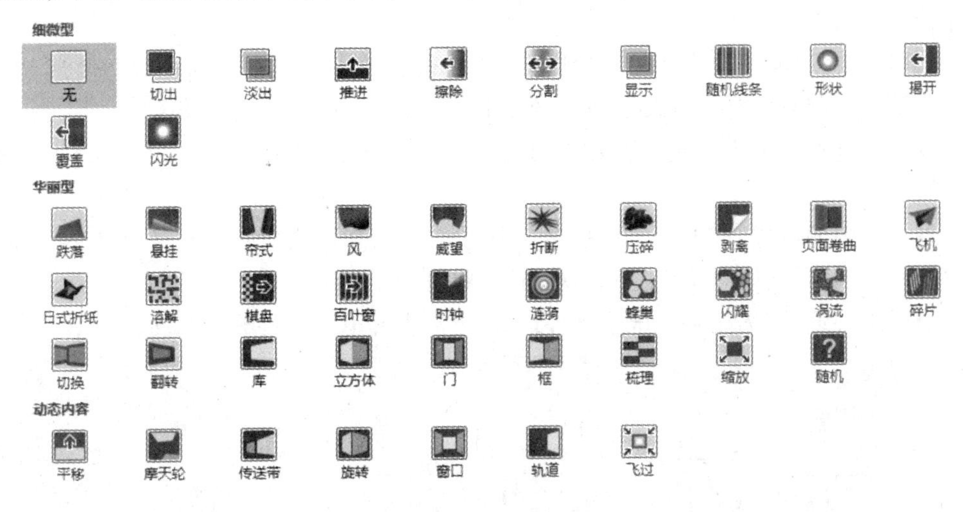

图 6.23　幻灯片的切换选择

设定当前幻灯片的切换效果只需要从中选择一个即可。通过“效果选项”按钮可以对所选择的切换效果进行微调。例如，“缩放”切入效果就有“切入”“切出”和“缩放和旋转”3 种，可以任选其一进行设置。所有的切换效果默认都是无声的，可以在“计时”功能组中为切换效果添加声音，图 6.24 中将切换声音设置为“风铃”。不同切换效果的持续时间是不同的，如需调整，可以在“计时”功能组中的“持续时间”中设置，图 6.24 中切换效果的持续时间为 1.5 s。幻灯片的切换方式有手动和自动两种，手动换片通过单击鼠标左键完成，自动换片需要设置换片时间，待换片时间到时将自动切换。两种换片方式可以选择其中一种，也可以同时使用，图 6.24 中就设置有两种换片方式，自动换片时间为 5 s。需要注意的是，当幻灯片内的动画播放时间超过自动换片时间时，软件会等待动画播放结束后才切换幻灯片；如果同时设置有手动和自动两种换片方式，在自动换片时间到达前单击鼠标可切换幻灯片，否则将等待换片时间到达时才会自动换片。

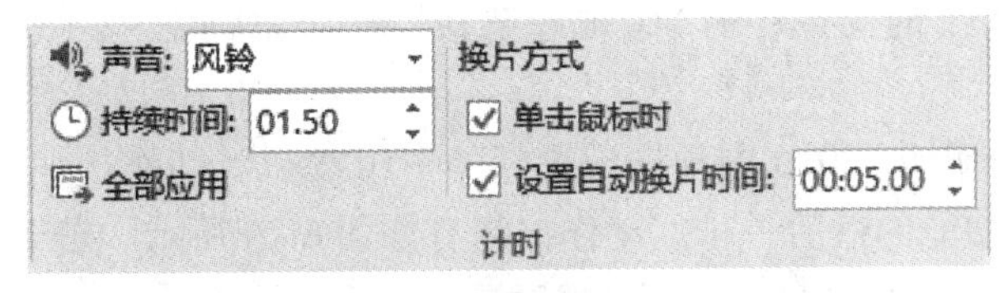

图 6.24　幻灯片的切换设置

在选择切换效果前，可以使用“预览”功能查看效果。另外，对幻灯片某一页面设置的切换效果仅对该页面有效，如需将切换效果应用于所有的幻灯片，可以选择图 6.24 中的“全部应用”功能。

6.2.3 设置超链接和动作

在演示文稿的制作过程中，可以使用超链接和动作增强与用户进行互动。在幻灯片播放时，超链接可以实现内容的跳转，动作可以实现超链接、启动程序和播放声音等功能。超链接和动作的功能在“插入”选项卡的“链接”功能组中。在未选定设置对象之前，这两个功能均处于未激活状态。

当选定某个文本或图片后，单击“超链接”按钮或者单击鼠标右键选择“超链接”均会打开“插入超链接”对话框，如图 6.25 所示。在对话框中有 4 项功能可供选择：

①“现有文件或网页”功能需要在地址栏输入文件或网页地址，可以打开某个文档或网页。

②“本文档中的位置”需要选择当前文档中的某个幻灯片，可以跳转到该幻灯片。

③“新建文档”需要输入新建文档名称，可以打开一个新建的文档。

④“电子邮件地址”需要输入电子邮件地址，可以打开电子邮件编辑工具。

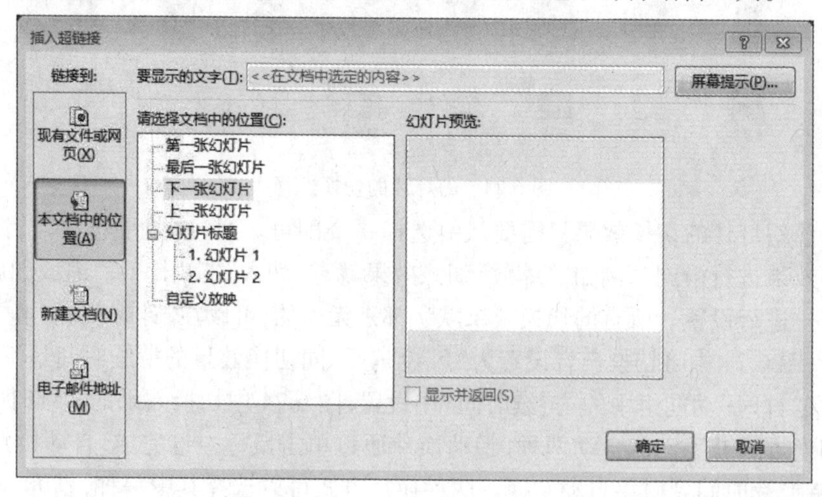

图 6.25 “插入超链接”对话框

单击对话框中的“确定”按钮，可以插入超链接。为文本设置超链接后，超链接文本会自动添加下划线，文本颜色也会发生改变。但针对文本框设置超链接则不会对文本框内的文本产生影响。超链接的颜色设置可以在图 6.4 中的主题颜色设置中进行调整。选择超链接对象后单击鼠标右键，在弹出的菜单中有“编辑超链接”和“取消超链接”等功能，可以按照需求选择。

动作按钮是 PowerPoint 2016 中预先设置好的一组按钮。动作按钮在“插入”选项卡“插图”功能组的“形状”功能的最后一排。动作按钮有如图 6.26 所示的若干项，包括有“上一页”“下一页”“开始”“结束”、打开“文档”和播放“声音”等。选中其中一项，即可在幻灯片内绘制该动作按钮。这些动作按钮和普通形状一样，可以调整其大小、位置、样式、填充及轮廓等。

除了动作按钮外，文本、图片和图形等幻灯片对象也可以添加“动作”。选中对象后，单击“插入”选项卡“链接”功能组中的“动作”功能将打开如图 6.27 所示的“操作设置”对话框。

图 6.26　动作按钮类型

在对话框中有“单击鼠标”和“鼠标移过”两个选项卡，分别表示交互动作在单击或移过时启动。因为鼠标移动较为自由，可能会出现意外的触发，通常建议使用“单击鼠标”的方式。“超链接到”可以实现超链接的功能；“运行程序”可以用于启动程序，如图 6.27 的设置就可以启动 Excel 软件；“运行宏”可以启动宏；“对象动作”针对的对象为 Word、Excel 或 PowerPoint 等文档，可设置单击的效果为“打开”或“编辑”。选择“播放声音”选项可以在动作启动的同时播放声音。

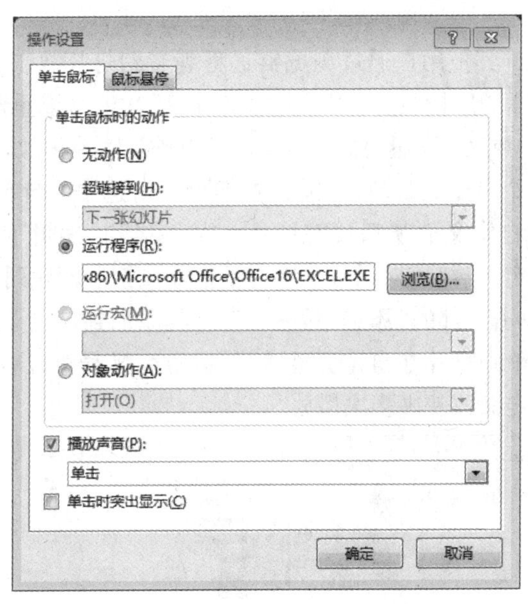

图 6.27　“动作设置”对话框

6.3　幻灯片放映与保存

演示文稿制作完成后，通过放映可以查看幻灯片的制作效果或将精心制作的幻灯片展示给观众。PowerPoint 2016 提供了多种不同的放映方式，可以根据需要灵活地选择。软件提供在幻灯片放映时将幻灯片放大或者添加笔迹标识等功能，帮助用户更好地实现对演示过程的控制。软件提供有排练计时的功能，方便用户预演和控制播放时间。针对不同的应用场合，用户可以将演示文稿以不同的文件格式保存。用户为防止信息泄露，可以对文档进行加密保护。为方便演讲还可以为演示文稿添加备注或将演示文稿打印出来。

6.3.1 设置放映方式

PowerPoint 2016 中有“幻灯片放映”选项卡，用于设置幻灯片放映。单击图 6.28 中所示的“从头开始”和“从当前幻灯片开始”按钮可以直接放映幻灯片。另外，可以使用快捷键，“从头开始”的快捷键为【F5】，“从当前幻灯片开始”的快捷键为【Shift+F5】，按【Esc】键可以结束放映。

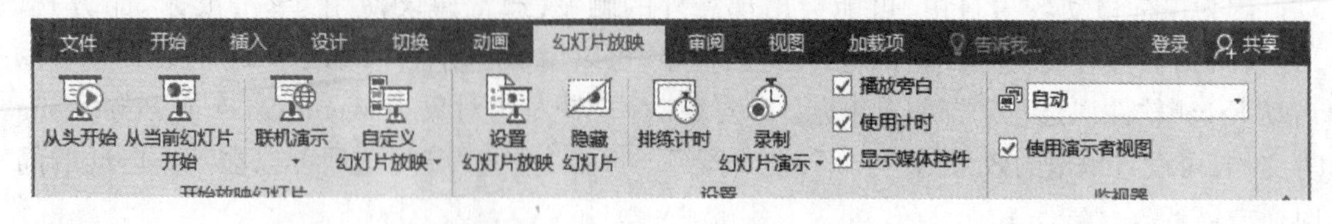

图 6.28 “幻灯片放映”选项卡

“联机演示”功能允许其他用户通过浏览器远程观看幻灯片放映。放映幻灯片并不需要按照文档中幻灯片的实际顺序播放，使用“自定义放映”功能可以重新定义幻灯片的播放顺序。单击“自定义幻灯片放映”按钮会打开“自定义放映”对话框，如图 6.29(a)所示。选择“新建”按钮可以新建一个自定义放映，“编辑”按钮可以对选中的自定义放映进行编辑修改，“放映”按钮会按选中的自定义放映播放幻灯片。“新建”和“编辑”自定义放映会弹出如图 6.29(b)所示的“定义自定义放映”对话框。在对话框左侧按照顺序列举了当前演示文稿中的幻灯片，选中某幻灯片单击中部的“添加”按钮可以将其添加到自定义放映的播放序列中。向上和向下的箭头可以调整幻灯片在自定义播放中的顺序，叉号可以将其从播放序列中删除。同一页幻灯片可以在自定义放映中多次播放。

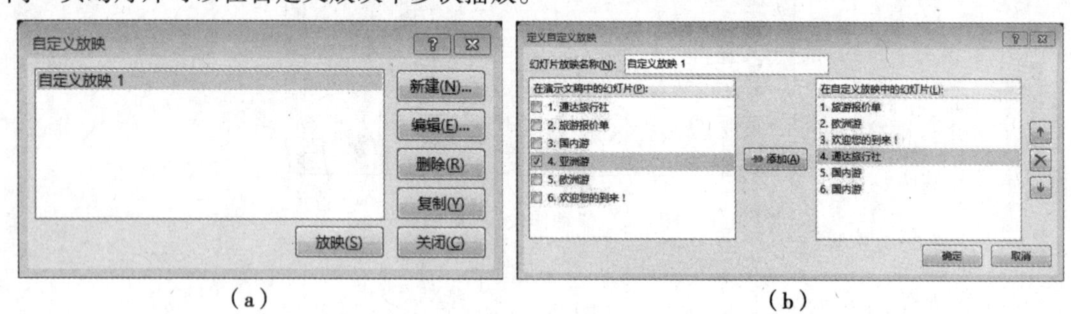

图 6.29 自定义幻灯片放映

如果某张幻灯片在演示文稿中，但不希望在放映过程中播放该幻灯片，可以将其隐藏。隐藏幻灯片需要单击图 6.28 中的“隐藏幻灯片”按钮，被隐藏幻灯片的编号会有红色斜线标识，再次单击可以取消隐藏状态。关于幻灯片的详细设置在如图 6.30 所示的“设置放映方式”对话框中完成，单击“设置幻灯片放映”按钮即可打开该对话框。幻灯片的放映类型有 3 种：默认为演讲者放映，以全屏幕的方式展示，适合演讲和教学，放映的全程由演讲者控制；观众自行浏览将会以窗口的方式播放幻灯片，不允许使用绘图笔；在展台浏览也会以全屏幕展示幻灯片，自动设置为循环播放。“设置放映方式”对话框中可以设置播放全部或是部分幻灯片又或者是选择自定义放映。当演讲者需要在放映时查看备注信息可以勾选“使用演示者视图”功能，按组合键【Alt+F5】可以体验该功能。

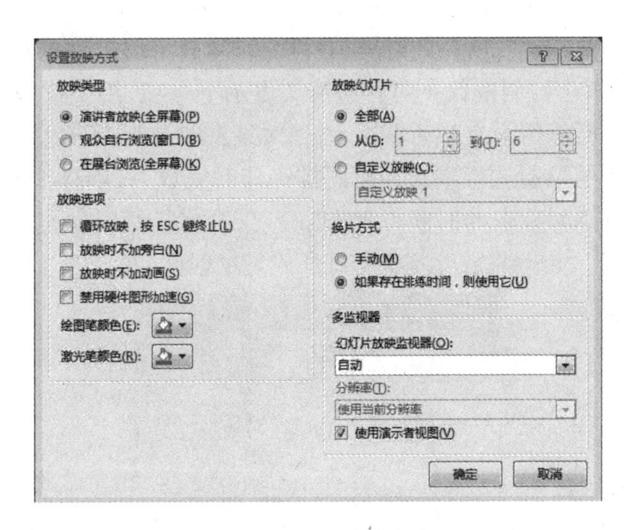

图 6.30　设置放映方式

6.3.2　控制放映过程

在放映幻灯片时,用户可以通过鼠标和键盘按键控制放映过程。单击鼠标左键,或按【Enter】键、【N】键、【PgDn】键、【→】键、【↓】键以及空格键都可以前进到下一项目或是切换到下一幻灯片。要回溯到上一项目或返回到上一幻灯片可以按【P】键、【PgUp】键、【←】键和【↑】键。在放映过程中,屏幕左下角有放映控制工具,单击鼠标右键会弹出控制菜单,如图6.31所示。控制工具中的左三角和右三角分别对应控制菜单中的“上一张”和“下一张”,可以切换幻灯片;第 3 个按钮对应于控制菜单中的“指针选项”,用于选择绘图笔及其颜色;如需定位某张幻灯片可点击第 4 个按钮或选择“查看所有幻灯片”;控制工具中的放大镜和菜单中的“放大”功能可以将屏幕的局部放大;菜单中其他诸如“演示者视图”和“结束放映”的功能在控制工具的最后一个按钮中。

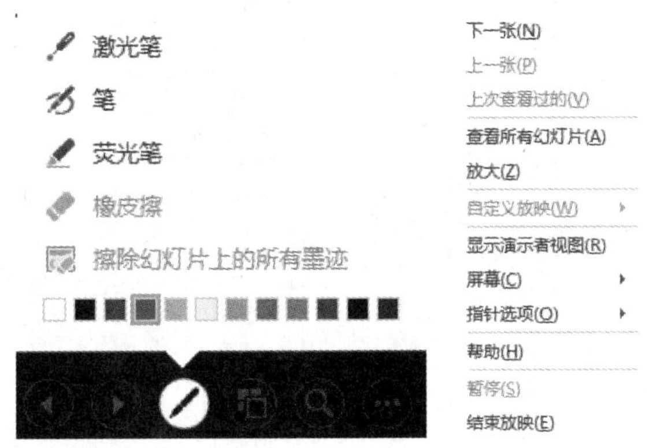

图 6.31　放映控制工具及控制菜单

如果对幻灯片放映有严格的时间控制要求或是在演讲前进行排练,可以使用“幻灯片放映”选项卡中的“排练计时”功能。当启动“排练计时”功能时,演示文稿会进入播放状态,并在屏幕的右上角显示“录制”对话框,如图 6.32 所示。“录制”对话框中会对放映时间进行记录,中间的时间表示当前幻灯片所用的时间,右侧的时间表示幻灯片开始放映以来的总时间。“录制”对话框中还有3个控制按钮。向右的箭头表示下一项,用于推进幻灯片放映;中间的为暂停录制按钮,录制暂停后会有对话框提示;当对某页的录制不满意时,可以单击右侧的重复按钮,对当前幻灯片的录制进行重新计时。排练计时完成后,屏幕上会弹出一个确认的对话框,询问是否接受排练时确定的时间。单击“确定”会将排练时间记录到“切换”选项卡中的“设置自动换片时间”,否则将放弃本次排练所确定的时间。

图 6.32 “录制”对话框

6.3.3 保存演示文稿

在演示文稿制作完成后,用户可以根据需求将演示文稿保存为其他类型的文件。保存为其他类型的文件格式需要使用到“文件”选项卡中的“另存为”功能或是“导出”功能。在如图6.33所示分类“导出”功能中可以创建PDF/XPS文档,创建视频,打包成CD,创建讲义和更改文件类型。PDF文件使得文档不能被轻易地编辑修改,方便打印;创建视频可以将演示文稿按照录制或排练计时所设置的自动播放效果录制为视频,视频可选的格式为MP4格式和WMV格式;打包成CD可以将演示文稿中链接或嵌入项目集体打包,方便在其他计算机上播放;创建讲义能将幻灯片和备注保存到Word文档;更改文件类型可以方便地将演示文稿转换为其他文件类型,常用文件类型可以直接在右侧选择,单击“另存为”按钮可以打开“另存为”对话框。

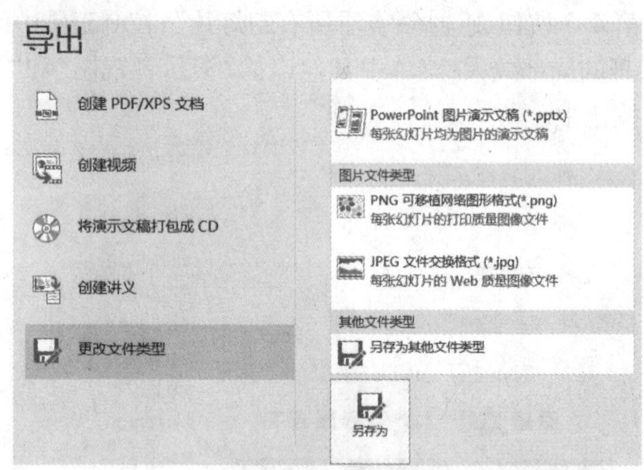

图 6.33 幻灯片的导出

在如图6.34所示的“另存为”对话框中,首先需要确定转换文件存放的路径和名称,然后在保存类型中选择所需要保存的格式。在低版本PowerPoint中不能使用默认的PPTX文件格式,一般需转存为PowerPoint 2003支持的PPT格式。转为PPT格式后会导致演示文稿中部分功能无法正常使用或者出现文字错位等现象。因此,在转换后应再仔细检查演示文稿。演示文稿中如果没有动画效果,可以选择将其保存为图片格式,常用的有JPEG格式、PNG格式、EMF 格式等。单击“保存”按钮后可以选择转换当前幻灯片或是转换全部的幻灯片。

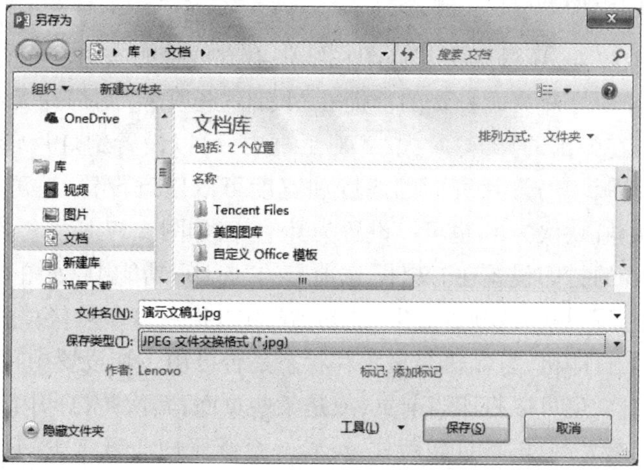

图 6.34　“另存为”对话框

因为 PowerPoint 2016 中设置有自动保存的功能,会定期对演示文稿进行保存。如遇到演示文档在未保存的情况下意外关闭,可以通过“文件”选项卡“信息”功能组内的“管理演示功能”进行文档恢复,但文档恢复的前提是存在自动备份的文件。图 6.35 中就存在多个自动备份文件,如需恢复某个时间点的文档只需要单击距离该时间点最近的备份文档即可。自动备份的时间间隔设置可以在 “PowerPoint 选项”对话框的“保存”选项页中设置,“PowerPoint 选项”对话框通过“文件”选项卡的“选项”功能组打开。

如果演示文稿有保密需求,PowerPoint 2016 提供了多种文档保护措施。单击“文件”选项卡“信息”功能组中的“保护演示文稿”功能,可以看到如图 6.36 所示的 4 个选项。“标记为最终状态”后,演示文稿将转变为只读状态,但任何人都可以单击“恢复编辑”取消只读状态。使用“用密码进行加密”后的文档必须提供正确的加密密码才能打开和编辑演示文稿,这是最为常用的保护措施。“限制访问”需连接到权限管理服务器,只有拥有权限的人才能编辑修改演示文稿。当为演示文稿“添加数字签名”后,可以通过查看签名验证确定文档是否被修改。

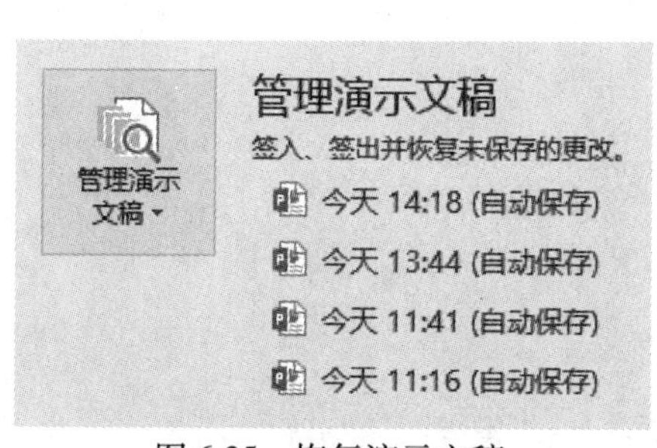

图 6.35　恢复演示文稿

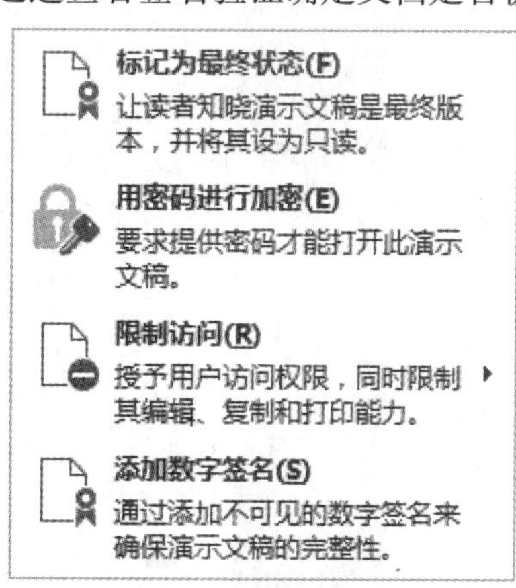

图 6.36　保护演示文稿

6.3.4 打印演示文稿

演示文稿除了放映外，还可以将其打印在纸张上方便随时查看。在打印之前，可以对幻灯片进行页面设置。幻灯片页面设置的功能在“设计”选项卡“幻灯片大小”功能中选择“自定义幻灯片大小”。在弹出的“幻灯片大小”对话框中，可以设置幻灯片、备注、讲义和大纲是纵向排版还是横向排版。幻灯片页面的高度和宽度可以任意设置，也可以在下拉菜单中选择。幻灯片编号起始值默认为 1，也可以设置为其他值，如图 6.37 所示。

PowerPoint 2016 的打印设置在“文件”选项卡的“打印”功能中，如图 6.38 所示，左侧进行打印相关设置，右侧显示打印的预览效果。“份数”可以指定打印数量；“打印机”选择已连接的本地打印机或网络打印机，打印机会显示其状态是否可用。在设置中首先确定的是打印范围，可以打印整个文档，也可以打印当前页，或是某些页面；其次是打印内容，可以选择打印整页幻灯片、备注页或是大纲；再是打印版式，设置一个纸张内放置多少幻灯片及如何放置；最后是单双面打印、打印顺序和打印颜色的确认。

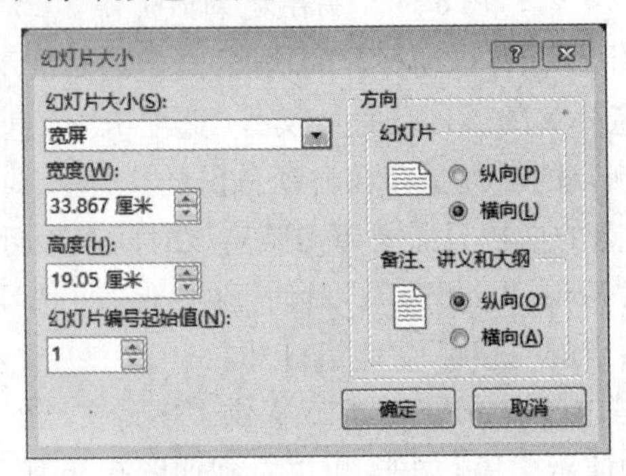

图 6.37 幻灯片页面设置

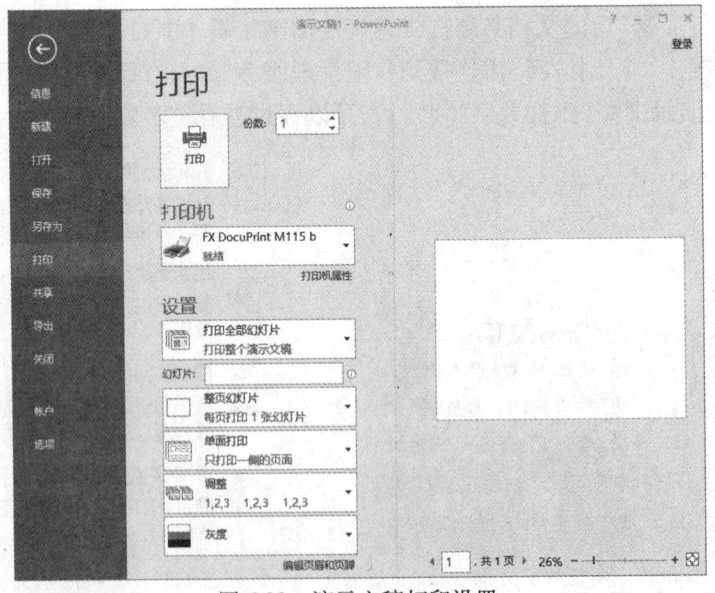

图 6.38 演示文稿打印设置

第 3 部分　信息技术前沿

第7章 网络技术与移动互联网

【学习目标】

通过本章的学习应掌握如下内容:

- 计算机网络的基本概念
- 常见的网络设备
- 计算机网络协议
- 互联网的发展历史
- 移动互联网的特征及应用

自计算机网络技术出现以来,人们的生活发生了翻天覆地的变化,在人类的社会发展史上是一个新的突破。随着经济科技的发展,社会朝着网络化趋势发展,计算机网络技术已经成为人们生活中的一部分,改变了我们的生活和生产方式。尤其是移动互联网的蓬勃发展,“互联网+”已经成为互联网发展的新方向,必将更加深刻地改变我们所处的世界。

7.1 网络技术基础

7.1.1 计算机网络概述

计算机网络,是指将地理位置不同的具有独立功能的多台计算机及其外部设备,通过通信线路连接起来,在网络操作系统、网络管理软件及网络通信协议的管理和协调下,实现资源共享和信息传递的计算机系统。

计算机网络通俗地讲就是由多台计算机(或其他计算机网络设备)通过传输介质和软件物理(或逻辑)连接在一起组成的。总的来说计算机网络的组成基本上包括:计算机、网络操作系统、传输介质(可以是有形的,也可以是无形的,如无线网络的传输介质就是空气)以及相应的应用软件4部分。

20世纪60年代,美苏冷战期间,美国国防部领导的远景研究规划局ARPA提出要研制一种崭新的网络对付来自苏联的核攻击威胁。因为当时,传统的电路交换的电信网络虽已经四通八达,但战争期间,一旦正在通信的电路有一个交换机或链路被炸,则整个通信电路就要中断,如要立即改用其他迂回电路,还必须重新拨号建立连接,这将要延误一些时间。这个新型网络必须满足一些基本要求:①不是为了打电话,而是用于计算机之间的数据传送。②能连接不同类型的计算机。③所有的网络节点都同等重要,这就大大提高了网络的生存性。④计算机在通信时,必须有迂回路由。当链路或结点被破坏时,迂回路由能使正在进行的通信自动地找到合适的路由。⑤网络结构要尽可能地简单,但要非常可靠地传送数据。

根据这些要求,一批专家设计出了世界上第一个计算机网络——ARPAnet。1969 年 11 月,美国国防部高级研究计划管理局(Advanced Research Projects Agency,ARPA)开始建立一个命名为 ARPAnet 的网络,但是只有 4 个结点,分布在洛杉矶的加利福尼亚州大学洛杉矶分校、加州大学圣巴巴拉分校、斯坦福大学、犹他州大学 4 所大学的 4 台大型计算机。选择这 4 个结点的一个因素是考虑到不同类型主机联网的兼容性。对 ARPAnet 发展具有重要意义的是它利用了无限分组交换网与卫星通信网。通过专门的接口信号处理机(IMP)和专门的通信线路相互连接,把美国的几个军事及研究用计算机主机连接起来。起初是为了便于这些学校之间互相共享资源而开发的。ARPAnet 采用了包交换机制。当初,ARPAnet 只连接 4 台主机,从军事要求上是置于美国国防部高级机密的保护之下,从技术上它还不具备向外推广的条件。最初,ARPAnet 主要是用于军事研究目的,它主要是基于这样的指导思想:网络必须经受得住故障的考验而维持正常的工作,一旦发生战争,当网络的某一部分因遭受攻击而失去工作能力时,网络的其他部分应能维持正常的通信工作。ARPAnet 在技术上的另一个重大贡献是 TCP/IP 协议簇的开发和利用。作为 Internet 的早期骨干网,ARPAnet 的试验奠定了 Internet 存在和发展的基础,较好地解决了异种机网络互联的一系列理论和技术问题。

总的来说,计算机网络的发展大概经历了四代。

(1)面向终端的计算机通信网

其特点是计算机是网络的中心和控制者,终端围绕中心计算机分布在各处,呈分层星型结构,各终端通过通信线路共享主机的硬件和软件资源,计算机的主要任务还是进行批处理,在 20 世纪 60 年代出现分时系统后,则具有交互式处理和成批处理能力。

(2)分组交换网

分组交换网由通信子网和资源子网组成,以通信子网为中心,不仅共享通信子网的资源,还可共享资源子网的硬件和软件资源。网络的共享采用排队方式,即由结点的分组交换机负责分组的存储转发和路由选择,给两个进行通信的用户段续(或动态)分配传输带宽,这样就可以大大提高通信线路的利用率,非常适合突发式的计算机数据。

(3)形成计算机网络体系结构

为了使不同体系结构的计算机网络都能互联,国际标准化组织 ISO 提出了一个能使各种计算机在世界范围内互联成网的标准框架——开放系统互联基本参考模型 OSI。这样,只要遵循 OSI 标准,一个系统就可以和位于世界上任何地方的、也遵循同一标准的其他任何系统进行通信。

(4)高速计算机网络

其特点是采用高速网络技术,综合业务数字网的实现,多媒体和智能型网络的兴起。

中国计算机网络是改革开放后成长起来的,早期与世界先进水平存在巨大差距。但受益于计算机网络设备行业生产技术不断提高以及下游需求市场不断扩大,我国计算机网络设备制造行业发展十分迅速。近两年,随着我国国民经济的快速发展以及国际金融危机的逐渐消退,计算机网络设备制造行业获得良好发展机遇,中国已成为全球计算机网络设备制造行业重点发展市场。

中国互联网协会卢卫秘书长发布的《2016年中国互联网产业综述与2017年发展趋势》报告指出,我国互联网产业在引领经济发展、推动社会进步、促进创新等方面发挥了巨大作用,互联网用户和市场规模庞大、互联网科技成果惠及百姓民生、互联网与传统产业加速融合、互联网国际交流合作日益深化、互联网企业竞争力和影响力持续提升。在这一年里,网络强国战略、制造强国战略、国家大数据战略等重大国家政策不断细化落实,互联网产业发展前景广阔。

报告显示,2016年中国互联网产业呈现出以下发展态势和特点。

①互联网基础设施支撑产业快速发展。中国网民互联网普及率过半,4G用户持续爆发式增长;“宽带中国”战略进入优化升级阶段,光网城市成为发展热点;移动网络进入“4G+”时代,5G技术试验全面启动。

②互联网技术推动产业创新发展。“大智移云”是互联网产业的重要技术载体和推动力;人工智能带来新的变革;虚拟现实进入快速成长期。

③互联网与传统产业加速融合发展。制造业与互联网加速融合;互联网构建新型农业生产经营体系。

④互联网应用服务产业繁荣发展。打通线上线下,实体商店与互联网电商平台紧密结合;“互联网+”医疗发挥鲇鱼效应;网络教育积极探索新的市场空间;分享经济影响广泛,新模式、新业态不断涌现;互联网创新政务服务。

⑤网络安全治理促进产业有序发展。网络安全产业高速发展,产品种类不断丰富;传统网络威胁向工控系统扩散,智能应用安全问题日益突出;互联网领域法治化的不断推进,网络安全责任主体得以明确;网络治理问题受到关注,主管部门依法打击泄露个人信息的犯罪案件。

报告预测,2017年,中国互联网产业发展有如下趋势值得关注。

①新一代信息基础设施成为网络强国战略的关键支撑。农村网络基础设施建设将让广大农民分享宽带红利;光网城市建设受到重视,一系列试点城市将会陆续出现,发挥示范引领作用;4G网络覆盖进一步扩大,5G研发试验和商用进一步推进。

②互联网技术成为创新发展的强劲动力。数字化、智能化服务技术蓬勃发展;增强信用与安全的技术将进一步丰富;企业信息化与云端迁移技术将释放更大影响力;物理和数字世界互动技术应用范围进一步扩大;制造技术与信息网络技术融合塑造新的生产模式。

③产业融合成为振兴实体经济的重要体现。互联网与传统产业的融合将在培育壮大新动能、提振产业发展方面发挥不可替代的作用;智能制造成为产业转型升级的关键领域;农业供给侧结构性改革将进一步深化。

④应用与服务成为惠及民生的创新举措。国内分享经济领域将继续拓展,在营销策划、

餐饮住宿、物流快递、交通出行、生活服务等领域进一步渗透;互联网与政府公共服务体系的深度融合将加快;随着"互联网+"行动计划的深入,智慧城市建设快速推进,互联网将作为创新要素对智慧城市发展产生全局性影响。

⑤安全与治理成为产业发展的有力保障。物联网安全态势感知能力增强,云计算安全更加重要;互联网治理的方式与手段进一步创新;中国在网络空间国际影响力增强。

7.1.2 网络设备

网络设备及部件是连接到网络中的物理实体。网络设备的种类繁多,且与日俱增。基本的网络设备有:计算机(无论其为个人计算机还是服务器)、集线器、交换机、网桥、路由器、网关、网络接口卡(NIC)、无线接入点(WAP)、打印机和调制解调器、光纤收发器、光缆等。

(1)**服务器**

服务器是计算机网络上最重要的设备。服务器指的是在网络环境下运行相应的应用软件,为网络中的用户提供共享信息资源和服务的设备。服务器的构成与微机基本相似,有处理器、硬盘、内存、系统总线等,但服务器是针对具体的网络应用特别制定的,因而服务器与微机在处理能力、稳定性、可靠性、安全性、可扩展性、可管理性等方面存在很大的差异。通常情况下,服务器比客户机拥有更强的处理能力、更多的内存和硬盘空间。服务器上的网络操作系统不仅可以管理网络上的数据,还可以管理用户、用户组、安全和应用程序。

服务器是网络的中枢和信息化的核心,具有高性能、高可靠性、高可用性、I/O吞吐能力强、存储容量大、联网和网络管理能力强等特点。

服务器可以适应各种不同功能、不同环境,分类标准也变得多样化:按应用层次进行划分(入门级、工作组级、部门级、企业级)、按处理器架构进行划分(X86\IA64\RISC)、按服务器的处理器所采用的指令系统进行划分(CISC\RISC\VLIW)、按用途进行划分(通用型、专用型)、按服务器的机箱架构进行划分(台式服务器、机架式服务器、机柜式服务器、刀片式服务器)等。

服务器的选择上一般需要考虑如下几个方面:

①性能要稳定。为了保证网络能正常运转,所选择的服务器首先要确保稳定;另一个方面,性能稳定的服务器意味着为公司节省维护费用。

②以够用为准则。

③应考虑扩展性。为了减少更新服务器带来的额外开销和对工作的影响,服务器应当具有较高的可扩展性,可以及时调整配置来适应发展。

④便于操作和管理。

⑤满足特殊要求。

⑥硬件搭配合理。为了能使服务器更高效地运转,要确保所购买的服务器的内部配件的性能必须合理搭配。

(2)**中继器**

中继器是局域网互联的最简单设备,它工作在OSI体系结构的物理层,它接收并识别网络信号,然后再生信号并将其发送到网络的其他分支上。但是,中继器可以用来连接不同的物理介质,并在各种物理介质中传输数据包。某些多端口的中继器很像多端口的集线器,它可以连接不同类型的介质。

中继器是扩展网络的最廉价的方法。当扩展网络的目的是要突破距离和结点的限制时,并且连接的网络分支都不会产生太多的数据流量,成本又不能太高时,就可以考虑选择中继器。采用中继器连接网络分支的数目要受具体的网络体系结构限制。

中继器没有隔离和过滤功能,它不能阻挡含有异常的数据包从一个分支传到另一个分支。这意味着,一个分支出现故障可能影响到其他的每一个网络分支。

集线器是有多个端口的中继器,简称 HUB。集线器是最简单的网络设备。计算机通过一段双绞线连接到集线器。在集线器中,数据被传送到所有端口,无论与端口相连的系统是否按计划好都要接收这些数据。除了与计算机相连的端口之外,即使在一个非常廉价的集线器中,也会有一个端口被指定为上行端口,用来将该集线器连接到其他的集线器以便形成更大的网络,如图 7.1 所示。

图 7.1　堆叠式集线器

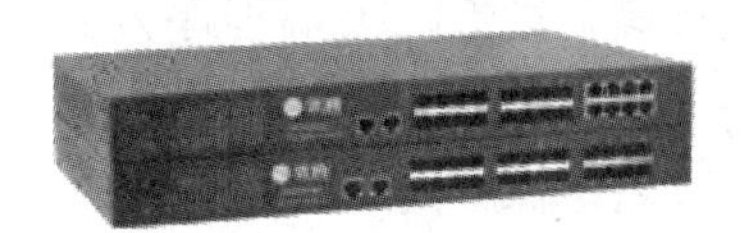

图 7.2　以太网交换机

(3)**网桥**

网桥包含了中继器的功能和特性,不仅可以连接多种介质,还能连接不同的物理分支,能将数据包在更大的范围内传送。网桥的典型应用是将局域网分段成子网,从而降低数据传输的瓶颈,这样的网桥称为"本地"桥。用于广域网上的网桥称为"远地"桥。两种类型的网桥执行同样的功能,只是所用的网络接口不同。

生活中的交换机就是网桥。广义的交换机(switch)就是一种在通信系统中完成信息交换功能的设备。在计算机网络系统中,交换概念的提出是对共享工作模式的改进。HUB 集线器就是一种共享设备,HUB 本身不能识别目的地址,当同一局域网内的 A 主机给 B 主机传输数据时,数据包在以 HUB 为架构的网络上是以广播方式传输的,由每一台终端通过验证数据包头的地址信息来确定是否接收。也就是说,在这种工作方式下,同一时刻网络上只能传输一组数据帧的通信,如果发生碰撞还得重试。这种方式就是共享网络带宽。

交换机拥有一条很高带宽的背部总线和内部交换矩阵。交换机的所有端口都挂接在这条背部总线上,控制电路收到数据包以后,处理端口会查找内存中的地址对照表以确定目的 MAC(网卡的硬件地址)的 NIC(网卡)挂接在哪个端口上,通过内部交换矩阵迅速将数据包传送到目的端口,目的 MAC 若不存在才广播到所有的端口,接收端口回应后交换机会"学习"新的地址,并把它添入内部 MAC 地址表中。使用交换机也可以把网络"分段",通过对照 MAC 地址表,交换机只允许必要的网络流量通过交换机。通过交换机的过滤和转发,可以有效地隔离广播风暴,减少错误包的出现,避免共享冲突。其外观如图 7.2 所示。

(4)**路由器**

路由器是连接因特网中各局域网、广域网的设备,它会根据信道的情况自动选择和设定路由,以最佳路径,按前后顺序发送信号。比起网桥,路由器不但能过滤和分隔网络信息流、连接网络分支,还能访问数据包中更多的信息,并且用来提高数据包的传输效率。

路由表包含网络地址、连接信息、路径信息和发送代价等。路由器比网桥慢,主要用于广域网或广域网与局域网的互联。其外观如图 7.3 所示。

图 7.3 路由器

图 7.4 防火墙

(5)**防火墙**

防火墙在网络设备中,是指硬件防火墙。

硬件防火墙是指把防火墙程序做到芯片里面,由硬件执行这些功能,能减少 CPU 的负担,使路由更稳定。

硬件防火墙是保障内部网络安全的一道重要屏障。它的安全和稳定,直接关系到整个内部网络的安全。因此,日常例行的检查对于保证硬件防火墙的安全是非常重要的。

系统中存在的很多隐患和故障在暴发前都会出现这样或那样的苗头,例行检查的任务就是要发现这些安全隐患,并尽可能将问题定位,方便问题的解决。其外观如图 7.4 所示。

(6)**网卡**

网卡是计算机或其他网络设备所附带的适配器,又称为通信适配器或网络适配器(network adapter)或网络接口卡 NIC(Network Interface Card),但是更多的人愿意使用更为简单的名称“网卡”。

网卡是局域网中连接计算机和传输介质的接口,不仅能实现与局域网传输介质之间的物理连接和电信号匹配,还涉及帧的发送与接收、帧的封装与拆封、介质访问控制、数据的编码与解码以及数据缓存的功能等。

按照网卡支持的传输速率分类,主要分为 10 Mbit/s 网卡、100 Mbit/s 网卡、10/100 Mbit/s 自适应网卡和 1 000 Mbit/s 网卡 4 类:

根据传输速率的要求,10 Mbit/s 和 100 Mbit/s 网卡仅支持 10 Mbit/s 和 100 Mbit/s 的传输速率,在使用非屏蔽双绞线 UTP 作为传输介质时,通常 10 Mbit/s 网卡与 3 类 UTP 配合使用,而 100 Mbit/s 网卡与 5 类 UTP 相连接。10/100 Mbit/s 自适应网卡是由网卡自动检测网络的传输速率,保证网络中两种不同传输速率的兼容性。随着局域网传输速率的不断提高,1 000 Mbit/s网卡大多被应用于高速的服务器中。

无线网络,就是利用无线电波作为信息传输的媒介构成的无线局域网(WLAN),与有线网络的用途十分类似,最大的不同在于传输媒介的不同,利用无线电技术取代网线,可以和有线网络互为备份,只可惜速度太慢。

无线网卡是终端无线网络的设备,是无线局域网的无线覆盖下通过无线连接网络进行上网使用的无线终端设备。具体来说,无线网卡就是使用户的计算机可以利用无线网络来上网的一个装置,但是有了无线网卡也还需要一个可以连接的无线网络,如果用户在家里或者所在地有无线路由器或者无线 AP(Access Point 无线接入点)的覆盖,就可以通过无线网卡以无线的方式连接无线网络上网。其外观如图 7.5 所示。

7.1.3　网络协议

网络协议为计算机网络中进行数据交换而建立的规则、标准或约定的集合。例如,网络中一个微机用户和一个大型主机的操作员进行通信,由于这两个数据终端所用字符集不同,因此操作员所输入的命令彼此不认识。为了能进行通信,规定每个终端都要将各自字符集中的字符先变换为标准字符集的字符后,才进入网络传送,到达目的终端之后,再变换为该终端字符集的字符。

图 7.5　无线网卡

网络协议由 3 个要素组成。

(1)**语义**

语义是解释控制信息每个部分的意义。它规定了需要发出何种控制信息、完成的动作以及作出什么样的响应。

(2)**语法**

语法是用户数据与控制信息的结构与格式,以及数据出现的顺序。

(3)**时序**

时序是对事件发生顺序的详细说明。

人们形象地把这 3 个要素描述为:语义表示要做什么,语法表示要怎么做,时序表示做的顺序。

在当前的计算机网络中常用的网络协议主要有如下 3 大协议:

(1)TCP/IP **协议**

TCP/IP 是 Transmission Control Protocol/Internet Protocol 的简写,中译名为传输控制协议/因特网互联协议,又名网络通信协议,是 Internet 最基本的协议、Internet 国际互联网络的基础,由网络层的 IP 协议和传输层的 TCP 协议组成。TCP/IP 定义了电子设备如何连入因特网,以及数据如何在它们之间传输的标准。

TCP/IP 协议毫无疑问是协议中最重要的一个,作为互联网的基础协议,没有它就根本不可能上网,任何和互联网有关的操作都离不开 TCP/IP 协议。不过 TCP/IP 协议也是这 3 大协议中配置起来最麻烦的一个,单机上网还好,而通过局域网访问互联网的话,就要详细设置 IP 地址、网关、子网掩码、DNS 服务器等参数。

(2)NetBEUI **协议**

NetBEUI 即 NetBios Enhanced User Interface ,或 NetBios 增强用户接口。它是 NetBIOS 协议的增强版本,曾被许多操作系统采用,例如,Windows for Workgroup、Windows 9x 系列、Windows NT等。NetBEUI 协议在许多情形下很有用,是 Windows 98 之前的操作系统的缺省协议。NetBEUI 协议是一种短小精悍、通信效率高的广播型协议,安装后不需要进行设置。所以建议除了 TCP/IP 协议之外,小型局域网的计算机也可以安装 NetBEUI 协议。

(3)IPX/SPX **协议**

IPX(Internet work Packet Exchange,互联网络数据包交换)是一个专用的协议簇,它主要由 Novell NetWare 操作系统使用。IPX 是 IPX 协议簇中的第 3 层协议。SPX(Sequenced Packet Exchange protocol,序列分组交换协议)是 Novell 早期传输层协议,为 Novell NetWare 网络提供分组发送服务。在局域网中用得比较多的网络协议是 IPX/SPX。

IPX/SPX 协议本来就是 Novell 开发的专用于 NetWare 网络中的协议,但是也非常常用。大部分可以联机的游戏都支持 IPX/SPX 协议,例如,星际争霸,反恐精英等。虽然这些游戏通过 TCP/IP 协议也能联机,但显然还是通过 IPX/SPX 协议更省事,因为根本不需要任何设置。除此之外,IPX/SPX 协议在非局域网络中的用途似乎并不是很大,如果确定不在局域网中联机玩游戏,那么这个协议可有可无。

7.1.4 网络应用

互联网在现实生活中应用很广泛。在互联网上我们可以聊天、玩游戏、查阅东西等。更为重要的是在互联网上还可以进行广告宣传和购物。互联网给人们的现实生活带来很大的方便。人们在互联网上可以在数字知识库里寻找自己学业上、事业上的所需,从而帮助人们的工作与学习。

网络应用是计算机网络之所以存在的理由。要是人们设想不出任何有用的网络应用,那就没有必要设计支持它们的网络协议了。不过,过去 30 年内已有不少人设计出大量精妙的网络应用。这些应用既包括从 20 世纪 80 年代流行起来的基于文本的经典应用,例如,远程计算机访问、电子邮件、文件传送、新闻组、聊天等;也包括近些年来所谓的多媒体应用,例如,Web、因特网电话、视频会议、音频/视频点播等。

回顾中国互联网 10 多年来的发展,中国的互联网应用已经经历了 3 个阶段:第 1 个阶段是 2000 年左右,几大门户网站的创立,信息的互联网成为当时的主流;第 2 个阶段是 2003—2005 年,娱乐、游戏等互联网公司相继上市,这是互联网的娱乐时代;第 3 个阶段是 2007 年至今,电子商务在中国愈演愈烈,淘宝、京东商城等企业炙手可热,这是商品的互联网阶段。

如今,生活的互联网即将成为下一个爆发点。由于有了足够多的用户基数支撑垂直行业的发展,而网民的互联网应用,这些年也从信息、娱乐、商品交易逐渐深入衣食住行等和生活息息相关的领域,呈现出明显的区域化、垂直化特征。

互联网正在改变我们的生活,也由此引发生活服务类的传统行业大变革,那些发起者正在这场变革中创造和获取价值。

从移动互联网应用的角度来看,移动互联网应用缤纷多彩,娱乐、商务、信息服务等各种各样应用开始渗入人们的基本生活。手机电视、视频通话、手机音乐下载、手机游戏、手机 IM、移动搜索、移动支付等移动数据业务开始带给用户新的体验。

7.2　互联网

7.2.1　互联网的发展历程

将计算机网络互相连接在一起的方法可称作“网络互联”，在此基础上发展出覆盖全世界的全球性互联网络称为互联网，即是互相连接在一起的网络结构。

互联网又称网际网络，或音译因特网（Internet）、英特网，互联网始于 1969 年美国的阿帕网，是网络与网络之间所串联成的庞大网络，这些网络以一组通用的协议相连，形成逻辑上的单一巨大国际网络。通常 Internet 泛指互联网。

Internet 的基础结构大体经历了 3 个阶段的演进，这 3 个阶段在时间上有部分重叠。

（1）从单个网络 ARPAnet 向互联网发展

1969 年美国国防部创建了第一个分组交换网 ARPAnet，其只是一个单个的分组交换网，所有想与之相连的主机都直接与就近的结点交换机相连，它规模增长很快，到 20 世纪 70 年代中期，人们认识到仅使用一个单独的网络无法满足所有的通信问题。于是 ARPA 开始研究很多网络互联的技术，这就导致后来的互联网的出现。1983 年 TCP/IP 协议成为 ARPAnet 的标准协议。同年，ARPAnet 分解成两个网络，一个是进行试验研究用的科研网 ARPAnet，另一个是军用的计算机网络 MILnet。1990 年，ARPAnet 因为试验任务完成正式宣布关闭。

（2）建立三级结构的因特网

从 1985 年起，美国国家科学基金会 NSF 就认识到计算机网络对科学研究的重要性，1986 年，NSF 围绕 6 个大型计算机中心建设计算机网络 NSFnet，它是个三级网络，分主干网、地区网、校园网。它代替 ARPAnet 成为 Internet 的主要部分。1991 年，NSF 和美国政府认识到因特网不会限于大学和研究机构，于是支持地方网络接入，许多公司的纷纷加入，使网络的信息量急剧增加，美国政府就决定将因特网的主干网转交给私人公司经营，并开始对接入因特网的单位收费。

（3）多级结构因特网的形成

1993 年开始，美国政府资助的 NSFnet 就逐渐被若干个商用的因特网主干网替代，这种主干网也称为因特网服务提供者 ISP，考虑到因特网商用化后可能出现很多的 ISP，为了使不同 ISP 经营的网络能够互通，在 1994 创建了 4 个网络接入点 NAP，分别由 4 个电信公司经营，21 世纪初，美国的 NAP 达到了十几个。NAP 是最高级的接入点，它主要是向不同的 ISP 提供交换设备，使它们相互通信。因特网已经很难对其网络结构给出很精细的描述，但大致可分为 5 个接入级：网络接入点 NAP，多个公司经营的国家主干网，地区 ISP，本地 ISP，校园网、企业或家庭 PC 机上网用户。

7.2.2　互联网的特征

互联网具有方便快捷、安全、经济、省时、宽松自由等特点和优势。其主要优点和特征表

现在如下几个方面:

(1)资源共享

互联网可以让全球共享资源,最大限度地节省成本,提高效率。

(2)超越时空

在网上聊天、看电影,在网上看远程教育等是不受时间、空间的限制,如果去参加英语培训班,需要送过去,还要接回来,这要花时间,可能还担心安全,并且用户还要赶在培训规定的时间之前。相反,互联网的远程教育就不需要这样了。假如是一个足够智慧的个人或公司,利用互联网超越时空的特点,可以把商品放在网上,这意味着产品可以超越时空行销到全世界,而不受任何国家和地区的限制。美国人要买你的产品,要不要到美国开分公司?同样的,去美国的电子商务公司购买产品,要不要美国的电子商务公司到中国开家分公司?互联网不需要这么做,因为超越时空。2001 年举行了一次互联网八国首脑会议,此次会议确定了一个原则:任何国家和地区不得以任何形式和理由干涉和阻碍网上交易和电子商务的进程和发展。

(3)实时交互性

看电视只能被动地接收电视台所播放的节目,不能选择,只能调台,这个电视台放什么,就看什么,没有选择。但今天互联网就不是这样,今天想听哪个老师讲课就听哪个老师讲课,想找什么样的资源就找什么样的资源,想看什么样的电视就看什么样的电视,想和什么人交流就可以随时随地交流,这就是交互性。

(4)个性化

电视台不可能根据每个人的喜好去定制电视节目,它只能根据导演怎么导就怎么拍。个性化用在互联网上是指,很多厂家可以根据顾客的需求去定制产品,比如说戴尔,用户可以将自身的计算机配置需求提供给戴尔,戴尔公司根据用户需求去生产,然后再发给用户。戴尔公司利用个性化服务成为生产计算机很厉害的公司。

(5)人性化

现在计算机的操作及上网的操作都很人性化了,高科技就意味着操作简单、使用方便,而不是更加复杂。所以互联网之所以这么快地普及,是因为它很多方面都是按人性化标准来进行的。

(6)公平性

人们在互联网上发布和接收信息是平等的,互联网上不分地段、不讲身份、机会平等。

7.2.3 互联网+

通俗地说,"互联网+"就是"互联网+各个传统行业",但这并不是简单的两者相加,而是利用信息通信技术以及互联网平台,让互联网与传统行业进行深度融合,创造新的发展生态。它代表一种新的社会形态,即充分发挥互联网在社会资源配置中的优化和集成作用,将互联网的创新成果深度融合于经济、社会各个领域之中,提升全社会的创新力和生产力,形成更广泛的以互联网为基础设施和实现工具的经济发展新形态。

"互联网+"代表着一种新的经济形态,它指的是依托互联网信息技术实现互联网与传统产业的联合,以优化生产要素、更新业务体系、重构商业模式等途径来完成经济转型和升级。"互联网+"计划的目的在于充分发挥互联网的优势,将互联网与传统产业深入融合,以产业升级提升经济生产力,最后实现社会财富的增加。

"互联网+"概念的中心词是互联网,它是"互联网+"计划的出发点。"互联网+"计划具体可分为两个层次的内容来表述。一方面,可以将"互联网+"概念中的文字"互联网"与符号"+"分开理解。符号"+"意为加号,即代表着添加与联合。这表明了"互联网+"计划的应用范围为互联网与其他传统产业,它是针对不同产业间发展的一项新计划,应用手段则是通过互联网与传统产业进行联合和深入融合的方式进行;另一方面,"互联网+"作为一个整体概念,其深层意义是通过传统产业的互联网化实现产业升级。互联网通过将开放、平等、互动等网络特性在传统产业的运用,通过大数据的分析与整合,试图厘清供求关系,通过改造传统产业的生产方式、产业结构等内容,来增强经济发展动力,提升效益,从而促进国民经济健康有序的发展。

"互联网+"有6大特征:

(1)跨界融合

"+"就是跨界,就是变革,就是开放,就是重塑融合。敢于跨界了,创新的基础就更坚实;融合协同了,群体智能才会实现,从研发到产业化的路径才会更垂直。融合本身也指代身份的融合,客户消费转化为投资,伙伴参与创新,等等,不一而足。

(2)创新驱动

中国粗放的资源驱动型增长方式早就难以为继,必须转变到创新驱动发展这条正确的道路上来。这正是互联网的特质,用所谓的互联网思维来求变、自我革命,也更能发挥创新的力量。

(3)重塑结构

信息革命、全球化、互联网业已打破了原有的社会结构、经济结构、地缘结构、文化结构。权力、议事规则、话语权不断在发生变化。互联网+社会治理、虚拟社会治理会是很大的不同。

(4)尊重人性

人性的光辉是推动科技进步、经济增长、社会进步、文化繁荣的最根本的力量,互联网的力量之强大最根本地也来源于对人性的最大限度的尊重、对人体验的敬畏、对人的创造性发挥的重视。例如UGC、卷入式营销、分享经济。

(5)开放生态

关于"互联网+",生态是非常重要的特征,而生态的本身就是开放的。我们推进"互联网+",其中一个重要的方向就是要把过去制约创新的环节化解掉,把孤岛式创新连接起来,让研发由人性决定的市场驱动,让创业者并努力者有机会实现价值。

(6)连接一切

连接是有层次的,可连接性是有差异的,连接的价值是相差很大的,但是连接一切是"互联网+"的目标。

7.3 移动互联网

7.3.1 移动互联网概述

移动互联网,就是将移动通信和互联网两者结合起来,成为一体,是指互联网的技术、平台、商业模式和应用与移动通信技术结合并实践的活动的总称。在最近几年里,移动通信和互联网成为当今世界发展最快、市场潜力最大、前景最诱人的两大业务。它们的增长速度都是任何预测家未曾预料到的。

“小巧轻便”及“通信便捷”两个特点,决定了移动互联网与PC互联网的根本不同之处,发展趋势及相关联之处。可以“随时、随地、随心”地享受互联网业务带来的便捷,还表现在更丰富的业务种类、个性化的服务和更高服务质量的保证。当然,移动互联网在网络和终端方面也受到了一定的限制。

与传统的桌面互联网相比较,移动互联网具有几个鲜明的特性。

(1)便捷性和便携性

移动互联网的基础网络是一张立体的网络,GPRS、3G、4G和WLAN或WiFi构成的无缝覆盖,使得移动终端具有比通过上述任何形式更方便联通网络的特性;移动互联网的基本载体是移动终端,顾名思义,这些移动终端不仅仅是智能手机、平板电脑,还有可能是智能眼镜、手表、服装、饰品等各类随身物品。它们属于人体穿戴的一部分,随时随地都可使用。

(2)即时性和精确性

由于有了上述便捷性和便利性,人们可以充分利用生活中、工作中的碎片化时间,接收和处理互联网的各类信息。不再担心有任何重要信息、时效信息被错过了。无论是什么样的移动终端,其个性化程度都相当高。尤其是智能手机,每一个电话号码都精确地指向了一个明确的个体,使得移动互联网能够针对不同的个体,提供更为精准的个性化服务。

(3)感触性和定向性

这一点不仅仅是体现在移动终端屏幕的感触层面。更重要的是体现在照相、摄像、二维码扫描,以及重力感应、磁场感应、移动感应、温度、湿度感应等无所不及的感触功能。而基于LBS的位置服务,不仅能够定位移动终端所在的位置,甚至可以根据移动终端的趋向性,确定下一步可能去往的位置,使得相关服务具有可靠的定位性和定向性。

(4)业务与终端、网络的强关联性和业务使用的私密性

由于移动互联网业务受到了网络及终端能力的限制,因此,其业务内容和形式也需要适合特定的网络技术规格和终端类型。在使用移动互联网业务时,所使用的内容和服务更私密,如手机支付业务等。

(5)网络的局限性

移动互联网业务在便携的同时,也受到了来自网络能力和终端能力的限制:在网络能力方面,受到无线网络传输环境、技术能力等因素限制;在终端能力方面,受到终端大小、处理能力、电池容量等的限制。

以上这 5 大特性，构成了移动互联网与桌面互联网完全不同的用户体验生态。移动互联网已经完全渗入人们生活、工作、娱乐的方方面面了。

2015 年，中国移动互联网市场规模达到 30 794.6 亿元人民币，增长 129.2%。预计到 2018 年，中国移动互联网市场规模有望达到 76 547 亿元人民币。2015 年，移动购物依然是中国移动互联网市场中占比最高的部分，占比达到 67.4%。移动生活服务则是市场份额增长最快的大类，移动旅游、移动团购和移动出行领域是移动生活服务增长的主要来源。

7.3.2　互联网金融

互联网金融是指传统金融机构与互联网企业利用互联网技术和信息通信技术实现资金融通、支付、投资和信息中介服务的新型金融业务模式。互联网金融不是互联网和金融业的简单结合，而是在实现安全、移动等网络技术水平上，被用户熟悉接受后（尤其是对电子商务的接受），自然而然为适应新的需求而产生的新模式及新业务，是传统金融行业与互联网技术相结合的新兴领域。

互联网金融主要有以下特点：

（1）成本低

互联网金融模式下，资金供求双方可以通过网络平台自行完成信息甄别、匹配、定价和交易，无传统中介、无交易成本、无垄断利润。一方面，金融机构可以避免开设营业网点的资金投入和运营成本；另一方面，消费者可以在开放透明的平台上快速找到适合自己的金融产品，削弱了信息不对称程度，更省时省力。

（2）效率高

互联网金融业务主要由计算机处理，操作流程完全标准化，客户不需要排队等候，业务处理速度更快，用户体验更好。如阿里小贷依托电商积累的信用数据库，经过数据挖掘和分析，引入风险分析和资信调查模型，商户从申请贷款到发放只需要几秒钟，日均可以完成贷款 1 万笔，成为真正的“信贷工厂”。

（3）覆盖广

互联网金融模式下，客户能够突破时间和地域的约束，在互联网上寻找需要的金融资源，金融服务更直接，客户基础更广泛。此外，互联网金融的客户以小微企业为主，覆盖了部分传统金融业的金融服务盲区，有利于提升资源配置效率，促进实体经济发展。

（4）发展快

依托于大数据和电子商务的发展，互联网金融得到了快速增长。以余额宝为例，余额宝上线 18 天，累计用户数达到 250 多万，累计转入资金达到 66 亿元。据报道，2017 年 1 月余额宝总规模已突破 8 000 亿元，成为规模最大的公募基金。

（5）管理弱

管理弱体现在两个方面：一是风控弱。互联网金融还没有接入人民银行征信系统，也不存在信用信息共享机制，不具备类似银行的风控、合规和清收机制，容易发生各类风险问题，已有众贷网、网赢天下等 P2P 网贷平台宣布破产或停止服务。二是监管弱。互联网金融在中国处于起步阶段，还没有监管和法律约束，缺乏准入门槛和行业规范，整个行业面临诸多政策和法律风险。

(6)**风险大**

互联网金融风险大体现在两个方面：一是信用风险大。现阶段中国信用体系尚不完善，互联网金融的相关法律还有待配套，互联网金融违约成本较低，容易诱发恶意骗贷、卷款跑路等风险问题。特别是P2P网贷平台由于准入门槛低和缺乏监管，成为不法分子从事非法集资和诈骗等犯罪活动的温床。近年来，淘金贷、优易网、安泰卓越等P2P网贷平台先后曝出“跑路”事件。二是网络安全风险大。中国互联网安全问题突出，网络金融犯罪问题不容忽视。一旦遭遇黑客攻击，互联网金融的正常运作会受到影响，危及消费者的资金安全和个人信息安全。

中国互联网金融发展历程要远短于美欧等发达经济体。截至目前，中国互联网金融大致可以分为3个发展阶段：第一个阶段是1990—2005年的传统金融行业互联网化阶段；第二个阶段是2005—2011年的第三方支付蓬勃发展阶段；而第三个阶段是2011年以来至今的互联网实质性金融业务发展阶段。在互联网金融发展的过程中，国内互联网金融呈现出多种多样的业务模式和运行机制。

7.3.3 移动电商

移动电子商务就是利用手机、PDA及掌上电脑等无线终端进行的B2B、B2C、C2C或O2O的电子商务。它将因特网、移动通信技术、短距离通信技术及其他信息处理技术完美的结合，使人们可以在任何时间、任何地点进行各种商贸活动，实现随时随地、线上线下的购物与交易、在线电子支付以及各种交易活动、商务活动、金融活动和相关的综合服务活动等。

与传统通过计算机（台式PC、笔记本电脑）平台开展的电子商务相比，拥有更为广泛的用户基础。截至2016年6月，我国网民规模已达7.1亿，互联网普及率达到51.7%，超过全球平均水平3.1个百分点，网民规模连续9年位居全球首位。随着移动通信网络环境的不断改善以及智能手机的进一步普及，移动互联网应用向网民生活深入渗透，促进手机上网使用率增长，网民上网设备进一步向移动端集中，手机网民规模达6.56亿人，网民中使用手机上网人群占比由2015年底90.1%提升至92.5%，仅通过手机上网的网民占比达24.5%。因此它具有更为广阔的市场前景。

随着移动通信技术和计算机的发展，移动电子商务的发展已经经历了3代。

第一代移动商务系统是以短信为基础的访问技术，这种技术存在着许多严重的缺陷，其中最严重的问题是实时性较差，查询请求不会立即得到回答。此外，由于短信信息长度的限制也使得一些查询无法得到一个完整的答案。这些令用户无法忍受的严重问题也导致了一些早期使用基于短信的移动商务系统的部门纷纷要求升级和改造现有的系统。

第二代移动商务系统采用基于WAP技术的方式，手机主要通过浏览器的方式来访问WAP网页，以实现信息的查询，部分地解决了第一代移动访问技术的问题。第二代的移动访问技术的缺陷主要表现在WAP网页访问的交互能力极差，因此极大地限制了移动电子商务系统的灵活性和方便性。此外，WAP网页访问的安全问题对于安全性要求极为严格的政务系统来说也是一个严重的问题。这些问题也使得第二代技术难以满足用户的要求。

第三代移动商务系统采用了基于 SOA 架构的 Webservice、智能移动终端和移动 VPN 技术相结合的第三代移动访问和处理技术,使得系统的安全性和交互能力有了极大的提高。第三代移动商务系统同时融合了移动技术、智能移动终端、VPN、数据库同步、身份认证及 Webservice 等多种移动通信、信息处理和计算机网络的最新前沿技术,以专网和无线通信技术为依托,为电子商务人员提供了一种安全、快速的现代化移动商务办公机制。

移动电子商务主要提供以下服务:

(1)**银行业务**

移动电子商务使用户能随时随地在网上安全地进行个人财务管理,进一步完善因特网银行体系。用户可以使用其移动终端核查其账户、支付账单、进行转账以及接收付款通知等。

(2)**交易**

移动电子商务具有即时性,因此非常适用于股票等交易应用。移动设备可用于接收实时财务新闻和信息,也可确认订单并安全地在线管理股票交易。

(3)**订票**

通过因特网预订机票、车票或入场券已经发展成为一项主要业务,其规模还在继续扩大。因特网有助于方便核查票证的有无,并进行购票和确认。移动电子商务使用户能在票价优惠或航班取消时立即得到通知,也可支付票费或在旅行途中临时更改航班或车次。借助移动设备,用户可以浏览电影剪辑、阅读评论,然后订购邻近电影院的电影票。

(4)**购物**

借助移动电子商务,用户能够通过其移动通信设备进行网上购物。即兴购物会是一大增长点,如订购鲜花、礼物、食品或快餐等。传统购物也可通过移动电子商务得到改进。例如,用户可以使用“无线电子钱包”等具有安全支付功能的移动设备,在商店里或自动售货机上进行购物。随着智能手机的普及,移动电子商务通过移动通信设备进行手机购物,让顾客体会到购物更随意、更方便。如今比较流行的手机购物软件如淘宝、京东、当当等,实现了手机下单、手机支付,同时也支持货到付款,不用担心没有 PC 就会错过的限时抢购等促销活动,尽享购物便利。

(5)**娱乐**

移动电子商务将带来一系列娱乐服务。用户不仅可以从他们的移动设备上收听音乐,还可以订购、下载特定的曲目,并且可以在网上与朋友们玩交互式游戏,还可以游戏付费,并进行快速、安全的博彩和游戏。

(6)**无线医疗**

医疗产业的显著特点是每一秒钟对患者都非常关键,在这一行业十分适合于移动电子商务的开展。在紧急情况下,救护车可以作为进行治疗的场所,而借助无线技术,救护车可以在移动的情况下同医疗中心和患者家属建立快速、动态、实时的数据交换,这对每一秒钟都很宝贵的紧急情况来说至关重要。在无线医疗的商业模式中,患者、医生、保险公司都可以获益,也会愿意为这项服务付费。这种服务是在时间紧迫的情形下,向专业医疗人员提供关键的医疗信息。由于医疗市场的空间非常巨大,并且提供这种服务的公司为社会创造了价值,同时,这项服务又非常容易扩展到全国乃至世界,我们相信在这整个流程中,存在着巨大的商机。

(7)**移动 MASP**

一些行业需要经常派遣工程师或工人到现场作业。在这些行业中,移动 MASP 将会有巨大的应用空间。MASP 结合定位服务技术、短信息服务、WAP 技术,以及 Call Center 技术,为用户提供及时的服务,提高用户的工作效率。

中国商务部还发布了 2014 年的中国电子商务报告,报告显示,2014 年电子商务已经成为国民经济的重要增长点。2014 年,电子商务交易总额增速是 28.64%。全国网络销售额增速较社会消费品零售总额的增速快了 37.7 个百分点。此外,移动电子商务呈现爆发式增长,我国微信用户数量已经达到 5 亿,同比增长 41%。

7.3.4 媒体与社交

社交媒体指互联网上基于用户关系的内容生产与交换平台。

社交媒体是人们彼此之间用来分享意见、见解、经验和观点的工具和平台,现阶段主要包括社交网站、微博、微信、博客、论坛、播客等。社交媒体在互联网的沃土上蓬勃发展,爆发出令人炫目的能量,其传播的信息已成为人们浏览互联网的重要内容,不仅制造了人们社交生活中争相讨论的一个又一个热门话题,更进而吸引传统媒体争相跟进。

社交媒体为消费者带来的好处主要有如下几个方面:

(1)**社交媒体推动企业信息透明化**

社交媒体比以往任何一次技术革新都更能够促进企业的协作精神,从而使得所有的公司和组织都能够处于公众的监督之下。企业对社交媒体积极性越高,其透明度也就越高。例如,惠普的员工博客计划使得外界能够更好地洞察惠普的内部状况。沃尔玛等公司甚至还邀请客户来撰写博客。

在未融入社交媒体之前,大型企业很难与用户进行互动,也就无法获取反馈。融入社交媒体后,用户可以直达企业高层。除此之外,所有的企业面对环境问题、产品标准以及消费者和员工权益等问题时,也不得不更加慎重。

(2)**社交媒体提升产品质量**

社交媒体使得所有消费者都可以针对产品发表评论并提出批评,因此厂商的产品必须有过硬的质量。产品质量不过关的厂商将会被曝光并最终失败。这也是为什么好的产品往往在传统营销上投入的资金更少的原因所在。社交媒体的存在使得优秀的产品能够获得自己用户和粉丝的追捧。

(3)**社交媒体可以提供优秀的客服渠道**

看看维珍美国航空公司(Virgin America)是怎么利用 Twitter 的吧。如果客户的航班有问题,只需要在 Twitter 上向维珍的客服人员求助即可。这种服务具有很强的前瞻性。

(4)**社交媒体能够创造消费者真正需要的产品**

星巴克、戴尔和宝洁都采取了这种模式,听取用户的意见和反馈,并借此创造更好的产品。大型企业对此越积极,就越能促进这种模式的发展。

(5)**消费者可自主控制社交关系**

消费者可以选择关注英特尔或福特的员工,至于是否需要加入他们的社区则完全由消费者做主。这与传统媒体产生了鲜明的对比，在传统媒体中，消费者完全无法控制自己与大型公司之间的关系。

(6)**免费接触大型企业**

企业建立平台、网站和服务通常都是为了赚钱和建立业务，但它们大部分都对用户免费开放。在很多情况下，这些服务都是依靠广告费和赞助费等形式来获取收入的。

(7)**大型企业可借社交媒体提供有趣的资讯**

如果某些品牌希望通过社交平台来发布视频并且做法得当，那么消费者就可以从中获得资讯。比如可口可乐在其博客上发布的公司发展史以及耐克在 YouTube 上发布的足球视频。

(8)**用户主宰内容和互动**

社交媒体上的许多交流都与大企业有关，这一点并不奇怪。无论是否出于自愿，大型企业都已经实实在在地参与到社交媒体之中。

第8章 商务智能与大数据

【学习目标】

通过本章的学习应掌握如下内容：

- 商务智能的发展历程
- 商务智能中的主要技术
- 商务智能在全球的应用现状及趋势
- 大数据的概念及技术
- 大数据的发展现状
- 大数据的应用前景及挑战

商务智能是深化组织信息化的重要工具，它的出现为企业决策层提供了决策分析与风险规避工具，为组织提供了资源优化与价值评价的平台，为组织信息化提供了从运营层向决策层发展的支撑。而大数据作为传统数据库、数据仓库以及商务智能概念外延的扩展，手段的扩充，获得了各界更多的关注，产生了更多的视角，解决了更多的问题，也进一步推动了商务智能的发展。两者相互促进，共同在海量的、庞大而繁杂的数据中挖掘出对用户有用的信息，揭示潜藏在数据背后的商机，从而为用户更快更好地作出决策提供帮助。

8.1 商务智能

随着信息技术的迅猛发展，信息数据存储成本不断下降，各行各业的数据正呈现出爆炸式增长，信息化时代已经来临。然而如何充分有效地利用这些数据资产，提炼出有价值的信息、知识，从而挖掘出隐藏其中的巨大商机，对提高企业在竞争角逐中获胜尤为关键。仅仅依靠传统理念进行业务运营与商务决策将使组织管理水平远落后于投资商务智能的组织，商务智能已经成为领先组织与传统组织最突出的差异点。

8.1.1　商务智能概述

追本溯源，目前已公认赫伯特·西蒙对决策支持系统的研究，是现代商务智能最早的源头和起点。此后，1970 年，IBM 的研究员埃德加·科德（Edgar Codd）发明了关系型数据库；1979 年，一家以决策支持系统为己任，致力于构建单独的数据存储结构的公司 Teradata 诞生，1983 年，该公司利用并行处理技术为美国富国银行建立了第一个决策支持系统；1988 年，为解决企业集成问题，IBM 公司的研究员 Barry Devlin 和 Paul Murphy 创造性地提出了一个新的术语：数据仓库（Data Warehouse）；1991 年，比尔·恩门（Bill Inmon）出版了《建立数据仓库》一书，他主张由顶至底的构建方法，强调数据的一致性，拉开了数据仓库真正得以大规模应用的序幕；1993 年，拉尔夫·金博尔出版了《数据仓库的工具》一书，他主张务实的数据仓库应该由下往上，从部门到企业，并把部门的数据仓库称为"数据集市"。因此，很多人把信息系统（EIS）、管理信息系统（MIS）、决策支持系统（DSS）、数据库技术、数据仓库、数据集市以及数据挖掘等很多概念与商务智能混为一谈。

事实上，商务智能也称商业智能（Business Intelligence，BI），最早于 1996 年由美国加特纳集团（Gartner Group）提出，他们认为：商务智能描述了一系列的概念和方法，通过应用基于事实的支持系统来辅助商业决策的制定。商务智能技术提供使企业迅速分析数据的技术和方法，包括收集、管理和分析数据，将这些数据转化为有用的信息，然后分发到企业各处。

自加特纳集团提出"商务智能"这个名词以来，企业界和学术界分别对商务智能的概念提出了不同的说法，迄今为止对商务智能的定义还没有达成共识，这里从企业界和学术界的说法中列举几个比较全面的定义。

（1）IBM 的定义（企业界）

商务智能是一系列在技术支持下的简化信息收集、分析的策略集合。通过使用企业的数据资产来制定更好的商务决策。企业的决策人员以数据仓库为基础，经过各种查询分析工具、联机分析处理或者是数据挖掘加上决策人员的行业知识，从数据仓库中获得有利的信息，进而帮助企业提高利润，增加生产力和竞争力。

（2）Business Objects（SAP）的定义（企业界）

商务智能是一种介于大量信息基础上的提炼和重新整合的过程，这个过程与知识共享和知识创造密切结合，完成了从信息到知识的转变，最终为商家提供了网络时代的竞争优势和实实在在的利润。

（3）商务智能专家利奥托德的定义（学术界）

商务智能是指将存储于各种商业信息系统中的数据转换成有用信息的技术。它允许用户查询和分析数据库，可以得出影响商业活动的关键因素，最终帮助用户作出更好、更合理的决策。

（4）国内商务智能专家王茁的定义（学术界）

商务智能是企业利用现代信息技术收集、管理和分析结构化和非结构化的商务数据和信息，创造和累计商务知识和见解，改善商务决策水平，采取有效的商务行动，完善各种商务流程，提升各方面商务绩效，增强综合竞争力的智慧和能力。

虽然企业界和学术界对商务智能的定义众说纷纭,但是其核心都包含了商务智能是将企业中现有数据转化为知识,帮助企业作出明智的业务经营决策的工具这层意思,而商务智能的实现必然涉及软件、硬件、咨询服务及应用等多个方面,并且除了企业以外,非营利组织(如政府机构等)也需要处理更为庞大繁杂的数据来满足其受众,因此,把商务智能看成是一种解决方案更为恰当。在此将商务智能定义为:从许多来自不同组织运作系统的数据中提取出有用的数据,并进行清理,以保证数据的正确性,然后经过抽取、转换和加载合并到一个组织级的数据仓库,从而得到该组织数据的一个全局视图,在此基础上利用合适的查询和分析工具、联机分析处理工具等对其进行分析和处理,最后将知识呈现给用户,为其决策过程提供支持。

商务智能作为一种辅助决策的工具,为决策者提供信息、知识支持,辅助决策者改善决策水平,其主要功能体现如下。

(1)**数据集成**

数据是决策分析的基础。事实上,在多数情况下,决策需要的数据是分散在几个不同的业务系统中的,但为了作出正确的决策,我们需要把零散的数据集成为一个系统的整体。对于组织内部的业务系统和外部的数据源,需要经过从多个异构数据源提取源数据,再经过一定的变换后装载到数据仓库中,从而实现数据的集成。

(2)**信息展示**

信息展示是把收集的数据以报表等形式展现出来,让用户充分了解组织现状、市场情况等,这是商务智能的初步功能。

(3)**运营分析**

运营分析包括运营指标分析、运营业绩分析和财务分析等。运营指标分析是指对组织的不同业务流程和业务环节的指标进行分析;运营业绩分析是指对各部门的营业额、销售量等进行统计,在此基础上进行同期比较分析、应收分析、盈亏分析和各种商品的风险分析等;财务分析是指对利润、费用支出、资金占用以及其他经济指标进行分析,及时掌握企业在资金使用方面的实际情况,调整和降低运营成本。

(4)**战略决策支持**

战略决策支持是指根据组织各战略业务单元的经营业绩和定位,选择一种合理的投资组合战略。由于商务智能系统集成了外部数据,如外部环境和行业信息,各战略业务单元可据此制订自身的竞争战略。此外,组织还可以利用业务运营数据,为营销、生产、财务和人力资源等提供决策支持。

可见,商务智能的结构主要由数据仓库环境和分析环境这两部分组成,这就需要商务智能相关技术的支持。

8.1.2 商务智能技术

商务智能作为一套完整的解决方案,它是将数据仓库、联机分析处理和数据挖掘等结合起来应用到商业活动中,从不同的数据源收集数据,经过抽取、转换和加载的过程,送到数据仓库或数据集市,然后使用合适的查询与分析工具、联机分析处理工具和数据挖掘工具对信息进行再处理,将信息转变为辅助决策的知识,最后将知识呈现于用户面前,以实现技术服务于决策的目的。商务智能主要由数据仓库、联机分析处理和数据挖掘这3种技术构成。

(1)**数据仓库**

数据仓库(Data Warehouse)的概念始于20世纪80年代中期,在业内被广泛接受的定义是由号称"数据仓库之父"的比尔·恩门(Bill Inmon)在《建立数据仓库》一书中提出来的,即"数据仓库是在企业管理和决策中面向主题的、集成的、与时间相关的、不可修改的数据集合"。数据仓库是用以支持经营管理中的决策制定过程,与传统数据库的面向应用相对应。

可以从两个层次来理解数据仓库的概念,首先,数据仓库用于支持决策,面向分析型数据处理,它不同于组织现有的操作型数据库;其次,数据仓库是多个异构的数据源有效集成,集成后按照主题进行了重组,并包含历史数据,而且存放在数据仓库中的数据一般不再修改。

(2)**联机分析处理**

联机分析处理(On-line Analysis,OLAP)是与数据仓库技术相伴而发展起来的,作为分析处理数据仓库中海量数据的有效手段,它弥补了数据仓库在直接支持多维数据视图方面的不足。目前关于联机分析处理的概念还没有达成共识,OLAP委员会给出了较为正式和严格的定义:OLAP是一类软件技术,它使分析人员、管理人员或执行人员能够从多种角度对从原始数据中转化出来的、能够真正为用户所理解的,并真实反映企业维持性的信息进行快速、一致、交互地存取,以便管理决策人员对数据进行深入观察。

从定义可以看出联机分析处理是根据用户选择的分析角度,快速地从一个维转变到另一个维,或者在维成员之间比较,使用户可以在短时间内从不同角度审视业务的状况,以直观的方式为管理人员提供决策支持。

(3)**数据挖掘**

"数据挖掘"(Data Mining)一词是在1989年8月于美国底特律市召开的第11届国际联合人工智能学术会议上正式提出的,与知识发现(Knowledge Discovery in Database,KDD)混用。从1995年开始,每年一次的KDD国际学术会议将KDD和数据挖掘方面的研究推向了高潮。从此,"数据挖掘"一词开始流行。

数据挖掘是指从数据集合中自动抽取隐藏在数据中的那些有用信息的非平凡过程,这些信息的表现形式为:规则、概念、规律及模式等,它可帮助决策者分析历史数据及当前数据,并从中发现隐藏的关系和模式,进而预测未来可能发生的行为。

数据挖掘技术融合了多个不同学科的技术与成果,一开始就是面向应用的,不再是面向特定的数据库进行简单的检索、查询调用,而是对数据进行统计、分析、综合和推理。数据挖掘是一门广义的交叉学科,是多种技术综合的结果,数据挖掘方法是由人工智能、机器学习的方法发展而来,结合传统的统计分析方法、模糊数学方法及可视化技术,以数据库为研究对象,形成了数据挖掘的方法和技术。

作为商务智能的三大支柱技术,数据仓库、联机分析处理和数据挖掘三者之间存在着千丝万缕的联系。

首先,它们的共同点在于:三者都是从数据库的基础上发展起来的,都是决策支持技术。其中,数据仓库是利用综合数据得到宏观信息,利用历史数据进行预测;联机分析处理技术是在关系数据库的基础上发展起来的,其利用多维数据集和数据聚集技术对数据仓库中的数据进行组织和汇总,用联机分析和可视化工具对这些数据迅速进行评价,将复杂的分析查询结果快速地返回给用户,以支持决策;数据挖掘是从数据库中挖掘知识,也用于决策分析。

其次,三者之间也有差别。数据仓库是商务智能的基础,主要用于存储相关数据,属于商务智能数据仓库环境部分,而联机分析处理与数据挖掘都是数据仓库的分析工具,属于商务智能数据分析环境部分。进一步来看,联机分析处理与数据挖掘的区别在于:联机分析处理是建立在多维视图的基础上,强调执行效率和对用户命令的及时响应,而且其直接数据源一般是数据仓库;而数据挖掘是建立在各种数据源的基础上,重在发现隐藏在数据深层次的对人们有用的模式并作出有效的预测性分析,一般并不过多考虑执行效率和响应速度,可见,从对数据分析的深度来看,联机分析处理位于较浅的层次,而数据挖掘所处的位置则更深,数据挖掘可以发现联机分析处理不能发现的更复杂而细致的信息。尽管数据挖掘与联机分析处理存在以上差异,但是同作为数据仓库系统的工具层的组成部分,两者是相辅相成的。

由此可见,数据仓库拥有丰富的数据,但只有通过联机分析处理和数据挖掘才能使数据变成有价值的信息,才能体现出数据仓库的辅助决策功能,否则永远都是数据丰富但信息匮乏;反之,尽管联机分析处理和数据挖掘并不一定要建立在数据仓库的基础上,但数据仓库却能提高两者的工作效率,使之有更大的发展空间。

8.1.3 商务智能应用

从商务智能的技术支持可以看出,商务智能的技术基础是数据仓库、联机分析处理及数据挖掘,其中数据仓库用来存储和管理数据,其数据从运营层而来;联机分析处理用于把这些数据变成信息,支持各级决策人员进行复杂查询和联机分析处理,并以直观易懂的图表把结果展现出来;而数据挖掘可以从海量数据中提取出隐藏其中的有用知识,以便作出更有效的决策,提高组织智能。因此,商务智能在组织决策中的运用模型如图 8.1 所示。

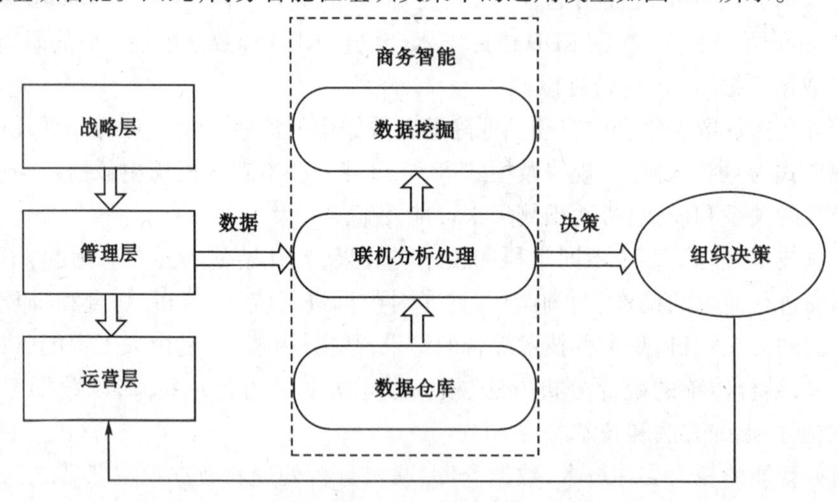

图 8.1　商务智能在组织决策中的运用模型

进入 21 世纪以来,随着信息化时代的到来,社会组织内部数据呈现出爆炸式的增长趋势,商务智能的应用已不仅仅局限于某一产业、地域或者业务,其被应用得越来越广泛。从图 8.1 商务智能在组织决策中的运用模型可以看出,商务智能(BI)能从庞大而又繁杂的业务数据中提炼出有规律的信息、知识,便于决策者针对这些信息和相关情报作出准确的判断,制订合理的战略或策略。因此,BI 最适合在具有以下特征的行业中应用。

(1)**企业规模大**

如电信、银行、证券、保险、航空、石化等,这些行业中的企业往往是航母型的,企业运营资本高、员工多,有很多分公司或子公司分布在不同国家和地区,每天产生的业务数据、往来数据量大、多、杂,并且员工变动和绩效管理非常重要。

(2)**客户规模大**

如电信、银行、保险、航空、零售等,这些行业中的企业客户基数大,每天新增客户与流失客户也多。稳定客户与流动客户的判定对于企业经营非常重要。

(3)**产品线规模大**

如制造、零售、物流等,这些行业所涉及的上下游产业链长,并且每天急剧变动的业务数据、财务数据、客户数据等对于产业链的影响大。

(4)**市场规模大**

如电信、银行、保险、零售、物流、航空等,这些行业的销售额高,用户群大,用户争夺激烈,现金流量的波动对企业的发展非常重要。

(5)**信息规模大**

如电信、银行、证券、零售、物流、航空、咨询、C2C 或 B2C 企业、网游等,这些行业产生的信息量大、增长快,信息更新换代频繁,时效性强,信息对企业运营影响力大,有时候甚至威胁到企业的存亡。

(6)**某些政府部门**

如军工、公安、工商、财税、统计、社保、计委、经贸委等,这些部门信息量大,有些信息甚至关系到国计民生,信息的保密性要求高。

有关 BI 的市场分析显示,目前商务智能在全球的应用主要集中在金融、保险、电信、制造、零售等数据密集型行业,但同时也在不断向新的行业实施,比如政府、烟草、制药、矿产、能源、网游、生命科学和电子商务等领域。

8.2　大数据

随着现代社会信息技术的高速发展以及网络、云计算在人们日常生活中应用的增加,全球数据体量呈现出惊人的增长。据国际数据公司的测试统计,全球数据总量在 2009 年比之前的年代足足增长了 62%,截至 2014 年,仅中国的数据总量就达到了 909 EB,占全球份额的 13%左右。据中为咨询预测,到 2020 年,全球数据量将达到 35 ZB(相当于 90 亿块 4 TB 的硬盘容量)。此外,对于数据类型中的结构化数据和非结构化数据也随着数据总量不断增长。面对如此庞大的数据,处理、存储大量资料的新技术和工具快速发展,大数据应运而生。

8.2.1　大数据概述

大数据(Big Data)作为当前最受瞩目的技术之一,受到了来自科学、技术、资本、产业等各界的追捧和青睐。2013 年 11 月,ITU 发布了题为《Big data: Big today, normal tomorrow》的技术观察报告,该报告分析了大数据的相关应用实例,指出了大数据的基本特征、应用领域以及面临的机遇与挑战。2014 年 12 月 2 日全国信息技术标准化技术委员会大数据标准工作组正式成立,下设 7 个专题组,分别是:总体专题组、国际专题组、技术专题组、产品和平台专题组、安全专题组、工业大数据专题组、电子商务大数据专题组,负责大数据领域不同方向的标准化工作。国务院在 2015 年 8 月 31 日印发了《促进大数据发展行动纲要》,该纲要明确指出了大数据的重要意义和主要任务,同时指出大数据已经成为推动经济转型发展的新动力、重塑国家竞争优势的新机遇、提升政府治理能力的新途径。2015 年 12 月,中国电子技术标准化研究院在工业和信息化部信息化和软件服务业司、国家标准化管理委员会工业两部共同指导下编纂发布了《大数据标准化白皮书 V2.0》,在援引了多家权威机构、知名企业的定义后,给出了国内对大数据概念的普遍理解:具有数量巨大、来源多样、生成极快、多变等特征,并且难以用传统数据体系结构有效处理包含大量数据集的数据。

本书采用目前国内外最为广泛接受的定义:大数据是指无法在一定时间范围内用常规软件工具进行捕捉、管理和处理的数据集合,是需要新处理模式才能具有更强的决策力、洞察发现力和流程优化能力的海量、高增长率和多样化的信息资产。

那么,想要驾驭这庞大的数据,我们必须要了解大数据的特征。从上文中大数据白皮书给出的国内对大数据的理解阐述中我们已经初步窥探到了大数据的特征。事实上,对于大数据的数据特征,通常引用国际数据公司(International Data Corporation)定义的 4V 来描述,而随着近年来大数据的不断发展,大数据的特征也得到了拓展。IBM 在 2013 年 3 月给出的《分析:大数据在现实世界中的应用》白皮书中将原有 4V 中的 value(价值密度)替换成了 Veracity(真实性),以此来凸显与管理某些类型数据中固有的不确定性的重要性,得到了业界的广泛认可。之后,阿姆斯特丹大学的 Yuri Demchenko 等人基于原有 4V 的基础上拓展为 5V 的理论,即增加了 Veracity(真实性)。因此,本书认为大数据发展到今天,特征为 5V,具体如下。

(1) Volume(**数据体量大**)

当前数据规模从 TB 单位发展提升到 PB,更大级别的为 EB 单位。其中 1 024 GB=1 TB;1 024 TB=1 PB;1 024 PB=1 EB;1 024 EB=1 ZB;1 024 ZB=1 YB,从以上公式换算中我们可以感受到数据单位的体量大小。如果以人类语言量大小为单位,我们所统计出来的人类历史至今的语言量为 5 EB。相对于传统系统而言,显然大数据系统的容量是海量的,并且,在特定情况下,数据量还会出现波动和急剧增长的情况,这就要求大数据处理系统具备强大的数据存储和处理能力。

(2) Variety(**数据种类多**)

除了一般意义上的结构化数据以外,大数据还包括各类非结构化的数据,如文本、音频、视频等,以及半结构化数据,如电子邮件、文档等。数据结构的多样性与复杂性大大提升了数据处理的难度,对系统软硬件提出了更高的要求。如何根据数据结构特性,选配合适的硬件设备,制订出合理的数据结构预处理方案,是当前研究的重点之一。

(3) Value(**价值密度低**)

虽然大数据包含的数据量庞大,但是在这复杂多样的海量数据中真正有价值的数据占比却很少，即大数据的数据价值密度低。例如，我们对于视频数据的采集和发掘比较费时，对于一个小时的视频内容，我们采集、监控和挖掘需要很多时间，但真正有价值需求的数据却很少。那么，如何通过特定的机器算法和软件算法找到需要的数据是相应处理系统的关键技术之一。

(4) Velocity(**处理速度快**)

对于大数据和传统海量数据最大的一个区别就是数据体量和对数据处理的速度。大数据要求对数据的实时处理速度很高，因为若不具有工业级实时处理能力，在实际应用中就不具有时效性，这就对计算机软硬件的要求都很高。我们传统的对数据运算计时单位分别是星期、日和小时，而在大数据时代计时单位下降到了更短的周期，分别以分和秒来计量。数据处理的速度成为大数据重要价值体现的特征之一。

(5) Veracity(**真实性**)

在大数据的时代背景下，各行各业的组织都积极参与到信息化管理的浪潮中，各种信息都被收集并录入相应的数据仓库以供处理，在这个过程中，就会由于手误导致信息录入错误、消费者由于各种原因不愿意录入真实的意愿等虚假信息掺杂其中。那么，在海量的、庞大而繁杂的数据中，如何对数据进行真伪的识别，对大数据的可信性提出了新的要求。

8.2.2　大数据技术

要从大数据中提取出用户需要的有价值的相关信息，就必然需要对数据进行相应的处理，大数据的处理步骤具体如下：

(1) **采集**

利用数个数据库来接收发自客户端的数据，并且用户可以通过这些数据库来进行简单的查询和处理工作。在采集过程中，其主要特点和挑战是并发数高，因为同时有可能会有成千上万的用户来进行访问和操作，并发的访问量在峰值时达到上百万，所以需在采集端部署大量数据库。其次要对这些海量数据进行有效的分析，应该将这些来自前端的数据导入一个集中的大型分布式数据库，或者分布式存储集群，并且可以在导入基础上做一些简单的清洗和预处理工作。

(2) **导入/预处理**

导入与预处理过程的特点和挑战主要是导入的数据量大，每秒钟的导入数据量经常会达到百兆、千兆级别。统计与分析主要利用分布式数据库或分布式计算集群来对存储于其内的海量数据进行普通的分析和分类汇总等，以满足大多数常见的分析需求，在这方面，一些实时性需求会用到 EMC 的 GreenPlum、Oracle 的 Exadata，以及基于 MySQL 的列式存储 Infobright 等，而一些批处理，或者基于半结构化数据的需求可以使用 Hadoop。

(3) **统计/分析**

统计与分析这部分的主要特点和挑战是分析涉及的数据量大，其对系统资源，特别是 I/O 会有极大的占用。

(4) **挖掘**

与前面统计和分析过程不同的是，数据挖掘一般没有什么预先设定好的主题，主要是在现有数据上面进行基于各种算法的计算,从而起到预测(Predict)的效果,从而实现一些高级别数据分析的需求。比较典型算法有用于聚类的 Kmeans、用于统计学习的 SVM 和用于分类的 NaiveBayes,主要使用的工具有 Hadoop 的 Mahout 等。该过程的特点和挑战主要是用于挖掘的算法很复杂,并且计算涉及的数据量和计算量都很大,常用数据挖掘算法都以单线程为主。

在大数据的处理过程中就对有价值的内容信息的提取提出了要求,这便是大数据分析的 5 个基本方面,具体如下。

(1)**可视化分析**(Analytic Visualization)

大数据分析的使用者有大数据分析专家,同时还有普通用户,但是他们两者对于大数据分析最基本的要求就是可视化分析,因为可视化分析能够直观地呈现大数据特点,同时能够非常容易被读者所接受,就如同看图说话一样简单明了。

(2)**数据挖掘**(**算法** Data Mining Algotiyhms)

大数据分析的理论核心就是数据挖掘算法,各种数据挖掘的算法基于不同的数据类型和格式才能更加科学地呈现出数据本身具备的特点,也正是因为这些被全世界统计学家所公认的各种统计方法(可以称之为真理)才能深入数据内部,挖掘出公认的价值。另外一个方面也是因为有这些数据挖掘的算法才能更快速地处理大数据,如果一个算法得花上好几年才能得出结论,那大数据的价值也就无从说起了。

(3)**预测性分析能力**(Predictive Analytic Capabilities)

大数据分析最重要的应用领域之一就是预测性分析,从大数据中挖掘出特点,通过科学的建立模型,之后便可以通过模型代入新的数据,从而预测未来的数据。

(4)**语义引擎**(Semantic Engines)

大数据分析广泛应用于网络数据挖掘,可从用户的搜索关键词、标签关键词或其他输入语义,分析、判断用户需求,从而实现更好的用户体验和广告匹配。

(5)**数据质量和数据管理**(Data Quality and Master Data Management)

大数据分析离不开数据质量和数据管理,高质量的数据和有效的数据管理,无论是在学术研究还是在商业应用领域,都能够保证分析结果的真实和有价值。大数据分析的基础就是以上 5 个方面,当然更加深入地分析大数据的话,还有很多更加有特点的、更加深入的、更加专业的大数据分析方法。

从上文对大数据的概念与特征分析中可知,要充分发挥大数据的优势,在很大程度上依赖于信息技术的革新。从大数据处理与分析的步骤来看,目前大数据的主流技术如下。

(1)**数据采集**

ETL 工具负责将分布的、异构数据源中的数据,如关系数据、平面数据文件等抽取到临时中间层后,进行清洗、转换、集成,最后加载到数据仓库或数据集市中,成为联机分析处理、数据挖掘的基础。

(2)**数据存取**

数据存取涉及关系数据库、NOSQL、SQL 等。

(3)**基础架构**

基础架构包括云存储、分布式文件存储等。

(4)**数据处理**

自然语言处理(NLP,Natural Language Processing)是研究人与计算机交互的语言问题的一门学科。处理自然语言的关键是要让计算机"理解"自然语言,所以自然语言处理又称为自然语言理解(NLU,Natural Language Understanding),也称为计算语言学(Computational Linguistics)。一方面它是语言信息处理的一个分支;另一方面它是人工智能(AI, Artificial Intelligence)的核心课题之一。

(5)**统计分析**

统计分析包括假设检验、显著性检验、差异分析、相关分析、T检验、方差分析、卡方分析、偏相关分析、距离分析、回归分析、简单回归分析、多元回归分析、逐步回归、回归预测与残差分析、岭回归、logistic回归分析、曲线估计、因子分析、聚类分析、主成分分析、因子分析、快速聚类法与聚类法、判别分析、对应分析、多元对应分析(最优尺度分析)、bootstrap技术,等等。

(6)**数据挖掘**

数据挖掘包括分类(Classification)、估计(Estimation)、预测(Prediction)、相关性分组或关联规则(Affinity grouping or association rules)、聚类(Clustering)、描述和可视化、Description and Visualization)、复杂数据类型挖掘(Text、Web、图形图像、视频、音频等)。

(7)**模型预测**

模型预测包括预测模型、机器学习、建模仿真。

(8)**结果呈现**

结果呈现包括云计算、标签云、关系图等。

8.2.3 商业变革中的大数据

据统计,目前全球120家运营商中约有48%的运营商正在实施大数据业务,其中主流业务也涉及数据产生、数据采集、数据存储、数据处理、数据分析、数据展示及数据应用多个方面,典型大数据技术及应用产品包括用于大数据组织与管理的分布式文件系统Hadoop、分布式计算系统MapReduce;用于大数据分析的数据挖掘工具SPSS;用于大数据应用服务的阿里巴巴推出的数据分享平台、Google推出的数据分析平台等。以Internet为核心的大型公司,如Amazon,Google,eBay,Twitter和Facebook正使用海量信息的外部特性认识消费行为,预测特定需求和整体趋势。

目前,国内新建了许多大数据中心,规模不一。在中国,百度和阿里巴巴的大数据中心名气较大。此外,罗克佳华在鄂尔多斯和山西太原建设的大数据中心凭借北部省份的能源优势,建成5万 m^2 的全国单体面积最大的大数据中心,是目前亚洲最大的云计算中心。

可见,发展到今天,大数据的应用已经从互联网行业拓展到了各行各业,只是其他行业的大数据应用几乎都处于起步阶段,现将目前全球大数据的应用情况总结如下:一是以企业为主,大数据已经开始逐渐成为企业的主体,几个典型行业的应用罗列如下。

(1)**医疗行业**

借助于大数据平台可以收集病例和治疗方案,以及患者的基本情况,建立针对疾病特点的数据库。

（2）**金融行业**

大数据在金融行业的应用体现在各个方面，比如利用大数据技术为客户推荐产品，依据客户消费习惯、地理位置、消费时间进行推荐。

（3）**零售行业**

零售行业可以通过大数据来掌握目前消费分析及未来消费趋势，有利于热销商品的进货管理和过季商品的处理。

（4）**电商行业**

大数据对于电商行业而言，最大的特点就是精准营销，根据客户的消费情况进行备货和推荐。

大数据的另一个重要且广泛的应用是在政府，大数据可以使政府获得更加广泛且准确的信息，通常应用于以下几个方面。

（1）**天气预报**

大数据对天气预报而言，时效性和准确性的提高有效地预测了极端天气到来的时间和区域，帮助气象部门和政府相关机构及时作出预防建议与措施，有效地防止了自然灾害带来的损失。

（2）**交通**

交通状况本是我们很难预知的，但大数据的接入使政府对交通进行了更加合理地规划，有效地降低甚至防止了交通事故与交通堵塞的发生。

（3）**食品安全**

食品安全一直以来是社会关注的重点问题之一，政府通过大数据可以分析出食品安全的信息，并对其进行有效地干预，从而降低不安全食品出现的可能性，提高食品的可靠性。

（4）**公益事业**

媒体通过媒介发布的救助新闻，群众看到后会提供力所能及的帮助。而在互联网上，许多人会发布自己或者身边需要帮助的信息，好心人看到后会给予帮助或者又继续传播这些信息，这也是大数据带给社会的正能量。

8.2.4　大数据安全

目前大数据的发展是数据量的暴增、大数据技术及应用的更新。但是，大数据涉及的相关技术还不太成熟，软件及硬件漏洞时有发生。同时，大数据外在所处的网络环境高度开放，使用人员多且杂，且已有的针对网络安全建立的相关法律法规相对缺乏，全社会对于网络安全确保也缺乏足够重视。内在及外在的多重因素造成大数据时代的网络环境比以往任何时候都要复杂，大数据安全问题也应运而生，数据安全问题及隐私泄露问题体现得尤为明显。比如，许多智能手机应用程序是免费的，如果想要免费服务，那么你将不可避免地成为大数据流里的常客。大数据时代窃取及贩卖数据的黑色产业链不断加速升级。由于大量数据的汇集，数据间相互关联，给黑客更多可乘之机，一旦其成功，将获得数据量更大并且类型更加丰富的数据，从而扩大其贩卖途径，带来更大范围的数据安全问题及隐私泄露。

针对以上大数据所带来的安全问题，可以从以下两个方面入手加以防范。

(1)**提高安全意识**

面对大数据的安全问题,不管是组织还是个人都应该提高警惕,提高自身的安全意识,注重对自己隐私信息的保护。

对个人来说,在对自己的信息使用过程中,一定要加强防范,选择可信度较高的网站和手机应用,不要轻易提供自己的隐私信息,以免被不法分子非法利用。

在组织方面,IT 部门的职责就是保护组织 IT 信息的完整性与可用性。因此,组织的负责人应进一步明确并强调 IT 部门的职责,确保 IT 信息安全的职能集中在业务流程过程中而不是独立的任务。此外,组织的管理人员还要加强相应的管理,制订安全策略。现如今,随着交通便利性的推进,组织的人员流动越来越频繁,这种情况也容易让数据泄露出去,因此,应加强对组织人员进行培训,让员工知道哪些机密资料应当谨慎处理,让组织中的每个人都明白信息以及数据安全的重要性,从而提高全体员工的安全意识,做到防微杜渐。

(2)**限制对大数据的访问**

当前面向大数据的应用基本都是 Wed 应用,基于 Web 的应用程序给大数据带来了严重的威胁。当其遭受了攻击和破坏之后,破坏者便可以无限制地访问大数据集群中存储的数据。因此,对于数据访问权限的管理是非常重要而且必要的。应当全方位、全面化地管理和保护数据的安全,从而解决整个数据安全与合规/审计问题。常见的数据安全与合规/审计主要包括访问安全、数据访问审计以及数据访问监控,从这 3 个方面同时入手,才能实现全面的保障数据的安全。

第 9 章 物联网与云计算

【学习目标】

通过本章的学习应掌握如下内容：

- 物联网的发展历史及主要特点
- 物联网中的核心技术
- 物联网的应用前景
- 云计算的概念及技术
- 云计算的发展现状
- 云计算所面临的挑战

信息世界的信息扩展迅速,物理世界的移动终端日趋成熟,两者相结合便产生了一类新型网络——物联网(Internet of Things)。物联网将继计算机、互联网、移动通信设备之后成为社会经济发展、社会进步和科技创新的基石。而云计算在将来一定会变成一种最为常见的信息收集及存储方式,主推物联网时代的早日到来。

9.1 物联网

9.1.1 物联网概述

在物联网提出之初,其被描述为物品通过射频识别等信息传感设备与互联网连接起来,可实现智能化识别与管理的形式。由于其核心特点在于物与物之间所存在的广泛互联,且设备多样、多网融合、感控结合等远超越了互联网的覆盖范围,故命名为物联网。然而,时至今日物联网仍然没有一个精确的定义。主要原因有两个:第一,对于物联网的认识还不够深入,对于其理论体系尚未完全建立;第二,处于物联网、互联网、移动通信网、传感网等不同领域的学者尚未对物联网的思考达成共识。考虑到物联网技术是通过信息化和网络化物理世界,对传统物理世界和信息世界实现互联和整合。我们认为物联网是一个以互联网、传统移动通信网等为载体,让所有能够独立寻址的物理队形实现互联互通的网络。普通对象设备化、自治终端互联化和普适服务智能化为物联网的3个重要特征。

在物联网的时代里,所有的物体均有址可循,所有的物体均可通信,所有的物体均可控制。想象一下,当驾驶汽车时失误,汽车会自动报错;当清洗衣物时,洗衣机可自动识别衣物的颜色和质地从而选择合适的清洗方式。这些都是物联网带来的改变,毫无疑问,物联网时代将是崭新的时代。美国权威机构FORRESTER,认为到2020年,物联网将成为万亿级的产业,它将继计算机、互联网、移动通信设备之后成为社会经济发展、社会进步和科技创新的基石。其远景将远远超越计算机、互联网等。

比尔·盖茨于1995年在《未来之路》里第一次提到了物联网,但当时他未提出物联网这一名词,而是着重讨论了物物互联的问题,但是由于当时的无线网络、硬件以及传感设备的发展还未达到适合物联网全球化运用的程度。3年后,美国的麻省理工学院(MIT)提出了EPC系统,这对于物联网发展是跨世纪的突破。1年后,美国Auto-ID中心基于物品编码、RFID技术和互联网的基础上首次提出了物联网概念。

虽然物联网的概念在20世纪90年代就已经提出了,但是近几年才真正走入实际运用领域。国际电信联盟(ITU)在2005年11月17日的信息社会世界峰会(WSIS)上发布了《ITU互联网报告2005:物联网》。ITU在报告上强调物联网时代即将来临,以后世界上的物品都可以通过互联网主动进行信息交换。除了ITU,欧洲智能系统集成技术平台(EPoSS)在《物联网2020》(《Internet of Things in 2020》)中也对物联网的未来进行了预测。

奥巴马就任以来,与美国工商业领袖举行了一次“圆桌会议”,在会议上IBM首席执行官彭明盛提出了“智慧地球”的概念,这也是此概念在全球性的会议上首次被提出。奥巴马积极回应了这个新建智慧型基础设施的计划,“经济刺激资金将会投入宽带网络等新兴科技中区,这也将是美国在21世纪保持竞争优势的方式之一。”此概念极有可能上升为美国的国家战略,并在世界范围内引起高度关注。

2009年,欧盟执委会提出了物联网行动方案,《Internet of Things—An action plan for Europe》,在行动方案中欧盟执委会预测了物联网技术应用的前景,并强调了物联网管理的重要性,其次还需重视完善隐私和个人数据保护、提高物联网的可信度、推广标准化和开放式的创新环境、建立物联网应用等。

韩国通信委员会也于2009年制定了《物联网基础设施构建基本规划》,该计划建立在RFID/USN(传感器网)相关计划上,着力于在RFID/USN应用和实验网条件下建立世界上最先进的物联网基础设施、发展物联网服务、研发物联网技术、营造物联网环境等。同年,日本政府IT战略本部制定了新的信息化战略——《i-Japan战略2015》,该战略着重强调到2015年,要让数字信息技术融入社会每一个角落,特别是电子政务、医疗保健和教育人才3大核心领域,其次是激活产业和地域的活性、培养新产业并建设新的数字化基础设施。

我国对于互联网的研发也极其重视。在2009年8月7日,时任国务院总理温家宝曾在无锡发表重要讲话,同时提出了“感知中国”的战略构思,强调中国要抓住机遇、大力发展物联网技术。同年11月3日,温家宝总理提出了《让科技引领中国可持续发展》,着重强调了科学选择新兴战略性产业非常重要,并且指出突破传感网、物联网等关键技术迫在眉睫。2010 年 1 月 19 日,时任全国人大常委会委员长吴邦国在参观无锡物联网产业研究院时,表示发展物联网产业是确保我国在新兴产业的国际竞争中立于不败之地的确定性因素。根据我国政府高层的一系列讲话、报告和相关政策措施可知,大力发展物联网产业已经是我国战略策略的重要一环。

9.1.2 物联网的主要特点

相对于其他各种通信和通信服务网络而言,物联网在技术科技和应用层面具有以下几个主要特征。

(1)感知识别的普适化

作为识别系统,自动识别和传感网络技术在近几年发展迅速,应用也越发广泛。衣食住行都能反映出感知识别技术的发展。感知与识别技术的运用将物理世界信息化,这就意味着传统物理世界和信息世界实现了高度融合。

(2)联网终端的规模化

“物品触网”作为物联网的一个重要特征,它意味着每一件物品都具有通信功能,能够独立作为一个网络终端。基于此,未来 5 年内,物联网的终端规模将突破百亿。

(3)经济发展的跨越化

在 2008 年的金融危机冲击后,世界越来越多的国家意识到转变发展方式、调整经济结构的重要性。从劳动密集型转向知识密集型是国民经济必须经历的转变。而物联网正是有利于这种转变的重要动力。

(4)异构设备的互联化

异构设备是指不同型号和类别的 RFID 标签、传感器、手机、笔记本电脑等终端设备。尽管各种设备间千差万别,但是它们利用无线通信模块和标准通信协议构建成了一个自组织网络。通过此网络,运行不同协议的异构网络之间通过“网关”互联互通,实现网际间信息共享与融合。

(5)应用服务的链条化

链条化是物联网的主要特征之一。以生产企业为例,从原材料引进、生产调度、节能减排、仓储物流到产品销售、售后服务等环节均被物联网所覆盖。如果想提高企业的整体信息化程度,就必须先提高物联网的管理效率。并且,物联网技术在行业中的运用也可以带动上下游的产业,从而服务整个产业链。

(6)管理调控的智能化

物联网可以将大量数据高效、可靠地组织起来,这就为上层行业提供了智能的应用支持平台。同时,物联网还可以储存、组织和检索大量数据,作为基础设施为行业应用服务。并且,各种决策手段,如运筹学、机器学习、数据挖掘、转接系统等也广泛使用物联网作为基础支持。

9.1.3 物联网核心技术

物联网作为一种系统技术,非常复杂且形式多样。根据其信息生成、传输、处理和应用的原则,一般可把物联网分成4层:感知识别层、网络构建层、管理服务层和综合应用层。

(1)**感知识别层**

感知识别层是联系物理世界和信息世界的纽带,由此可知是物联网技术中最为核心的部分。感知识别层包括射频技术(RFID)、无线传感器等等信息自动生成设备,也包括各种智能电子产品,如个人计算机、智能手机等,用来人工生成信息。RFID被称为能让物品"开口说话"的技术,这是因为RFID条码中储存着规范且可以互用的信息,这些信息通过无线数据通信网络可被自动采集到中央信息系统,从而实现物品自动化的识别和管理。另外,无线传感器网络作为一种新型技术可通过各种类型的传感器对物品的性质、环境状态、行为模式等信息进行大规模、长期、实时的自动获取。再加上,近年来各种可联网的电子产品迅速普及,如智能手机、个人数字助理(PDA)、多媒体播放器(MP4)、上网本、笔记本电脑等。这使得人们可以随时随地连接互联网分享信息,从而让信息生成的方式更加多样化。这也可以认为是物联网区别于其他网络的特征。

(2)**网络构建层**

其主要作用是把下层,即感知识别层的数据导入互联网供上层服务使用。互联网以及下一代互联网(IPv6等)是该层的核心,其次是处在边缘的各种无线网络。这些无线网络主要是提供随时随地的网络连接服务。无线广域网主要是包括现阶段的各种移动通信网络以及其演进技术,比如3G、4G通信技术,无线广域网可以提供广阔范围内连续的网络接入服务。另外,无线城域网主要包括现有的WiMAX技术(802.16系列标准),其可提供城域范围约100千米的高速数据传输服务。而无线局域网则包括目前最为常见的WiFi(802.11系列标准),可为一定区域内(如家庭、校园、餐厅、机场等)的用户提供网络访问服务。无线个域网络主要为蓝牙(802.15.1标准)、ZigBee(802.15.4标准)等通信协议。该网络的特点为低功耗、低传输速率、短距离,所以常作为个人电子产品互联、工业设备控制等领域。各个不同类型的无线网络可适用于不同的环境,合理布局则可提供处处便捷的网络接入,这正是实现物物相联,即物联网的重要基础。

(3)**管理服务层**

基于高性能的计算和海量的储存技术,管理服务层可以高效可靠地组织大规模的数据,并为上层行业应用提供智能支持平台。信息处理的第一步即为存储,故数据库系统及其后发展起来的各种海量存储技术,如网络化存储(数据中心等)作为系统管理的基础广泛运用于IT、金融、电信、商务等行业。如何有效地在海量数据中组织和查询数据是管理服务层的主要任务。20世纪90年代,以Web搜索引擎为代表的网络信息查询技术发展迅猛,现在已成为互联网信息系统中最为重要的搜索方式。管理服务层的主要特点是"智慧",即自动化分析管理数据。在大数据的基础上,运筹学、机器学习、数据挖掘、专家系统等"智能"手段才能充分地发挥功能。此外,信息安全与隐私保护在物联网中也越来越被看重。现在,人们手中的传感器越来越多,当所有的传感器都被接入网络,就意味着人们的一举一动都被监测着。那么,保证数据不被破坏,不被泄露,不被滥用即为物联网的重大挑战。

(4)**综合应用层**

互联网本是用于实现计算机之间的通信,现在更可用于连接以人为主体的用户,即往物物互联这一目标发展。随着这种科技上的进步,网络应用也在发生着跨世界的变化,从早年的以数据服务为主的文件传输、电子邮件到以用户体验为主的万维网、电子商务、视频点播、在线游戏、社交网络,进而发展到物品追踪、环境感知、智能物流、智能交通、智能电网等人工智能类。由此可见,网络应用需求剧增,其呈现出多样化、规模化、行业化等特点。

物联网各层之间既相对独立又相互紧密相连。在综合应用层以下,同一层次上不同技术互为补充,以便物联网可适用于不同环境,构成该层技术的全套应对策略。但是,不同层次则是提供各种技术的配置和组合,根据应用需求再构成完整的解决方案。总之,应以应用为导向进行技术选择,根据不同的具体需求和环境选择适合的感知技术、联网技术和信息处理技术。

9.1.4 物联网应用前景

物联网有着广泛的应用前景,目前已经应用在如下领域中。

(1)智能物流

世界银行2015年数据报告,美国2015年GDP为18万亿美元,其中物流消费占GDP的10%,且其物流表现为3.9(最高值为5,最低值为1)。目前全球零售业的订货时间从2004年的6~10个月缩减为3~8个月,在供应链上的商品库存积压值也从之前的1.2万亿美元下降到0.9万亿美元,零售商每年因错失交易遭受的损失高达930亿美元,其主要原因是没有足够的库存满足客户的需求。而智能物流是利用集成智能化技术,使物流系统能模仿人的智能,具有思考、感知、学习、推理判断和自行解决物流中某些问题的能力。智能物流的未来发展将会体现出4个特点:智能化、一体化和层次化、柔性化与社会化。在物流作业过程中的大量运筹与决策的智能化;以物流管理为核心,实现物流过程中运输、存储、包装、装卸等环节的一体化和智能物流系统的层次化;智能物流的发展会更加突出“以顾客为中心”的理念,根据消费者需求变化来灵活调节生产工艺;智能物流的发展将会促进区域经济的发展和世界资源优化配置,实现社会化。通过智能物流系统的四个智能机理,即信息的智能获取技术、智能传递技术、智能处理技术、智能运用技术。由此可知,物联网的智能供应链技术是对现有的信息网和物流网技术的合并和补充,且可应用于整个物流链(零售系统、零售商、制造商和供应商)的各个环节,并有效提高整个供应链的效率减少浪费。该技术利用条形码、射频识别技术(RFID)、传感器、全球定位系统等先进的物联网技术通过信息处理和网络通信技术平台支撑整个物流体系,从而优化物流业运输、仓储、配送、包装、装卸等基本活动环节,实现货物运输过程的自动化运作和高效率优化管理,提高物流行业的服务水平,降低成本,减少自然资源和社会资源消耗。物联网为物流业将传统物流技术与智能化系统运作管理相结合提供了一个很好的平台,进而能够更好更快地实现智能物流的信息化、智能化、自动化、透明化、系统的运作模式。

(2)智能交通

目前常见的城市交通管理模式是自发进行的,每个驾驶员都可以依自己的判断选择行车路线,而交通信号灯和标志仅起到静态的、有限的指导作用。这就不可避免地导致城市道路在一定程度上未能得到最高效的运用,由此产生的道路资源浪费或是交通拥堵甚至交通瘫瘓。目前我国交通拥堵所造成的GDP损失达到1.5%~4%。美国每年因交通堵塞所产生的损失相当于58个超大型油轮所装卸的燃料,其损失金额高达780亿美元。

智能交通系统(Intelligent Transportation System,简称ITS)是未来交通系统的发展方向,它是将先进的信息技术、数据通信传输技术、电子传感技术、控制技术及计算机技术等有效地集成,运用于整个地面交通管理系统而建立的一种在大范围内、全方位发挥作用的,实时、准确、高效的综合交通运输管理系统。2012年中国城市智能交通市场规模保持了高速增长态势,包含智能公交、电子警察、交通信号控制、卡口、交通视频监控、出租车信息服务管理、城市客运枢纽信息化、GPS与警用系统、交通信息采集与发布和交通指挥类平台等10个细分行业的项目数量达到4 527项;市场规模达到159.9亿元,同比增长21.7%。

从企业规模看,目前中国从事智能交通行业的企业约有2 000多家,主要集中在道路监控、高速公路收费、3S(GPS、GIS、RS)和系统集成环节。目前国内约有500家企业在从事监控产品的生产和销售。高速公路收费系统是中国非常有特色的智能交通领域,国内约有200多家企业从事相关产品的生产,并且国内企业已取得了具有自主知识产权的高速公路不停车收费双界面CPU卡技术。在3S领域,国内虽然有200多家企业,一些龙头企业在高速公路机电系统、高速公路智能卡、地理信息系统和快速公交智能系统领域占据了重要的地位。但是,相比于国外智能化和动态化的交通系统,中国智能交通整体发展水平还比较落后。数据显示,智能交通在欧、美、日等发达国家和地区已得到广泛应用。其在美国的应用率达到80%以上,2010年市场规模达到5 000亿美元。日本1998—2015年的市场规模累计将达5 250亿美元,其中基础设施投资为750亿美元、车载设备为3 500亿美元、服务等领域为2 000亿美元。欧洲智能交通在2010年产生了1 000亿欧元左右的经济效益。

物联网技术的发展为智能交通提供了更加透彻有效的感知能力,这是基于道路基础设施中的传感器和车载传感设备能够实时监控交通流量和车辆状态,再通过各种移动通信网络将信息传送至管理中心。这些分布于道理基础设施和车辆中的无线或有线通信技术的有机整合,为用户提供了更加全面的互通互联的网络服务,这就意味着人们可以在旅途中轻松地获得实时的道路及周边环境信息。进而,可以通过提高物联网分析的智能化优化交通管理和调度机制使得道路基础设施可以更加充分有效地被利用,并且在最大化交通网络流量的同时提高安全性,从而让人们的出行体验更优。未来的交通,很有可能所有的车辆都可以实时获得交通和天气信息,避让堵塞的道路,以最快的线路到达目的地,快速找到最近最适合的停车位,从而使得二氧化碳的排量降低,甚至在一定情况下可以达到车辆自动驾驶。

(3)**绿色建筑**

“绿色建筑”的“绿色”,并不是指一般意义的立体绿化、屋顶花园,而是代表一种概念或象征,指建筑对环境无害,能充分利用环境自然资源,并且在不破坏环境基本生态平衡条件下建造的一种建筑,又可称为可持续发展建筑、生态建筑、回归大自然建筑、节能环保建筑等。绿色建筑评价体系共有6类指标,由高到低划分为三星、二星和一星。

绿色建筑的室内布局十分合理,尽量减少使用合成材料,充分利用阳光,节省能源,为居住者创造一种接近自然的感觉。以人、建筑和自然环境的协调发展为目标,在利用天然条件和人工手段创造良好、健康的居住环境的同时,尽可能地控制和减少对自然环境的使用和破坏,充分体现向大自然的索取和回报之间的平衡。

物联网技术可以为绿色建筑提供人员实时管理、能耗数据实时采集、设备自动控制、室内环境舒适挑战、能源状态显示、统计、分析和预警等功能,从而实现建筑节能降耗的目标。思科(CISCO)新兴技术集团高级副总裁 Marthin De Beer 曾经为智能楼宇作过这样的解释:员工刷卡进入了智能互联的建筑时,通过读取员工卡,建筑可以智能地把该员工所在办公室的空调、照明打开;当该员工离开建筑时,其办公室的空调和照明又会自动关闭。更加复杂智能化的绿色建筑可以利用网络技术,在一个统一的平台上对成百上千个房间里的电器设备进行统一的管理,使得整体能耗最低。"智能互联"是绿色建筑的核心,其目的是实现整个建筑或是多个建筑房间中的电器设备统一协调的智能管理,而不是对单一房间电气设备的智能管理。并且,与智能建筑相似的智能家居、智能办公室以及智能社区等领域也是物联网应用的主要市场。

(4)**智能电网**

电网一般是指排除发电侧之外的,由变电装置和输配电线组成的整体。中高压变电装置一般都会配套建有专门的变电站,低压变电装置小区里也随处可见。在马路边常见的电线杆,城市外的高压电杆塔,住宅小区里的变电箱,以及隐藏在人烟稀少地的变电站都是电网常见的组成部分。从工作内容来分,可以把电网分为 3 个部分:变电、输电和配电。传统的电力输送网络缺少动态调度,从而使得电力输送效率低下。美国能源部在报告中指出,在传统电网中,大量的上网电力在运输途中被消耗。

而智能电网则可改善这种现象。美国能源部在《Grid 2030》中定义智能电网为一个完全自动化的电力传输网络,能够监视和控制每个用户的电网节点,保证从电厂到终端用户整个输配电过程中所有节点之间的信息和电能的双向流动。国家电网中国电力科学研究院为智能电网下了这样的定义:以物理电网为基础,将现代化先进的传感测量技术、通信技术、计算机技术和控制技术与物理电网高度集成而形成的新型电网。它充分满足用户对电力的需求和优化资源配置,确保电力供应的安全性、可靠性和经济性,同时满足环保要求、保证电能质量、适应电力市场化发展等目的,实现对用户可靠、经济、清洁、互动的电力供应和增值服务。智能电网通过先进信息系统与电网的整合,把过去静态、低效的电力输送网络转变为动态可调整的智能网络,与能源系统进行实时监测,根据不同时段的用电需求,将电力按最优方案分配。

(5)**环境监测**

环境监测是通过对人类和环境有影响的各种物质的含量、排放量的检测,跟踪环境质量的变化,确定环境质量水平,为环境管理、污染治理、防灾减灾等工作提供基础信息、方法指引和质量保证。简单地说,了解环境水平,进行环境监测,是开展一切环境工作的前提。环境监测通常包括背景调查、确定方案、优化布点、现场采样、样品运送、实验分析、数据收集、分析综合等过程。传统的环境监测模式是以人工为主,这样的监测方式会受到测量手段、采样频率、取样数量、分析效率、数据处理等方面的限制,从而无法实时地反映环境变化或是预测变化趋势,当然也就不能依照监测结果作出及时有效的应急反应及措施。

进入 21 世纪以来,基于各种自主监测方式的快速发展,如传感网等,越来越多的低成本小型无线传感器被部署在各个监控区域。传感器的节点包括感知、计算、通信以及电池4大模块，这样的设计确保了传感器能够长时间精确地监测环境变化。同时，节点间可以通过无线网络形成自组网络，将各种感知数据实时地准确传送到汇聚节点。汇聚节点整合数据后再进一步将数据上传到互联网供上层应用使用。并且，命令也可反向传导，如来自互联网的命令也可以通过汇聚节点传达到分布于各个监测点的传感器上。国务院办公厅于2015年8月12日印发《生态环境监测网络建设方案》，在《方案》中明确提出，到2020年，初步建成陆海统筹、天地一体、上下协同、信息共享的生态环境监测网络。这更进一步促进传感网应用于污染检测、海洋环境监测、森林生态监测、火山活动监测等重要领域。物联网的应用使得环境监测可以长期、连续、大规模且实时监测环境，也再一次证明了物联网对于感知物理世界有着不可代替的贡献。

物联网的发展并不是一蹴而就的，并且虽然物联网前景广阔，但是必须要考虑到物联网的信息安全、隐私保护、资源控制、数据保护、信息共享、标准制定、服务开放性和互操作性等问题。由欧洲智能系统集成技术平台（EPoSS）发表的《物理网2020》指出物联网发展需要经历4个阶段：第一阶段在2010年前完成，是基于RFID技术实现低功耗和低成本的单个物体间的互联，并且能够在物流、制药、零售等领域进行局部运用的阶段；第二阶段是2010—2015年，物联网可以利用传感器网络以及全面普及的RFID条码实现物品与物品之间的多种互联，以及对于特定的行业制定相应的技术标准，从而完成部分行业的网络融合；第三阶段则是在2015—2020年，EPoSS预计将会有更多的可执行指令的标签投入市场使用，从而让物体可以进入半智能化管理的时代，并且在物联网网间相互标准制定完成后，使得网络具有更高的传输信息的能力；最后一个阶段发生在2020年之后，物体具有完全智能的响应能力，并且异质系统可以协同交互信息，可以做到产业整合，以实现人、物、服务网络的深度融合。

“十五年周期定律”是由IBM的前首席执行官郭士纳提出的，他认为计算模式每隔15就会发生一次颠覆性的变革。比如，1965年左右的标志变革为大型机的出现，1980年前后的标志则为个人计算机的普及，1995年则是互联网的全面运用。而这样颠覆性的技术革命无一例外地会引起企业间、行业间，甚至是国家间竞争格局的动荡和变化。互联网革命后的至关重要的科技革命毫无疑问就是物联网技术，其被认为是各个国家振兴经济、确立竞争优势的关键战略。作为新一代经济增长的“马车”之一，各国都强调要着力突破物联网及其相关技术，推动信息网络的发展和扩张，从而推动全球的可持续发展。

9.2　云计算

很少有一种技术能像“云计算”那样在这样短时间内能如此剧烈地改变人们的生活。提起云计算很难不想到Google、Amazon、IBM和微软等IT业巨头。他们对于云计算技术的推动和产品的普及起到了不可忽视的影响，在他们的推动和影响下，学术界也越来越多地开始关注云计算。

9.2.1　云计算概念

云计算(Cloud Computing)是在2007年才逐步被人们提及的新名称,但是在不到半年的时间,其关注度就远超很多其他的计算机用语,如网格计算等,且至今仍然是炙手可热的计算机术语。对于云计算是什么,学术界没有给出明确的定义。国内比较普遍的认识是云计算是一种商业计算模型,它将计算任务分布在大量计算机构成的资源池上,使用户能够按需获取计算力、存储空间和信息服务。我们将这种资源池称为“云”。具体来说,“云”是一些可以自我维护和管理的虚拟计算资源,最常见的是大型服务器集群,一般包括计算服务器、存储服务器和宽带资源等。云计算可以将信息资源集中起来,并且在专门的软件帮助下进行自动管理。这种高效率、低成本的技术创新有效地让用户无需烦恼琐碎的细节,完全在无人参与的情况下完全依靠应用程序的运作进行计算和管理。而云计算的核心概念为资源池,它与网络计算池(Computing Pool)概念接近。网络计算池第一次出现是在2002年,它是由计算和存储资源虚拟一起任意组合分配构成的集合,池的规模可以动态改变,也就是说分配给用户的处理能力可以动态回收重用。这种新的计算模式可以提高资源利用率,同时可以提升平台的服务质量。在这一点上“云”跟“池”是相似的,但之所以称为“云”而不是沿用“池”,是因为“云”还具备一些“池”所没有的特点。“云”在某些方面跟现实中的云具有相似的特征,比如云一般都比较大;云的规模是可以动态变动的,且边界模糊;云在空中飘忽不动,没有明确的位置,但是它确实存在。这是“云”之所以会为“云”的原因之一,它还有另外一个原因:云计算的鼻祖——Amazon公司在一开始将这种计算方式称为“弹性计算云”(Elastic Computing Cloud),并取得了商业上的巨大成功。

云计算是并行计算(Parallel Computing)、分布式计算(Distributed Computing)和网格计算(Grid Computing)相结合并将这些计算科学概念进行商业实现。云计算混合了虚拟化(Virtualization)、效用计算(Utility Computing),将基础设施作为服务IaaS(Infrastructure as a Service)、将平台作为服务PaaS(Platform as a Service)和将软件作为服务SaaS(Software as a Service)。

由此可知,云计算具有以下特点。

(1)超大规模

“云”的一大特点就是规模巨大,比如Google云计算拥有100多万台服务器,而Amazon、IBM、微软和Yahoo等的“云”也拥有几十万台服务器。这也确保了“云”能给予用户超强的计算能力。

(2)可靠性高

由于“云”可以使用数据多副本容错、计算节点同构可互换等措施来保障服务的高可靠性,这就是说使用云计算比使用本地计算机更加可靠。

(3)按需服务

由于“云”所含的资源过于庞大,所以客户可以按需购买,而且可以跟自来水、煤气、电一样按量计算费用。

(4)虚拟化

云计算可以提供用户在任意位置和任意终端上获取服务,这些所有的需求都可以用“云”

里的资源来满足,而不是来自某个实体。客户不需要知道应用具体在“云”中哪里运行,只需要一个移动终端,比如笔记本电脑、PDA、智能手机等,就可以通过网络服务来获取服务。

(5)**伸缩性高**

“云”的规模灵活机动,可以动态伸缩,以满足不同客户需求,且可以根据用户规模的增减灵活变动。

(6)**通用性**

基于“云”的特性,在同一个“云”下可以满足不同应用的使用,这就说明云计算不是针对某一特定应用的,它具有一定的通用性。

(7)**低成本**

基于“云”的特殊容错措施,作为构成“云”的节点可以采用低成本的材料,其次“云”的自动化管理使得数据中心的人力成本大大降低;基于“云”的公用性和通用性,“云”中资源的利用远大于其他存储端的资源;基于“云”的建立位置相对灵活,所以可以选择在电力丰富的地区,从而降低能源成本。基于以上的理由,“云”的成本远低于其他计算机科技,且回报率极高。Google 中国区前总裁李开复就说过,Google 每年向云计算数据中心投入 16 亿美元,其获得的回报相当于投入传统技术 640 亿美元所得到的回报,也就说云计算的成本只是传统技术的 1/40。也就说云计算的用户只需要花费几百美元和一天的时间就可以完成以前需要数万美元和几个月时间才能完成的数据分析,这样的低成本优势是其他计算机技术所不具备的。

9.2.2　云计算发展现状

因为云计算由多种技术混合发展而成,所以相对于物联网,云计算的成熟度较高,再加上 Google、Amazon、IBM、微软和 Yahoo 等大公司的大力推动,云计算的发展非常迅速。除了以上的先行者,在云计算领域还有众多成功公司,如 Vmware, Salesforce, Facebook, YouTube, MySpace 等。

云计算可以按照服务类型分为 3 类:将基础设施作为服务的 IaaS、将平台作为服务的 PaaS 和将软件作为服务的 SaaS。

IaaS 是把硬件设备等基础资源作为服务封装提供给客户使用。Amazon 云计算 AWS (Amazon Web Services)推出的弹性计算云 EC2 和简单存储服务 S3 就是 IaaS 中的佼佼者。IaaS 的环境用户可以同时运行 Windows 和 Linux,因为它相当于提供用户一个分开的裸机和磁盘,所以用户几乎都可以做任何想做的事,但是用户必须考虑如何才能让多台机器协同起来工作。比如,AWS 提供简单队列服务 SQS(Simple Queue Service)的接口在节点之间互通消息。IaaS 的优势是它可以动态收费,也就是说它允许用户动态申请或释放节点。由于 IaaS 的服务器规模可以达到几十万台,所以用户可以申请到的资源几乎是无限的,并且 IaaS 是属于工作共享平台,所以 IaaS 的资源被认为是使用率最高的。

PaaS 相对于 IaaS 对于资源的抽象层次要求更高,它可以为客户的应用程序提供运行环境,比如 Google App Engine,还有微软的云计算操作系统 Microsoft Windows Azure。PaaS 的主要任务是负责资源的动态扩展和容错管理,所以用户的应用程序不需要考虑节点间的配合问题,但是这也会带来些问题,比如用户的自主权必然会被降低,就不得不使用特定的编程环境并且遵照特定的编程模型。这点跟高性能集群计算机常用的 MPI 编程比较相似，都是适用于解决某些特定的计算问题。比如，Google App Engine 只能使用 Python 和 Java 语言进行应用操作，或是以 Django 为框架的 Web 应用，或是使用 Google App Engine SDK 来进行在线应用的开发。

相对于 IaaS 和 PaaS，SaaS 的针对性更强，也就是说它只能对某些特定的应用软件进行功能封装服务，例如 Salesforce 公司旗下的在线客服关系管理 CRM（Client Relationship Management）服务。SaaS 既不像 PaaS 那样提供计算或是存储资源类服务，也不像 IaaS 那样提供客户环境以运行自定义应用，它只针对某些专门用途的服务提供应用、调用。

但是，随着云计算的快速发展，不同层次的云计算也在相互融合，现在同一种产品上拥有两种以上的云计算类别已是常态。比如，Amazon Web Services 虽然是以 IaaS 开发的，但是现在的 AWS 也可以提供类似于 Google MapReduce 的弹性 MapReduce 服务。其次，Amazon 模仿 Google 的 Bigtable 所做的简单数据库服务 SimpleDB，可以提供电子商务服务 FPS 和 DevPay 及网站访问统计服务 Alexa Web 服务，虽然 SimpleDB 和 Bigtable 本身是属于 PaaS，而 FPS 服务和 DevPay 服务属于 SaaS 范畴的。

在理解了目前的云计算的常见运作模式后，再来看看几大云计算巨擘的目前发展情况。Amazon 的云计算主要是为企业提供计算和存储服务，为此 Amazon 研发了弹性计算云 EC2（Elastic Computing Cloud）和简单存储服务 S3（Simple Storage Service），其中收费的服务项目包括了存储空间、带宽、CPU 资源和月租费。存储空间和带宽是按容量计费，CPU 是根据运算量的时长来进行计费，月租费则是跟电话月租费用类似。在不到两年的时间里，Amazon 的用户就攀升至 44 万人，其中大多数甚至是企业级的客户。

作为最大的云计算技术的持有者，Google 的搜索引擎建立在 200 多个站点以及超过 100 万台的服务器之上，而且这些设施的数量还在急速增长。并且，Google 众多成功的应用也是由这些庞大数量的设施所支持的，比如 Google Map，Gmail，Docs 等。比如 Google Docs 可以确保用户的数据安全地保存在互联网云端上的某一个位置，当用户需要使用或是访问这些数据时，他们只需要一个可以连接互联网的终端在任何时间和地点都可以十分便利地使用或是分享这些数据。Google 之所以这么成功，其中一个很重要的原因是它不保守。它不仅早早就发表学术论文公开其云计算的核心技术：GFS、MapReduce 和 Bigtable，而且它还允许第三方在其云计算中通过 Google App Engine 运行大型应用程序。目前他还在美国、中国的高校开设了云计算编程的专门课程，以推动全球云计算的科技进步。2010 年 4 月，Google 公开了其云计算平台的主要监控技术 Dapper 是如何实现的，且在次年 1 月又对外公布了 Megastore 的分布式存储技术。这也使得各种模仿者层出不穷，其中 Hadoop 算是开源项目中的佼佼者了。

IBM 推出的“蓝云”平台有“改变游戏规则”的突破性意义。其最大的特点是可以提供即买即用的云计算平台。“蓝云”计算平台含一系列自我管理与自我修复的虚拟云计算系统，这就提供了一个良好的环境使得全球的应用都可以访问分布式的大型服务器池，并且保证了数据中可以在类似于互联网的环境下镜像运算。近年来，IBM 更是以“无障碍的资源和服务虚拟化”为目标联合 17 个欧洲组织合作开展名为 RESERVOIR 的云计算计划。欧盟为该计划提供了 1.7 亿欧元作为启动资金，IBM 则已经在全球建立了 13 个云计算中心，用以帮助客户完成云计算中心的部署任务。

微软作为软件巨头也未放弃在云计算中继续发展他的软件帝国。2008年10月，Windows Azure操作系统正式面向公众。继DOS被Windows取代后，Azure作为一次颠覆式的创新让Windows PC的时代成为过去。Azure通过在互联网上构架全新的云计算平台，从而让Windows有机会从PC延伸到“蓝天”上。有全球第四代数据中心作为基础的微软全球基础服务系统是Azure的底层基础，其中包含220个集装箱式数据中心，44万台服务器。在2010年10月召开的PDC大会上，微软对外公布了Windows Azure云计算平台的未来蓝图。微软指出服务框架以单纯的基础架构为主的时代将成为过去，现在将以Windows Azure作为服务平台开发一套全新的工具、服务和管理系统。其主要目的是提供一个便捷的环境用于开发可用和可扩展的应用程序。微软承诺将为Windows Azure客户推出更多新的功能，使得应用程序可以更为简单地转移到云中，而且增加可用服务为云托管的应用程序，充分地体现出微软“云”+“端”战略。

在中国，云计算也是发展迅速。IBM于2008年先后在无锡和北京建立了两个云计算中心；世纪互联也为了提供互联网主机服务和在线存储虚拟化服务而推出了名为CloudEx的产品线；中国移动研究院于2010年5月正式发布了“Big Cloud”1.0，为此已经建立了1 024个CPU的云计算试验中心；解放军理工大学开发的云存储系统MassCloud可以通过3G完成大规模视频监控应用和数字地球系统；Alibaba集团也为云计算技术的研究和开发专门成立阿里云公司，也为了大淘宝战略而专门研制了分布式文件系统（TFS）；中国电信也联手EMC公司共同推出了“E云”——面向家庭和个人客户的运营商级别的云信息服务，还在第二届中国云计算大会上证实了名为“E云手机”的云终端产品。

9.2.3　云计算挑战

通过前面的章节，可以发现，云计算的优势有很多，比如其规模可以动态扩展，信息处理能力很强，拥有海量的存储空间，信息安全可靠，资源利用率很高，有很强的通用性且成本相对较低等。这些压倒性的优势预示着云计算必然会以前所未有的速度发展，也使众多的IT企业不得不着手转型。目前，硅谷正像20世纪90年代互联网刚刚兴起时一样，突然涌现出上百家的新型科技创新公司。

拥有众多优势的云计算也不是完全没有缺陷，而其缺陷却并非网络技术就可以解决的。

（1）从平台的角度来看

云计算目前并没有统一的标准，这就意味着不同的公司所搭建的平台互不兼容且风格迥异。然而网络技术本身就是为了解决跨平台、跨地区、跨系统的资源共享与集成问题的，并且目前的国际网格界已经形成了统一的标准体系，所以未来的云计算一定会向同一平台的方向发展。云计算的各个平台间的相互操作可以由网格技术完成，从而使得云计算设施一体化，这就是说未来的云计算是由一个共同的虚拟平台提供服务，而不是目前这种以厂商为单位提供差异化的服务。

（2）从计算的角度来看

由PC和服务器所组成的计算资源池是云计算的主要管理对象，其中最主要的数据是松耦合型的数据。相对于松耦合型数据,紧耦合型计算任务如果使用云计算来处理数据,其效率会非常低,这主要是因为紧耦合型数据不容易分解成众多相对独立的子任务,从而导致节点间的通信过于频繁。但是,网格技术由于能够将各个机构的高性能计算机组合在一起,从而更加擅长处理紧耦合型应用,比如数值天气预报、汽车模拟碰撞试验、高楼受力分析等。换而言之,云计算与网格技术可以互相补充,那么如果能将两种技术结合在一起,则可以更好地推动数据的分析技术。

(3)从数据角度看

云计算的主要管理与分析的对象为商业数据,Amazon 目前在不断收集公共共享的数据集,其中包括人类基因数据、化学数据、经济数据、交通数据等,这说明云计算是可以处理这类型数据的,但是其收集方式非常原始,这说明对于云计算来说这些科学数据仍然是其不擅长的领域。相对的,网格技术已经收集了众多诸如物种基因数据、天文观测数据、地球遥感数据、气象数据、海洋数据、人口数据等科学数据。这说明,将来的云计算应该与网格技术相结合,这样可以更好地推动云计算在收集数据上的拓展。

(4)从资源集成的角度看

由于云计算要求使用对象的数据、系统以及应用都需要集中到云计算数据中心,这就不得不改变适用对象的信息系统运行模式从而将其可以被迁移到云计算的数据中心,这样产生的成本非常高昂且操作难度很大。特别是一些数据源离数据中心较远的系统,并且数据源的数据还会不断更新,这就使得大量的网络带宽被用于随时地传送数据到云计算中心,从而导致大量的应用不能被集中于云计算平台而是处于分散运作的状态。

(5)从信息安全的角度看

一旦当数据被托管到了云计算中心,就意味着数据的所有者对于数据本身丧失了绝对的控制权。而这些被上传的数据存在被第三方窥看、非法利用或是丢失的可能性。

以上 5 点是目前云计算所面对的巨大挑战,虽然部分困难可以通过提高云计算本身的技术和硬件得到解决,但是很大一部分是需要引进其他技术,比如网格技术,来协调解决的。可以预见的是,云计算在将来一定会变成一种最为普遍的信息收集及存储方式。

参考文献

[1] 杨瑞良.大学计算机基础[M].杭州:浙江大学出版社,2014.
[2] 张开成.大学计算机基础[M].北京:清华大学出版社,2014.
[3] 赵海燕,秦海玉.计算机概论[M].北京:中国铁道出版社,2016.
[4] 余阳,刘福刚.Excel 数据分析与处理[M].北京:人民邮电出版社,2015.
[5] 皮天雷,赵铁.互联网金融:范畴、革新与展望[J].财经科学,2014(6).
[6] 郑联盛.中国互联网金融:模式、影响、本质与风险[J].国际经济评论,2014(9).
[7] 汪楠.商务智能[M].北京:北京大学出版社,2012.
[8] 孙松林,陈娜.大数据助推人工智能[J].邮电设计技术,2016(8).
[9] 谢晋.大数据安全及保护对策的研究[J].科技展望,2017(5).
[10] 李怡婷.大数据行业应用现状及发展趋势分析[J].数码世界,2017(2).
[11] 刘云浩.物联网导论[M].北京:科学出版社,2010.
[12] 刘鹏.云计算[M].2 版.北京:电子工业出版社,2011.